线性代数及其应用

主 编 高 有 赵 静
副主编 刘雪梅 金 永 王 蕊

中国教育出版传媒集团
高等教育出版社·北京

内容提要

本书根据"新工科"专业对线性代数课程教学的基本要求编写而成。本书由 n 元线性方程组引入矩阵的概念及运算,由高斯消元法求解线性方程组引入矩阵的初等变换与初等矩阵、矩阵的等价与标准形;强化线性代数知识的应用,精选通俗易懂的应用案例;加入数学软件 MATLAB 的初步应用;每章设置数学史与数学家精神模块,扼要介绍线性代数相关概念的来龙去脉、相关知识的发展历程,展现数学家的科学精神,挖掘相关的课程思政元素,从而增加学生的阅读乐趣,激发学生的学习热情,提高学生的数学素养。全书结构清晰、行文简洁、论述严谨,知识安排有益于培养学生的抽象思维能力、逻辑推理能力、几何直观能力、数学建模能力和数学软件应用能力。

本书共分五章,包括矩阵、行列式、向量组与线性方程组、相似矩阵及二次型、线性空间与线性变换;每章最后一节安排一定量的应用实例与MATLAB 实践;每章配置一定量的习题,分基础题和提高题,其中基础题注重对基本概念、基本理论和基本方法的理解和巩固,提高题注重知识的综合运用,包括全国硕士研究生招生考试试题和实际应用题。

本书可作为"新工科"背景下高等学校非数学类专业线性代数课程的教材,也可供相关读者参考。

图书在版编目(C I P)数据

线性代数及其应用 / 高有,赵静主编. --北京:高等教育出版社,2022.6(2024.1 重印)

ISBN 978 - 7 - 04 - 058455 - 4

Ⅰ.①线… Ⅱ.①高… ②赵… Ⅲ.①线性代数-高等学校-教材 Ⅳ.①O151.2

中国版本图书馆 CIP 数据核字(2022)第 050208 号

Xianxing Daishu jiqi Yingyong

策划编辑 贾翠萍	责任编辑 贾翠萍	封面设计 李小璐		版式设计 杨 树
责任绘图 于 博	责任校对 高 歌	责任印制 沈心怡		

出版发行	高等教育出版社	网　　址	http://www.hep.edu.cn
社　　址	北京市西城区德外大街 4 号		http://www.hep.com.cn
邮政编码	100120	网上订购	http://www.hepmall.com.cn
印　　刷	涿州市星河印刷有限公司		http://www.hepmall.com
开　　本	787mm×1092mm　1/16		http://www.hepmall.cn
印　　张	13.25		
字　　数	320 千字	版　　次	2022 年 6 月第 1 版
购书热线	010-58581118	印　　次	2024 年 1 月第 6 次印刷
咨询电话	400-810-0598	定　　价	29.80 元

本书如有缺页、倒页、脱页等质量问题,请到所购图书销售部门联系调换

前言

本教材主要是为满足“新工科”背景下对创新人才培养的需求而编写的。具有如下几个特色：

1. 教材的前三章内容以解线性方程组为主线，以矩阵为主要工具，内容由易到难、由浅入深、层次分明。

第一章首先由 n 元线性方程组引入矩阵的概念及运算，然后通过高斯消元法解线性方程组引入矩阵的初等变换与初等矩阵，并利用矩阵的初等变换求可逆矩阵的逆矩阵。这样的安排使学生学习这门课更容易入门。

第二章结合行列式，给出矩阵可逆的充要条件、求逆矩阵的公式、克拉默法则及矩阵的秩。

第三章给出 n 维向量空间的概念，讨论向量组的线性相关性，引进向量组的秩，讨论向量组的秩和矩阵的秩的关系，利用矩阵的秩讨论线性方程组的解。

2. 第四章引入向量的内积及方阵的特征值和特征向量，讨论相似对角化和二次型。第五章介绍线性空间和线性变换的概念，给出线性空间的基、维数、坐标及线性变换的矩阵表示。

3. 将数学建模的思想融于教材中。在每一章的起始部分设计了引例，并在章末最后一节加入了应用案例。

4. 三元线性方程组、行列式、三元二次型部分内容紧密结合几何背景，阐释其几何意义。

5. 为培养学生使用数学软件求解线性代数课程中的一些计算问题的能力，加入了数学软件 MATLAB 的初步应用。

6. 每章设置数学史与数学家精神模块，旨在介绍相关概念的来龙去脉、相关知识的发展历程，展现数学家的科学精神，挖掘相关的课程思政元素，从而增加学生的阅读乐趣，激发学生的学习热情，提高学生的数学素养。

7. 每章配置一定量的习题，分基础题和提高题，其中基础题注重对基本概念、基本理论和基本方法的理解和巩固，提高题注重知识的综合运用，包括全国硕士研究生招生考试试题和实际应用题。

8. 纸质内容与数字资源一体化设计，配有丰富的数字资源。数字资源包括数学史与数学家精神、自测题等。

本教材由高有教授、赵静教授担任主编，刘雪梅教授、金永博士、王蕊博士担任副主编，全书由高有教授统稿。教材的编写得到了中国民航大学教材建设项目的资助。特别感谢高等教育出版社高等理科出版事业部贾翠萍编辑给予的极大支持。

编者

2021 年 11 月

目录

第一章　矩阵

矩阵是数学中一个重要的基本概念, 是代数学的一个主要研究对象, 也是数学研究和应用的一个重要工具. 线性方程组可以通过矩阵来表示, 这使得其求解过程可以通过矩阵的初等行变换来实现.

本章首先从线性方程组出发引出矩阵的概念, 讨论矩阵的线性运算、矩阵的乘法和矩阵的转置, 然后介绍矩阵的初等变换, 最后介绍逆矩阵和分块矩阵.

1.0　引例: 搜索引擎

搜索引擎已经成为人们获取信息的重要渠道. 通常, 人们在使用搜索引擎时, 输入关键词后都会返回成千上万条结果. 那么, 搜索引擎按照什么准则对海量的网页排序, 把用户最想看到的结果排在前面呢? 这个准则很大程度上决定了搜索引擎的质量. 本章将要学习的矩阵可以帮助解决这个问题.

判断网页重要性的技术——Pagerank 技术被应用于网页排序问题. Pagerank 技术的基本思想是: 如果一个网页被很多其他网页所链接, 说明它受到普遍的承认和信赖, 那么它的排名就高. 因此, 就可以统计某网页上的链接网页, 以此对该网页进行"评分", 再按每个网页的得分对网页进行排序. 那么, 如何表示整个互联网中网页之间的链接关系呢?

把网页看作节点, 链接看作有向边, 整个互联网就变成一个有向图了. 例如, 图 1.1 中给出含四个网页的简单网络, 可以用数表来表示, 若第 i 个网页存在到第 j 个网页的链接, 那么数表中第 i 行第 j 列处值 $a_{ij}=1$, 否则 $a_{ij}=0$. 可用数表

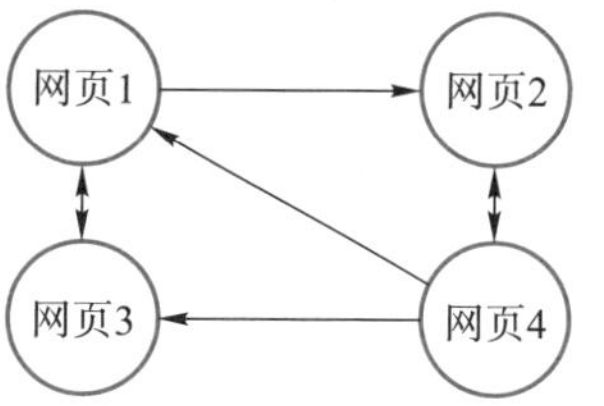

图 1.1

$$\begin{pmatrix} 0 & 1 & 1 & 0 \\ 0 & 0 & 0 & 1 \\ 1 & 0 & 0 & 0 \\ 1 & 1 & 1 & 0 \end{pmatrix}$$

表示图 1.1 网络中网页的链接关系, 这种数表我们称为矩阵, 进而利用线性代数的理论知识可将网页进行排序. 当然, 网页排序不只考虑接收到链接的数量, 还要考虑到接收的链接的质量, 越是质量高的网页链接过来, 此网页越重要, "评分" 就越高, 实际使用的依据要复杂得多.

1.1 矩阵的概念

1.1.1 线性方程组的概念

在介绍矩阵的有关概念之前, 我们先介绍线性方程组的有关概念.

线性方程组的求解是线性代数研究的核心内容之一, 它在自然科学、工程技术和管理科学中有着广泛的应用.

所谓线性方程就是一次方程. 一个 n 元线性方程是形如

$$a_1x_1+a_2x_2+\cdots+a_nx_n=b$$

的方程, 其中 x_1, x_2, $\cdots$, x_n 称为未知量, a_1, a_2, $\cdots$, a_n 称为系数, b 称为常数项.

例如, 方程 $2x=1$ 是一元线性方程, 方程 $x_2=\sqrt{2}x_1-x_3$ 是三元线性方程. 但是, 方程 $2x_1+x_2=x_1x_2$ 和 $x_2=\sqrt{2x_1}-x_3$ 都不是线性方程.

从几何上讲, 关于 x, y 的二元方程 $F(x,y)=0$ 的一个解表示平面上的一个点, $F(x,y)=0$ 所有解的集合构成平面上的点集, 这个点集称为方程 $F(x,y)=0$ 的几何图形. 一元线性方程

$$ax=b\ \ (a\neq 0)$$

表示数轴上的一个点; 二元线性方程

$$a_1x_1+a_2x_2=b\ \ (a_1,a_2\text{不全为零})$$

表示平面上的一条直线; 三元线性方程

$$a_1x_1+a_2x_2+a_3x_3=b\ \ (a_1,a_2,a_3\text{不全为零})$$

表示空间中的一个平面.

一般地, 我们把含 n 个未知量和 m 个方程的线性方程组写为

$$\begin{cases} a_{11}x_1+a_{12}x_2+\cdots+a_{1n}x_n=b_1,\\ a_{21}x_1+a_{22}x_2+\cdots+a_{2n}x_n=b_2,\\ \cdots\cdots\cdots\cdots\\ a_{m1}x_1+a_{m2}x_2+\cdots+a_{mn}x_n=b_m. \end{cases} \tag{1.1.1}$$

如果常数项 b_i $(i=1,2,\cdots,m)$ 中至少有一个不为零, 则称线性方程组(1.1.1)为 n 元非齐次线性方程组; 否则称为 n 元齐次线性方程组. n 元线性方程组通常简称为线性方程组或方程组.

n 元齐次线性方程组

$$\begin{cases} a_{11}x_1+a_{12}x_2+\cdots+a_{1n}x_n=0,\\ a_{21}x_1+a_{22}x_2+\cdots+a_{2n}x_n=0,\\ \cdots\cdots\cdots\cdots\\ a_{m1}x_1+a_{m2}x_2+\cdots+a_{mn}x_n=0 \end{cases} \tag{1.1.2}$$

总是有解的, 因为 $x_1=0, x_2=0, \cdots, x_n=0$ 就是它的一个解, 称为零解; 若一个解中未知量 $x_1, x_2, \cdots, x_n$ 的取值不全为零, 则称为非零解. 齐次线性方程组一定有零解, 但不一定有非零解.

对于线性方程组, 我们需要讨论以下问题: (1) 它是否有解? (2) 如果有解, 有多少解? (3) 如果有解, 如何求出全部的解? 求解线性方程组, 就是判别其是否有解, 在方程组有解时求出它的全部解.

如果线性方程组中各个方程的系数和常数项定了, 那么这个方程组的解就完全确定了. 至于一个方程组的未知量用什么符号表示是无关紧要的. 因此, 线性方程组(1.1.1)的解完全由它的系数 $a_{ij}\ (i=1,2,\cdots,m; j=1,2,\cdots,n)$ 与常数项 $b_1, b_2, \cdots, b_m$ 决定, 也就完全取决于方程组的系数和常数项按照原来的相对位置排成的 m 行 $n+1$ 列矩形数表

$$\begin{matrix} a_{11} & a_{12} & \cdots & a_{1n} & b_1 \\ a_{21} & a_{22} & \cdots & a_{2n} & b_2 \\ \vdots & \vdots & & \vdots & \vdots \\ a_{m1} & a_{m2} & \cdots & a_{mn} & b_m \end{matrix}$$

这里横排称为行, 竖排称为列; 而齐次线性方程组(1.1.2)的相应问题完全取决于它的 $m\times n$ 个系数 $a_{ij}\ (i=1,2,\cdots,m; j=1,2,\cdots,n)$ 所构成的 m 行 n 列矩形数表

$$\begin{matrix} a_{11} & a_{12} & \cdots & a_{1n} \\ a_{21} & a_{22} & \cdots & a_{2n} \\ \vdots & \vdots & & \vdots \\ a_{m1} & a_{m2} & \cdots & a_{mn} \end{matrix}$$

由此我们引入矩阵的概念.

1.1.2 矩阵的概念

定义 1.1 由 $m\times n$ 个数 $a_{ij}\ (i=1,2,\cdots,m; j=1,2,\cdots,n)$ 排成的 m 行 n 列数表

$$\begin{pmatrix} a_{11} & a_{12} & \cdots & a_{1n} \\ a_{21} & a_{22} & \cdots & a_{2n} \\ \vdots & \vdots & & \vdots \\ a_{m1} & a_{m2} & \cdots & a_{mn} \end{pmatrix}$$

称为一个 m 行 n 列矩阵, 简称为 $m\times n$ 矩阵, 其中 a_{ij} 表示第 i 行第 j 列的元素(或称为元), 也记为 (i,j) 元, i 称为 a_{ij} 的行标, j 称为 a_{ij} 的列标.

通常用大写黑体字母 $\boldsymbol{A}, \boldsymbol{B}, \cdots$ 或者 $(a_{ij}), (b_{ij}), \cdots$ 表示矩阵. 若需指明矩阵的行数和列数, 常写为 $\boldsymbol{A}_{m\times n}$ 或 $\boldsymbol{A}=(a_{ij})_{m\times n}$.

元素是实数的矩阵称为实矩阵, 元素是复数的矩阵称为复矩阵. 本书中的矩阵除特别说明外, 都指实矩阵.

例如, $\boldsymbol{A}=\begin{pmatrix}1 & 2 & 0\\ -1 & 2 & -3\end{pmatrix}$ 是一个 2×3 矩阵, $\boldsymbol{B}=\begin{pmatrix}1 & 2 & 0\end{pmatrix}$ 是一个 1×3 矩阵, $\boldsymbol{C}=\begin{pmatrix}1 & 2\\ -1 & -3\end{pmatrix}$ 是一个 2×2 矩阵.

如果两个矩阵的行数相同、列数也相同, 则称它们为同型矩阵. 如果 $\boldsymbol{A}=(a_{ij})_{m\times n}$ 与 $\boldsymbol{B}=(b_{ij})_{m\times n}$ 为同型矩阵, 且对应元素相等, 即

$$a_{ij}=b_{ij}\quad (i=1,\ 2,\ \cdots,\ m;\ j=1,\ 2,\ \cdots,\ n),$$

则称矩阵 $\boldsymbol{A}$ 与 $\boldsymbol{B}$ 相等, 记作 $\boldsymbol{A}=\boldsymbol{B}$.

只有一行的矩阵 (即 $1\times n$ 矩阵)

$$\begin{pmatrix}a_1 & a_2 & \cdots & a_n\end{pmatrix}$$

称为行矩阵或行向量; 只有一列的矩阵 (即 $m\times 1$ 矩阵)

$$\begin{pmatrix}a_1\\ a_2\\ \vdots\\ a_m\end{pmatrix}$$

称为列矩阵或列向量.

元素全是零的矩阵称为零矩阵, 记作 $\boldsymbol{O}_{m\times n}$ 或 $\boldsymbol{O}$. 如

$$\boldsymbol{O}_{3\times 2}=\begin{pmatrix}0 & 0\\ 0 & 0\\ 0 & 0\end{pmatrix},\quad \boldsymbol{O}_{2\times 2}=\begin{pmatrix}0 & 0\\ 0 & 0\end{pmatrix}.$$

行数和列数都是 n 的矩阵称为 n 阶矩阵或 n 阶方阵, n 阶方阵 $\boldsymbol{A}$ 也记作 $\boldsymbol{A}_n$. 当 $\boldsymbol{A}$ 是方阵时, 从左上角到右下角的直线称为主对角线, 从右上角到左下角的直线称为副对角线. 主对角线以外的元素都是零的方阵

$$\boldsymbol{A}_n=\begin{pmatrix}\lambda_1 & 0 & \cdots & 0\\ 0 & \lambda_2 & \cdots & 0\\ \vdots & \vdots & & \vdots\\ 0 & 0 & \cdots & \lambda_n\end{pmatrix}$$

称为对角矩阵, $\lambda_i(i=1,2,\cdots,n)$ 称为 $\boldsymbol{A}$ 的对角元, 对角矩阵完全由对角元素决定, 故记作 $\boldsymbol{A}=\mathrm{diag}(\lambda_1,\lambda_2,\cdots,\lambda_n)$. 例如,

$$\boldsymbol{A}=\begin{pmatrix}1 & 0\\ 0 & -2\end{pmatrix}=\mathrm{diag}(1,-2)$$

为二阶对角矩阵. 特别地, 对角元素都是 1 的 n 阶对角矩阵称为 n 阶单位矩阵, 简称单位阵, 记作 $\boldsymbol{E}_n$ 或 $\boldsymbol{E}$, 即

$$\boldsymbol{E}_n=\begin{pmatrix}1&0&\cdots&0\\0&1&\cdots&0\\\vdots&\vdots&&\vdots\\0&0&\cdots&1\end{pmatrix}.$$

对于 n 元线性方程组(1.1.1), 其系数构成的 m 行 n 列矩阵

$$\boldsymbol{A}=\begin{pmatrix}a_{11}&a_{12}&\cdots&a_{1n}\\a_{21}&a_{22}&\cdots&a_{2n}\\\vdots&\vdots&&\vdots\\a_{m1}&a_{m2}&\cdots&a_{mn}\end{pmatrix}$$

称为方程组的系数矩阵; 未知数构成的列矩阵 $\boldsymbol{x}=\begin{pmatrix}x_1\\x_2\\\vdots\\x_n\end{pmatrix}$ 称为未知数矩阵; 常数项构成的列矩阵 $\boldsymbol{b}=\begin{pmatrix}b_1\\b_2\\\vdots\\b_m\end{pmatrix}$ 称为常数项矩阵; 由系数和常数项构成的 m 行 $n+1$ 列矩阵

$$\bar{\boldsymbol{A}}=\begin{pmatrix}a_{11}&a_{12}&\cdots&a_{1n}&b_1\\a_{21}&a_{22}&\cdots&a_{2n}&b_2\\\vdots&\vdots&&\vdots&\vdots\\a_{m1}&a_{m2}&\cdots&a_{mn}&b_m\end{pmatrix}$$

称为线性方程组(1.1.1)的增广矩阵. 我们将利用矩阵这一工具来研究线性方程组.

1.2 矩阵的运算

本节介绍矩阵的加法、数乘、乘法、转置及其运算规律.

1.2.1 矩阵的加法与数乘运算

例 1.1 在三家书店 $\mathrm{L}_1, \mathrm{L}_2, \mathrm{L}_3$ 中, 四种图书 $\mathrm{K}_1, \mathrm{K}_2, \mathrm{K}_3, \mathrm{K}_4$ 第一周的销售量 (单位: 册) 如表 1.1 所示, 第二周的销售量 (单位: 册) 如表 1.2 所示. 三家书店中四种图书这两周的销售量 (单位: 册) 可分别用两个 3×4 矩阵表示为

表 1.1 三家书店四种图书第一周的销售量

	K_1	K_2	K_3	K_4
L_1	30	20	40	10
L_2	20	25	40	30
L_3	25	20	30	20

表 1.2 三家书店四种图书第二周的销售量

	K_1	K_2	K_3	K_4
L_1	20	30	10	0
L_2	40	20	20	30
L_3	10	30	10	30

$$\boldsymbol{A}=\begin{pmatrix}30&20&40&10\\20&25&40&30\\25&20&30&20\end{pmatrix},\quad \boldsymbol{B}=\begin{pmatrix}20&30&10&0\\40&20&20&30\\10&30&10&30\end{pmatrix}.$$

那么, 这两周内三家书店四种图书总的销售量 (单位: 册) 可用 3×4 矩阵表示为

$$\boldsymbol{C}=\begin{pmatrix}50&50&50&10\\60&45&60&60\\35&50&40&50\end{pmatrix}.$$

这里, 矩阵 $\boldsymbol{C}$ 的 (i,j) 元恰好是矩阵 $\boldsymbol{A}$ 和 $\boldsymbol{B}$ 的 (i,j) 元之和.

定义 1.2 设矩阵 $\boldsymbol{A}=(a_{ij})$ 和 $\boldsymbol{B}=(b_{ij})$ 是两个 $m\times n$ 矩阵, 称 $m\times n$ 矩阵

$$\boldsymbol{C}=(a_{ij}+b_{ij})=\begin{pmatrix}a_{11}+b_{11}&a_{12}+b_{12}&\cdots&a_{1n}+b_{1n}\\a_{21}+b_{21}&a_{22}+b_{22}&\cdots&a_{2n}+b_{2n}\\\vdots&\vdots&&\vdots\\a_{m1}+b_{m1}&a_{m2}+b_{m2}&\cdots&a_{mn}+b_{mn}\end{pmatrix}$$

为矩阵 $\boldsymbol{A}$ 与 $\boldsymbol{B}$ 的和, 记作 $\boldsymbol{C}=\boldsymbol{A}+\boldsymbol{B}$.

值得注意的是, 只有同型矩阵才能进行加法运算, 且同型矩阵之和仍为同型矩阵.

设矩阵 $\boldsymbol{A}=(a_{ij})$, 定义矩阵 $\boldsymbol{A}$ 的负矩阵为 $(-a_{ij})$, 记作 $-\boldsymbol{A}$. 从而规定矩阵的减法为

$$\boldsymbol{A}-\boldsymbol{B}=\boldsymbol{A}+(-\boldsymbol{B}),$$

就是 $\boldsymbol{A}$ 与 $\boldsymbol{B}$ 的对应元素相减. 显然, $\boldsymbol{A}-\boldsymbol{B}=\boldsymbol{O}$ 等价于 $\boldsymbol{A}=\boldsymbol{B}$.

下面介绍数与矩阵的乘积.

若三家书店中四种图书第三周的销售量均是第二周的 90%, 那么第三周的销售量用矩阵表示为

$$\boldsymbol{D}=\begin{pmatrix}18&27&9&0\\36&18&18&27\\9&27&9&27\end{pmatrix},$$

这里, 矩阵 $\boldsymbol{D}$ 的 (i,j) 元恰好是矩阵 $\boldsymbol{B}$ 的 (i,j) 元乘 0.9.

定义 1.3 设矩阵 $\boldsymbol{A}=(a_{ij})$ 是一个 $m\times n$ 矩阵, k 是一个数, 称 $m\times n$ 矩阵

$$\begin{pmatrix} ka_{11} & ka_{12} & \cdots & ka_{1n} \\ ka_{21} & ka_{22} & \cdots & ka_{2n} \\ \vdots & \vdots & & \vdots \\ ka_{m1} & ka_{m2} & \cdots & ka_{mn} \end{pmatrix}$$

为数 k 与矩阵 $\boldsymbol{A}$ 的乘积, 简称数乘, 记作 $k\boldsymbol{A}$.

矩阵的加法和数乘统称为矩阵的线性运算.

设 $\boldsymbol{A}$, $\boldsymbol{B}$, $\boldsymbol{C}$ 为同型矩阵, k, l 为数, 容易证明矩阵的线性运算满足如下八条运算规律:

(1) $\boldsymbol{A}+\boldsymbol{B}=\boldsymbol{B}+\boldsymbol{A}$;

(2) $(\boldsymbol{A}+\boldsymbol{B})+\boldsymbol{C}=\boldsymbol{A}+(\boldsymbol{B}+\boldsymbol{C})$;

(3) $\boldsymbol{A}+\boldsymbol{O}=\boldsymbol{A}$;

(4) $\boldsymbol{A}+(-\boldsymbol{A})=\boldsymbol{O}$;

(5) $1\boldsymbol{A}=\boldsymbol{A}$;

(6) $k(l\boldsymbol{A})=(kl)\boldsymbol{A}$;

(7) $k(\boldsymbol{A}+\boldsymbol{B})=k\boldsymbol{A}+k\boldsymbol{B}$;

(8) $(k+l)\boldsymbol{A}=k\boldsymbol{A}+l\boldsymbol{A}$.

例 1.2 设矩阵

$$\boldsymbol{A}=\begin{pmatrix} 4 & 1 & -2 \\ -1 & 5 & 1 \end{pmatrix}, \quad \boldsymbol{B}=\begin{pmatrix} 5 & 3 & 1 \\ -3 & 1 & 3 \end{pmatrix},$$

且 $5(\boldsymbol{A}+\boldsymbol{X})=4(2\boldsymbol{B}+\boldsymbol{X})$, 求矩阵 $\boldsymbol{X}$.

解 由 $5(\boldsymbol{A}+\boldsymbol{X})=4(2\boldsymbol{B}+\boldsymbol{X})$ 得

$$5\boldsymbol{A}+5\boldsymbol{X}=8\boldsymbol{B}+4\boldsymbol{X},$$

则

$$\boldsymbol{X}=8\boldsymbol{B}-5\boldsymbol{A}=\begin{pmatrix} 40 & 24 & 8 \\ -24 & 8 & 24 \end{pmatrix}-\begin{pmatrix} 20 & 5 & -10 \\ -5 & 25 & 5 \end{pmatrix}=\begin{pmatrix} 20 & 19 & 18 \\ -19 & -17 & 19 \end{pmatrix}.$$

1.2.2 矩阵的乘法

例 1.3 三家书店 L_1, L_2, L_3 中四种图书 K_1, K_2, K_3, K_4 的单位售价 (单位: 元) 用矩阵表示为

$$\boldsymbol{A}=\begin{pmatrix} 17 & 7 & 11 & 20 \\ 15 & 9 & 13 & 18 \\ 18 & 6 & 15 & 16 \end{pmatrix},$$

其中 a_{ij} 表示书店 L_i 中图书 K_j 的单价 $(i=1,2,3;j=1,2,3,4)$.

假设甲、乙两人都希望在某家书店一次性购齐四种图书, 他们需要的四种图书的数量 (单位: 册) 分别为 2,3,2,1 和 2,1,2,3, 那么他们到哪家书店采购所花的钱最少?

解 甲在每家书店购齐四种图书所需费用:

L_1: $17\times2+7\times3+11\times2+20\times1=97$,

L_2: $15\times2+9\times3+13\times2+18\times1=101$,

L_3: $18\times2+6\times3+15\times2+16\times1=100$,

因此甲去书店 L_1 采购所花的钱最少.

同理, 乙在每家书店购齐四种图书所需费用:

L_1: $17\times2+7\times1+11\times2+20\times3=123$,

L_2: $15\times2+9\times1+13\times2+18\times3=119$,

L_3: $18\times2+6\times1+15\times2+16\times3=120$,

因此乙去书店 L_2 采购所花的钱最少.

由题设, 甲、乙两人对四种图书的需求量也可用一个 4×2 矩阵来表示:

$$\boldsymbol{B}=\begin{pmatrix}2&2\\3&1\\2&2\\1&3\end{pmatrix},$$

根据上面的计算, 甲、乙在每个书店购齐四种图书所需费用可表示为 3×2 矩阵

$$\begin{aligned}\boldsymbol{C}&=\begin{pmatrix}17\times2+7\times3+11\times2+20\times1 & 17\times2+7\times1+11\times2+20\times3\\15\times2+9\times3+13\times2+18\times1 & 15\times2+9\times1+13\times2+18\times3\\18\times2+6\times3+15\times2+16\times1 & 18\times2+6\times1+15\times2+16\times3\end{pmatrix}\\&=\begin{pmatrix}97&123\\101&119\\100&120\end{pmatrix}.\end{aligned}$$

这里, 矩阵 $\boldsymbol{C}$ 的 (i,j) 元是 $\boldsymbol{A}$ 的第 i 行各元素与 $\boldsymbol{B}$ 的第 j 列各元素对应乘积之和.

定义 1.4 设矩阵 $\boldsymbol{A}=(a_{ij})$ 是 $m\times p$ 矩阵, $\boldsymbol{B}=(b_{ij})$ 是 $p\times n$ 矩阵, 则由元素

$$c_{ij}=a_{i1}b_{1j}+a_{i2}b_{2j}+\cdots+a_{ip}b_{pj}=\sum_{k=1}^{p}a_{ik}b_{kj}\quad(i=1,2,\cdots,m;j=1,2,\cdots,n)$$

构成的 $m\times n$ 矩阵 $\boldsymbol{C}=(c_{ij})$ 称为矩阵 $\boldsymbol{A}$ 与 $\boldsymbol{B}$ 的乘积, 记作 $\boldsymbol{C}=\boldsymbol{AB}$.

注 1.1 (1) $\boldsymbol{A}$ 的列数必须等于 $\boldsymbol{B}$ 的行数, $\boldsymbol{A}$ 与 $\boldsymbol{B}$ 才能相乘;

(2) 乘积矩阵 $\boldsymbol{C}$ 的行数等于 $\boldsymbol{A}$ 的行数, $\boldsymbol{C}$ 的列数等于 $\boldsymbol{B}$ 的列数;

(3) $\boldsymbol{A}_{m\times n}\boldsymbol{E}_n=\boldsymbol{E}_m\boldsymbol{A}_{m\times n}=\boldsymbol{A}_{m\times n}$.

例 1.4 (1) 设 $\boldsymbol{A}=\begin{pmatrix}1&2&3\\4&5&6\end{pmatrix}, \boldsymbol{B}=\begin{pmatrix}1&-1&2\\0&1&1\\-1&1&-1\end{pmatrix}$, 求 $\boldsymbol{AB}$;

(2) 设 $\boldsymbol{A}=\begin{pmatrix}1\\2\\3\end{pmatrix}, \boldsymbol{B}=\begin{pmatrix}4&5&6\end{pmatrix}$, 求 $\boldsymbol{AB}$ 和 $\boldsymbol{BA}$;

(3) 设 $\boldsymbol{A}=\begin{pmatrix}1&-1\\0&0\end{pmatrix}, \boldsymbol{B}=\begin{pmatrix}1&0\\1&0\end{pmatrix}$, 求 $\boldsymbol{AB}$ 和 $\boldsymbol{BA}$.

解 (1) $\boldsymbol{AB}=\begin{pmatrix}1&2&3\\4&5&6\end{pmatrix}\begin{pmatrix}1&-1&2\\0&1&1\\-1&1&-1\end{pmatrix}=\begin{pmatrix}-2&4&1\\-2&7&7\end{pmatrix}$;

(2) $\boldsymbol{AB}=\begin{pmatrix}1\\2\\3\end{pmatrix}_{3\times1}\begin{pmatrix}4&5&6\end{pmatrix}_{1\times3}=\begin{pmatrix}4&5&6\\8&10&12\\12&15&18\end{pmatrix}$,

$\boldsymbol{BA}=\begin{pmatrix}4&5&6\end{pmatrix}_{1\times3}\begin{pmatrix}1\\2\\3\end{pmatrix}_{3\times1}=32$;

(3) $\boldsymbol{AB}=\begin{pmatrix}1&-1\\0&0\end{pmatrix}\begin{pmatrix}1&0\\1&0\end{pmatrix}=\begin{pmatrix}0&0\\0&0\end{pmatrix}=\boldsymbol{O}$,

$\boldsymbol{BA}=\begin{pmatrix}1&0\\1&0\end{pmatrix}\begin{pmatrix}1&-1\\0&0\end{pmatrix}=\begin{pmatrix}1&-1\\1&-1\end{pmatrix}$.

由例 1.4 (1) 可知: 矩阵 $\boldsymbol{A}$ 与 $\boldsymbol{B}$ 可相乘, 但 $\boldsymbol{B}$ 与 $\boldsymbol{A}$ 不能相乘, 这是因为 $\boldsymbol{B}$ 的列数不等于 $\boldsymbol{A}$ 的行数; 由 (2) 可知, 即使乘积矩阵 $\boldsymbol{AB}$ 与 $\boldsymbol{BA}$ 均有意义, 但它们不一定是同型矩阵; 由 (3) 可知, 即使 $\boldsymbol{AB}$ 与 $\boldsymbol{BA}$ 为同型矩阵, 两者也未必相等. 因此, 矩阵乘法不满足交换律. 一般地, $\boldsymbol{AB}\neq\boldsymbol{BA}$. 于是, 矩阵相乘分为“左乘”和“右乘”, 称乘积矩阵 $\boldsymbol{AB}$ 为矩阵 $\boldsymbol{A}$左乘矩阵 $\boldsymbol{B}$ 或矩阵 $\boldsymbol{B}$右乘矩阵 $\boldsymbol{A}$.

设 $\boldsymbol{A}$ 与 $\boldsymbol{B}$ 是两个 n 阶方阵, 若 $\boldsymbol{AB}=\boldsymbol{BA}$, 称 $\boldsymbol{A}$ 与 $\boldsymbol{B}$ 是可交换的. 矩阵

$$\lambda\boldsymbol{E}=\begin{pmatrix}\lambda&0&\cdots&0\\0&\lambda&\cdots&0\\\vdots&\vdots&&\vdots\\0&0&\cdots&\lambda\end{pmatrix}$$

称为数量矩阵, 即数量矩阵是对角元素完全相等的对角矩阵. 由 $(\lambda\boldsymbol{E}_n)\boldsymbol{A}_n=\lambda\boldsymbol{A}_n=\boldsymbol{A}_n(\lambda\boldsymbol{E}_n)$ 可知, 数量矩阵与任何同阶方阵都是可交换的.

例 1.4 (3) 还表明, 矩阵 $\boldsymbol{A}\neq\boldsymbol{O}$, $\boldsymbol{B}\neq\boldsymbol{O}$, 但 $\boldsymbol{AB}=\boldsymbol{O}$. 一般地, 从 $\boldsymbol{AB}=\boldsymbol{O}$, 不能得到 $\boldsymbol{A}=\boldsymbol{O}$ 或 $\boldsymbol{B}=\boldsymbol{O}$; 从 $\boldsymbol{A}(\boldsymbol{X}-\boldsymbol{Y})=\boldsymbol{O}$ 且 $\boldsymbol{A}\neq\boldsymbol{O}$, 也不能得到 $\boldsymbol{X}=\boldsymbol{Y}$.

矩阵乘法满足下列运算规律 (假设运算都是可行的)(证明略):

(1) $(\boldsymbol{AB})\boldsymbol{C}=\boldsymbol{A}(\boldsymbol{BC})$;

(2) $\lambda(\boldsymbol{AB})=(\lambda\boldsymbol{A})\boldsymbol{B}=\boldsymbol{A}(\lambda\boldsymbol{B})$, 其中 λ 为数;

(3) $\boldsymbol{A}(\boldsymbol{B}+\boldsymbol{C})=\boldsymbol{AB}+\boldsymbol{AC}$, $(\boldsymbol{B}+\boldsymbol{C})\boldsymbol{A}=\boldsymbol{BA}+\boldsymbol{CA}$.

例 1.5 对于 n 元线性方程组

$$\begin{cases} a_{11}x_1+\ a_{12}x_2+\cdots+\ a_{1n}x_n=\ b_1, \\ a_{21}x_1+\ a_{22}x_2+\cdots+\ a_{2n}x_n=\ b_2, \\ \cdots\cdots\cdots\cdots \\ a_{m1}x_1+a_{m2}x_2+\cdots+a_{mn}x_n=b_m, \end{cases}$$

其系数矩阵、未知数矩阵和常数项矩阵分别为

$$\boldsymbol{A}=\begin{pmatrix} a_{11} & a_{12} & \cdots & a_{1n} \\ a_{21} & a_{22} & \cdots & a_{2n} \\ \vdots & \vdots & & \vdots \\ a_{m1} & a_{m2} & \cdots & a_{mn} \end{pmatrix}, \boldsymbol{x}=\begin{pmatrix} x_1 \\ x_2 \\ \vdots \\ x_n \end{pmatrix}, \boldsymbol{b}=\begin{pmatrix} b_1 \\ b_2 \\ \vdots \\ b_m \end{pmatrix}.$$

利用矩阵乘法, 此方程组可写成如下的矩阵表示形式:

$$\boldsymbol{Ax}=\boldsymbol{b}.$$

特别地, 若 $\boldsymbol{b}=\boldsymbol{0}$, n 元齐次线性方程组(1.1.2)的矩阵表示形式为

$$\boldsymbol{Ax}=\boldsymbol{0}.$$

下面介绍线性变换及其矩阵表示形式.

定义 1.5 n 个变量 $x_1, x_2, \cdots, x_n$ 与 m 个变量 $y_1, y_2, \cdots, y_m$ 之间的关系式

$$\begin{cases} y_1=\ a_{11}x_1+\ a_{12}x_2+\cdots+a_{1n}x_n, \\ y_2=\ a_{21}x_1+\ a_{22}x_2+\cdots+a_{2n}x_n, \\ \cdots\cdots\cdots\cdots \\ y_m=a_{m1}x_1+a_{m2}x_2+\cdots+a_{mn}x_n \end{cases} \tag{1.2.1}$$

称为从变量 $x_1, x_2, \cdots, x_n$ 到变量 $y_1, y_2, \cdots, y_m$ 的线性映射, 其中 a_{ij} 为常数. 当 $m=n$ 时, 称线性映射(1.2.1)为从变量 $x_1, x_2, \cdots, x_n$ 到变量 $y_1, y_2, \cdots, y_n$ 的线性变换.

显然, 线性映射(1.2.1)可写成矩阵乘积的形式

$$\begin{pmatrix} y_1 \\ y_2 \\ \vdots \\ y_m \end{pmatrix}=\begin{pmatrix} a_{11} & a_{12} & \cdots & a_{1n} \\ a_{21} & a_{22} & \cdots & a_{2n} \\ \vdots & \vdots & & \vdots \\ a_{m1} & a_{m2} & \cdots & a_{mn} \end{pmatrix}\begin{pmatrix} x_1 \\ x_2 \\ \vdots \\ x_n \end{pmatrix},$$

因此, 从变量 $x_1, x_2, \cdots, x_n$ 到变量 $y_1, y_2, \cdots, y_m$ 的线性映射与 $m\times n$ 矩阵一一对应.

例 1.6 已知两个线性变换

$$\begin{cases} z_1 = y_1 - 2y_2, \\ z_2 = 3y_1 + y_2 + 2y_3, \\ z_3 = -y_1 + 4y_2 + 5y_3, \end{cases} \qquad \begin{cases} y_1 = 2x_1 + 4x_2 + x_3, \\ y_2 = -x_1 + 2x_2 + 3x_3, \\ y_3 = -x_2 + 2x_3, \end{cases}$$

求从变量 x_1, x_2, x_3 到变量 z_1, z_2, z_3 的线性变换.

解 已知 $\boldsymbol{z} = \boldsymbol{A}\boldsymbol{y}$, $\boldsymbol{y} = \boldsymbol{B}\boldsymbol{x}$, 其中

$$\boldsymbol{z} = \begin{pmatrix} z_1 \\ z_2 \\ z_3 \end{pmatrix}, \boldsymbol{A} = \begin{pmatrix} 1 & -2 & 0 \\ 3 & 1 & 2 \\ -1 & 4 & 5 \end{pmatrix}, \boldsymbol{y} = \begin{pmatrix} y_1 \\ y_2 \\ y_3 \end{pmatrix}, \boldsymbol{B} = \begin{pmatrix} 2 & 4 & 1 \\ -1 & 2 & 3 \\ 0 & -1 & 2 \end{pmatrix}, \boldsymbol{x} = \begin{pmatrix} x_1 \\ x_2 \\ x_3 \end{pmatrix}.$$

于是

$$\boldsymbol{z} = \boldsymbol{A}(\boldsymbol{B}\boldsymbol{x}) = (\boldsymbol{A}\boldsymbol{B})\boldsymbol{x} = \begin{pmatrix} 1 & -2 & 0 \\ 3 & 1 & 2 \\ -1 & 4 & 5 \end{pmatrix}\begin{pmatrix} 2 & 4 & 1 \\ -1 & 2 & 3 \\ 0 & -1 & 2 \end{pmatrix}\boldsymbol{x} = \begin{pmatrix} 4 & 0 & -5 \\ 5 & 12 & 10 \\ -6 & -1 & 21 \end{pmatrix}\boldsymbol{x},$$

则

$$\begin{cases} z_1 = 4x_1 - 5x_3, \\ z_2 = 5x_1 + 12x_2 + 10x_3, \\ z_3 = -6x_1 - x_2 + 21x_3. \end{cases}$$

由矩阵的乘法可以定义方阵的幂和方阵的多项式.

设 $\boldsymbol{A}$ 是 n 阶方阵, 定义

$$\boldsymbol{A}^0 = \boldsymbol{E}_n,\ \boldsymbol{A}^1 = \boldsymbol{A},\ \boldsymbol{A}^2 = \boldsymbol{A}\boldsymbol{A},\ \boldsymbol{A}^3 = \boldsymbol{A}^2\boldsymbol{A}, \cdots,\ \boldsymbol{A}^{k+1} = \boldsymbol{A}^k\boldsymbol{A},$$

其中 k 为非负整数. 此处, $\boldsymbol{A}^k$ 称为 $\boldsymbol{A}$ 的 k 次幂. 方阵的幂满足以下运算规律:

$$\boldsymbol{A}^k\boldsymbol{A}^l = \boldsymbol{A}^{k+l},\quad (\boldsymbol{A}^k)^l = \boldsymbol{A}^{kl},$$

其中 k, l 为非负整数. 需注意, 当 $\boldsymbol{A}$, $\boldsymbol{B}$ 为同阶方阵时, 一般 $(\boldsymbol{A}\boldsymbol{B})^k \neq \boldsymbol{A}^k\boldsymbol{B}^k$. 当 $\boldsymbol{A}\boldsymbol{B} = \boldsymbol{B}\boldsymbol{A}$(即 $\boldsymbol{A}$ 与 $\boldsymbol{B}$ 可交换) 时, $(\boldsymbol{A}\boldsymbol{B})^k = \boldsymbol{A}^k\boldsymbol{B}^k$, 反之未必成立. 类似地, 当 $\boldsymbol{A}$ 与 $\boldsymbol{B}$ 可交换时, $(\boldsymbol{A}+\boldsymbol{B})^2 = \boldsymbol{A}^2 + 2\boldsymbol{A}\boldsymbol{B} + \boldsymbol{B}^2$ 和 $(\boldsymbol{A}+\boldsymbol{B})(\boldsymbol{A}-\boldsymbol{B}) = \boldsymbol{A}^2 - \boldsymbol{B}^2$ 成立.

定义 1.6 设 $\phi(x) = a_m x^m + a_{m-1}x^{m-1} + \cdots + a_1 x + a_0$ 是 x 的多项式, $\boldsymbol{A}$ 为 n 阶方阵, 则称

$$a_m\boldsymbol{A}^m + a_{m-1}\boldsymbol{A}^{m-1} + \cdots + a_1\boldsymbol{A} + a_0\boldsymbol{E}$$

为矩阵 $\boldsymbol{A}$ 的多项式, 记作 $\phi(\boldsymbol{A})$.

矩阵多项式可以像多项式一样相乘和分解因式, 并且 $\boldsymbol{A}$ 的任意两个多项式 $\phi(\boldsymbol{A})$ 与 $\psi(\boldsymbol{A})$ 是可交换的, 即 $\phi(\boldsymbol{A})\psi(\boldsymbol{A}) = \psi(\boldsymbol{A})\phi(\boldsymbol{A})$. 例如,

$$(\boldsymbol{A}-\boldsymbol{E})(\boldsymbol{A}+2\boldsymbol{E}) = \boldsymbol{A}^2 + \boldsymbol{A} - 2\boldsymbol{E},$$

$$\boldsymbol{A}^2 - 2\boldsymbol{A} + \boldsymbol{E} = (\boldsymbol{A}-\boldsymbol{E})^2.$$

设 $\phi(x)=a_mx^m+a_{m-1}x^{m-1}+\cdots+a_1x+a_0$, 对角矩阵 $\boldsymbol{\Lambda}=\mathrm{diag}(\lambda_1,\lambda_2,\cdots,\lambda_n)$, 易得

$$\phi(\boldsymbol{\Lambda})=\begin{pmatrix}\phi(\lambda_1)&0&\cdots&0\\0&\phi(\lambda_2)&\cdots&0\\\vdots&\vdots&&\vdots\\0&0&\cdots&\phi(\lambda_n)\end{pmatrix}=\mathrm{diag}(\phi(\lambda_1),\phi(\lambda_2),\cdots,\phi(\lambda_n)).$$

1.2.3 矩阵的转置

定义 1.7 $m\times n$ 矩阵 $\boldsymbol{A}$ 的行换成同序数的列得到的 $n\times m$ 矩阵称为 $\boldsymbol{A}$ 的转置矩阵, 记作 $\boldsymbol{A}^{\mathrm{T}}$. 也就是, 当

$$\boldsymbol{A}=\begin{pmatrix}a_{11}&a_{12}&\cdots&a_{1n}\\a_{21}&a_{22}&\cdots&a_{2n}\\\vdots&\vdots&&\vdots\\a_{m1}&a_{m2}&\cdots&a_{mn}\end{pmatrix}$$

时,

$$\boldsymbol{A}^{\mathrm{T}}=\begin{pmatrix}a_{11}&a_{21}&\cdots&a_{m1}\\a_{12}&a_{22}&\cdots&a_{m2}\\\vdots&\vdots&&\vdots\\a_{1n}&a_{2n}&\cdots&a_{mn}\end{pmatrix}.$$

矩阵的转置满足如下的运算规律 (假设运算可行):

(1) $(\boldsymbol{A}^{\mathrm{T}})^{\mathrm{T}}=\boldsymbol{A}$;

(2) $(\boldsymbol{A}+\boldsymbol{B})^{\mathrm{T}}=\boldsymbol{A}^{\mathrm{T}}+\boldsymbol{B}^{\mathrm{T}}$;

(3) $(k\boldsymbol{A})^{\mathrm{T}}=k(\boldsymbol{A})^{\mathrm{T}}$;

(4) $(\boldsymbol{AB})^{\mathrm{T}}=\boldsymbol{B}^{\mathrm{T}}\boldsymbol{A}^{\mathrm{T}}$.

下证运算规律 (4). 设 $\boldsymbol{A}=(a_{ij})_{m\times s}$, $\boldsymbol{B}=(b_{ij})_{s\times n}$, 则 $\boldsymbol{AB}$ 是 $m\times n$ 矩阵, $(\boldsymbol{AB})^{\mathrm{T}}$ 是 $n\times m$ 矩阵. 而 $\boldsymbol{B}^{\mathrm{T}}$ 是 $n\times s$ 矩阵, $\boldsymbol{A}^{\mathrm{T}}$ 是 $s\times m$ 矩阵, 则 $\boldsymbol{B}^{\mathrm{T}}\boldsymbol{A}^{\mathrm{T}}$ 是 $n\times m$ 矩阵. 下面只需要证明这两个同型矩阵的对应元素相等.

矩阵 $(\boldsymbol{AB})^{\mathrm{T}}$ 的 (i,j) 元是矩阵 $\boldsymbol{AB}$ 的 (j,i) 元 $\displaystyle\sum_{k=1}^{s}a_{jk}b_{ki}$. 而矩阵 $\boldsymbol{B}^{\mathrm{T}}\boldsymbol{A}^{\mathrm{T}}$ 的 (i,j) 元是矩阵 $\boldsymbol{B}^{\mathrm{T}}$ 的第 i 行 (即 $\boldsymbol{B}$ 的第 i 列) 与 $\boldsymbol{A}^{\mathrm{T}}$ 的第 j 列 (即 $\boldsymbol{A}$ 的第 j 行) 对应元素乘积之和 $\displaystyle\sum_{k=1}^{s}b_{ki}a_{jk}=\sum_{k=1}^{s}a_{jk}b_{ki}$. 于是, $(\boldsymbol{AB})^{\mathrm{T}}$ 的 (i,j) 元与 $\boldsymbol{B}^{\mathrm{T}}\boldsymbol{A}^{\mathrm{T}}$ 的 (i,j) 元相等, 所以 $(\boldsymbol{AB})^{\mathrm{T}}=\boldsymbol{B}^{\mathrm{T}}\boldsymbol{A}^{\mathrm{T}}$.

例 1.7 设

$$\boldsymbol{A}=\begin{pmatrix}1&2&-1\\2&1&-2\end{pmatrix},\boldsymbol{B}=\begin{pmatrix}1&0\\0&1\\-1&2\end{pmatrix},$$

求 $(\boldsymbol{AB})^{\mathrm{T}}$.

解 (方法一) $\boldsymbol{AB}=\begin{pmatrix}1&2&-1\\2&1&-2\end{pmatrix}\begin{pmatrix}1&0\\0&1\\-1&2\end{pmatrix}=\begin{pmatrix}2&0\\4&-3\end{pmatrix}$, 于是

$$(\boldsymbol{AB})^{\mathrm{T}}=\begin{pmatrix}2&4\\0&-3\end{pmatrix}.$$

(方法二) $(\boldsymbol{AB})^{\mathrm{T}}=\boldsymbol{B}^{\mathrm{T}}\boldsymbol{A}^{\mathrm{T}}=\begin{pmatrix}1&0&-1\\0&1&2\end{pmatrix}\begin{pmatrix}1&2\\2&1\\-1&-2\end{pmatrix}=\begin{pmatrix}2&4\\0&-3\end{pmatrix}$.

定义 1.8 设 $\boldsymbol{A}$ 为 n 阶方阵, 如果 $\boldsymbol{A}^{\mathrm{T}}=\boldsymbol{A}$, 则称 $\boldsymbol{A}$ 为对称矩阵; 如果 $\boldsymbol{A}^{\mathrm{T}}=-\boldsymbol{A}$, 则称 $\boldsymbol{A}$ 为反称矩阵.

注 1.2 设矩阵 $\boldsymbol{A}=(a_{ij})$, $\boldsymbol{A}$ 为对称矩阵等价于 $\boldsymbol{A}$ 为方阵且 $a_{ij}=a_{ji}$; $\boldsymbol{A}$ 为反称矩阵等价于 $\boldsymbol{A}$ 为方阵, $a_{ii}=0$, 且当 $i\neq j$ 时, $a_{ij}=-a_{ji}$.

1.3 矩阵的初等变换

1.3.1 高斯消元法

在中学代数中, 我们已经学习过使用消元法求解二元或三元线性方程组, 现在把它推广到求解一般的线性方程组中. 下面通过例子来描述求解线性方程组的消元法.

例 1.8 求解线性方程组

$$\begin{cases}2x_1+4x_2+3x_3=3,\\x_1+2x_2-x_3=4,\\-x_1-2x_2+6x_3=-9.\end{cases}$$

解 将方程组的第一个方程和第二个方程交换位置, 得到

$$\begin{cases}x_1+2x_2-x_3=4,\\2x_1+4x_2+3x_3=3,\\-x_1-2x_2+6x_3=-9.\end{cases}$$

将第一个方程乘 (-2) 加到第二个方程, 第一个方程加到第三个方程, 得到

$$\begin{cases}x_1+2x_2-x_3=4,\\5x_3=-5,\\5x_3=-5.\end{cases}$$

将第二个方程乘 (−1) 加到第三个方程, 得到

$$\begin{cases} x_1+2x_2-\ x_3= & 4, \\ \qquad\qquad 5x_3= & -5, \\ \qquad\qquad\quad 0= & 0. \end{cases} \tag{1.3.1}$$

将第二个方程乘 $\frac{1}{5}$, 得到

$$\begin{cases} x_1+2x_2-x_3= & 4, \\ \qquad\qquad x_3= & -1, \\ \qquad\qquad\ 0= & 0, \end{cases}$$

即

$$\begin{cases} x_1+2x_2-x_3= & 4, \\ \qquad\qquad x_3= & -1. \end{cases}$$

于是

$$\begin{cases} x_1=-2x_2+3, \\ x_3=\qquad\ -1, \end{cases}$$

其中 x_2 可以任意取值, 称 x_2 为自由未知量. 此方程组有无穷多个解.

上例在求解方程组的过程中, 先通过一些变换将方程组化为容易求解的同解方程组, 这些变换为如下三种变换:

(1) 交换第 i 个方程和第 j 个方程的位置;

(2) 以一个非零数 k 乘第 i 个方程;

(3) 将第 j 个方程的 k 倍加到第 i 个方程上.

这三种变换称为线性方程组的初等变换. 三种初等变换都能还原回去. 高斯消元法就是反复进行初等变换将方程组转化为简单的同解方程组的方法.

1.3.2 矩阵的初等变换

在求解线性方程组的过程中, 不难发现, 对方程组作初等变换, 只是对系数和常数项进行了运算, 未知量实质上没有参与运算, 因此, 整个消元过程都可以在系数和常数项构成的增广矩阵上进行. 由线性方程组的三种初等变换可以得到矩阵的三种行变换.

定义 1.9 下面的三种变换称为矩阵的初等行变换:

(1) 交换第 i 行和第 j 行, 记作 $r_i \leftrightarrow r_j$;

(2) 以一个非零数 k 乘第 i 行的所有元素, 记作 $r_i \times k$;

(3) 将第 j 行的 k 倍加到第 i 行上, 记作 $r_i + kr_j$.

定义中的“行”改为“列”, 可得到矩阵的三种初等列变换(所用记号是把“r”换成“c”).

矩阵的初等行变换和初等列变换统称为矩阵的初等变换.

现在我们对例 1.8 用矩阵的初等行变换来求解.

求解例 1.8 的方程组

$$\begin{cases} 2x_1+4x_2+3x_3= & 3, \\ x_1+2x_2- & x_3= & 4, \\ -x_1-2x_2+6x_3=-9. \end{cases}$$

对方程组的增广矩阵施行初等行变换:

$$\bar{\boldsymbol{A}}=\left(\begin{array}{ccc:c} 2 & 4 & 3 & 3 \\ 1 & 2 & -1 & 4 \\ -1 & -2 & 6 & -9 \end{array}\right) \underset{\sim}{r_1\leftrightarrow r_2} \left(\begin{array}{ccc:c} 1 & 2 & -1 & 4 \\ 2 & 4 & 3 & 3 \\ -1 & -2 & 6 & -9 \end{array}\right)$$

$$\underset{r_3+r_1}{\overset{r_2-2r_1}{\sim}} \left(\begin{array}{ccc:c} 1 & 2 & -1 & 4 \\ 0 & 0 & 5 & -5 \\ 0 & 0 & 5 & -5 \end{array}\right) \underset{\sim}{r_3-r_2} \left(\begin{array}{ccc:c} 1 & 2 & -1 & 4 \\ 0 & 0 & 5 & -5 \\ 0 & 0 & 0 & 0 \end{array}\right)=\boldsymbol{B},$$

矩阵 $\boldsymbol{B}$ 对应的方程组为方程组(1.3.1). 再对矩阵 $\boldsymbol{B}$ 继续施行初等行变换:

$$\boldsymbol{B} \underset{\sim}{r_2\times\frac{1}{5}} \left(\begin{array}{ccc:c} 1 & 2 & -1 & 4 \\ 0 & 0 & 1 & -1 \\ 0 & 0 & 0 & 0 \end{array}\right) \underset{\sim}{r_1+r_2} \left(\begin{array}{ccc:c} 1 & 2 & 0 & 3 \\ 0 & 0 & 1 & -1 \\ 0 & 0 & 0 & 0 \end{array}\right)=\boldsymbol{C}.$$

矩阵 $\boldsymbol{C}$ 对应的方程组为

$$\begin{cases} x_1+2x_2 \quad = \quad 3, \\ \qquad\qquad x_3=-1. \end{cases}$$

令 $x_2=c$, 则方程组的通解为

$$\begin{cases} x_1=-2c+3, \\ x_2= \quad c, \\ x_3= \qquad -1, \end{cases}$$

即

$$\boldsymbol{x}=\begin{pmatrix} x_1 \\ x_2 \\ x_3 \end{pmatrix}=c\begin{pmatrix} -2 \\ 1 \\ 0 \end{pmatrix}+\begin{pmatrix} 3 \\ 0 \\ -1 \end{pmatrix},$$

其中 c 为任意常数.

矩阵 $\boldsymbol{B}$ 称为行阶梯形矩阵. 一般来说, 行阶梯形矩阵是指满足以下条件的矩阵:

(1) 零行 (元素全为零的行) 位于所有非零行 (含非零元的行) 的下方;

(2) 每个非零行的非零首元 (左起第一个非零元) 都出现在上一行非零首元的右方.

如果行阶梯形矩阵的每个非零行的非零首元都为 1, 且非零首元所在列的其余元素都为 0, 则称这样的行阶梯形矩阵为行最简形矩阵. 矩阵 $\boldsymbol{C}$ 是行最简形矩阵, 而矩阵 $\boldsymbol{B}$ 不是行最简形矩阵. 再如,

$$\begin{pmatrix} 1 & 2 & 3 \\ 0 & 2 & 3 \end{pmatrix}, \begin{pmatrix} 1 & -2 & 4 & 3 \\ 0 & 0 & 3 & -1 \\ 0 & 0 & 0 & 0 \end{pmatrix}, \begin{pmatrix} 1 & 1 & 1 \\ 0 & 1 & 1 \\ 0 & 0 & 1 \end{pmatrix}$$

是行阶梯形矩阵,

$$\begin{pmatrix} 1 & 0 & 3 \\ 0 & 1 & -1 \end{pmatrix}, \quad \begin{pmatrix} 1 & -2 & 0 & 3 \\ 0 & 0 & 1 & -1 \\ 0 & 0 & 0 & 0 \end{pmatrix}, \quad \begin{pmatrix} 0 & 1 & 0 \\ 0 & 0 & 1 \\ 0 & 0 & 0 \end{pmatrix}$$

是行最简形矩阵. 行阶梯形 (或行最简形) 矩阵的特点是, 可以画出一条阶梯线, 使线的下方均为 0, 每个台阶只有一行, 而台阶数就是非零行的行数.

例 1.9 化矩阵 $\boldsymbol{A} = \begin{pmatrix} 0 & 1 & 3 & -2 \\ 2 & 1 & -4 & 3 \\ 2 & 3 & 2 & -1 \end{pmatrix}$ 为行阶梯形和行最简形矩阵.

解 对矩阵 $\boldsymbol{A}$ 施行初等行变换:

$$\boldsymbol{A} = \begin{pmatrix} 0 & 1 & 3 & -2 \\ 2 & 1 & -4 & 3 \\ 2 & 3 & 2 & -1 \end{pmatrix} \underset{\sim}{\xrightarrow{r_1 \leftrightarrow r_2}} \begin{pmatrix} 2 & 1 & -4 & 3 \\ 0 & 1 & 3 & -2 \\ 2 & 3 & 2 & -1 \end{pmatrix} \underset{\sim}{\xrightarrow{r_3 - r_1}} \begin{pmatrix} 2 & 1 & -4 & 3 \\ 0 & 1 & 3 & -2 \\ 0 & 2 & 6 & -4 \end{pmatrix}$$

$$\underset{\sim}{\xrightarrow{r_3 - 2r_2}} \underset{\text{行阶梯形矩阵}}{\begin{pmatrix} 2 & 1 & -4 & 3 \\ 0 & 1 & 3 & -2 \\ 0 & 0 & 0 & 0 \end{pmatrix}} \underset{\sim}{\xrightarrow{r_1 - r_2}} \underset{\text{行阶梯形矩阵}}{\begin{pmatrix} 2 & 0 & -7 & 5 \\ 0 & 1 & 3 & -2 \\ 0 & 0 & 0 & 0 \end{pmatrix}}$$

$$\underset{\sim}{\xrightarrow{r_1 \times \frac{1}{2}}} \underset{\text{行最简形矩阵}}{\begin{pmatrix} 1 & 0 & -\frac{7}{2} & \frac{5}{2} \\ 0 & 1 & 3 & -2 \\ 0 & 0 & 0 & 0 \end{pmatrix}}.$$

从上面利用初等行变换求解例 1.8 中线性方程组的过程可见, 对于一般的线性方程组 $\boldsymbol{Ax} = \boldsymbol{b}$, 可对其增广矩阵施行初等行变换化为行阶梯形矩阵 (或进一步化为行最简形矩阵), 再给出同解线性方程组, 然后求解.

例 1.10 求解非齐次线性方程组

$$\begin{cases} 3x_1 + x_2 + x_3 = 2, \\ x_1 + 2x_2 + 2x_3 = -1, \\ -x_1 + 2x_2 + x_3 = -5. \end{cases}$$

解 对方程组的增广矩阵施行初等行变换:

$$\bar{\boldsymbol{A}} = \left(\begin{array}{ccc|c} 3 & 1 & 1 & 2 \\ 1 & 2 & 2 & -1 \\ -1 & 2 & 1 & -5 \end{array}\right) \underset{\substack{\sim \\ r_3 + r_1}}{\xrightarrow{\substack{r_1 \leftrightarrow r_2 \\ r_2 - 3r_1}}} \left(\begin{array}{ccc|c} 1 & 2 & 2 & -1 \\ 0 & -5 & -5 & 5 \\ 0 & 4 & 3 & -6 \end{array}\right)$$

$$\underset{\substack{\sim \\ r_3 - 4r_2}}{\xrightarrow{r_2 \times (-\frac{1}{5})}} \left(\begin{array}{ccc|c} 1 & 2 & 2 & -1 \\ 0 & 1 & 1 & -1 \\ 0 & 0 & -1 & -2 \end{array}\right) \underset{\substack{\sim \\ r_1 - 2r_2}}{\xrightarrow{\substack{r_2 + r_3 \\ r_1 + 2r_3 \\ r_3 \times (-1)}}} \left(\begin{array}{ccc|c} 1 & 0 & 0 & 1 \\ 0 & 1 & 0 & -3 \\ 0 & 0 & 1 & 2 \end{array}\right),$$

得到

$$\begin{cases} x_1 = 1, \\ x_2 = -3, \\ x_3 = 2, \end{cases}$$

则方程组的唯一解为

$$\boldsymbol{x} = \begin{pmatrix} x_1 \\ x_2 \\ x_3 \end{pmatrix} = \begin{pmatrix} 1 \\ -3 \\ 2 \end{pmatrix}.$$

例 1.11 求解齐次线性方程组

$$\begin{cases} x_1 + x_2 + x_3 + x_4 = 0, \\ 3x_1 + x_2 + x_3 - 3x_4 = 0, \\ 2x_1 + x_2 + x_3 + 3x_4 = 0. \end{cases}$$

解 对于齐次线性方程组, 只需对方程组的系数矩阵施行初等行变换:

$$\boldsymbol{A} = \begin{pmatrix} 1 & 1 & 1 & 1 \\ 3 & 1 & 1 & -3 \\ 2 & 1 & 1 & 3 \end{pmatrix} \underset{r_3-2r_1}{\overset{r_2-3r_1}{\sim}} \begin{pmatrix} 1 & 1 & 1 & 1 \\ 0 & -2 & -2 & -6 \\ 0 & -1 & -1 & 1 \end{pmatrix}$$

$$\underset{r_3+r_2}{\overset{r_2\times(-\frac{1}{2})}{\sim}} \begin{pmatrix} 1 & 1 & 1 & 1 \\ 0 & 1 & 1 & 3 \\ 0 & 0 & 0 & 4 \end{pmatrix} \underset{\substack{r_2-3r_3 \\ r_1-r_3}}{\overset{r_3\times\frac{1}{4}}{\sim}} \begin{pmatrix} 1 & 1 & 1 & 0 \\ 0 & 1 & 1 & 0 \\ 0 & 0 & 0 & 1 \end{pmatrix} \overset{r_1-r_2}{\sim} \begin{pmatrix} 1 & 0 & 0 & 0 \\ 0 & 1 & 1 & 0 \\ 0 & 0 & 0 & 1 \end{pmatrix},$$

得到同解方程组为

$$\begin{cases} x_1 = 0, \\ x_2 + x_3 = 0, \\ x_4 = 0. \end{cases}$$

令 $x_3 = c$, 则方程组的通解为

$$\begin{cases} x_1 = 0, \\ x_2 = -c, \\ x_3 = c, \\ x_4 = 0, \end{cases}$$

即

$$\boldsymbol{x} = \begin{pmatrix} x_1 \\ x_2 \\ x_3 \\ x_4 \end{pmatrix} = c \begin{pmatrix} 0 \\ -1 \\ 1 \\ 0 \end{pmatrix},$$

其中 c 为任意常数.

显然, 矩阵的初等变换都是可逆的, 且其逆变换是同一种类型的初等变换. 以初等行变换为例, $r_i \leftrightarrow r_j$ 的逆变换还是 $r_i \leftrightarrow r_j$, $r_i \times k$ 的逆变换是 $r_i \times \dfrac{1}{k}$, $r_i + kr_j$ 的逆变换是 $r_i - kr_j$.

将例 1.9 中行最简形矩阵 $\boldsymbol{A}_1$ 再进行初等列变换:

$$\boldsymbol{A}_1 = \begin{pmatrix} 1 & 0 & -\dfrac{7}{2} & \dfrac{5}{2} \\ 0 & 1 & 3 & -2 \\ 0 & 0 & 0 & 0 \end{pmatrix} \underset{c_4 - \frac{5}{2}c_1}{\overset{c_3 + \frac{7}{2}c_1}{\sim}} \begin{pmatrix} 1 & 0 & 0 & 0 \\ 0 & 1 & 3 & -2 \\ 0 & 0 & 0 & 0 \end{pmatrix} \underset{c_4 + 2c_2}{\overset{c_3 - 3c_2}{\sim}} \begin{pmatrix} 1 & 0 & 0 & 0 \\ 0 & 1 & 0 & 0 \\ 0 & 0 & 0 & 0 \end{pmatrix} = \boldsymbol{F},$$

矩阵 $\boldsymbol{F}$ 称为矩阵 $\boldsymbol{A}$ 的标准形, 其特点是: $\boldsymbol{F}$ 的左上角是一个单位矩阵, 其余元素全为零. 例如,

$$\begin{pmatrix} 1 & 0 \\ 0 & 1 \end{pmatrix}, \begin{pmatrix} 1 & 0 & 0 \\ 0 & 1 & 0 \end{pmatrix}, \begin{pmatrix} 1 & 0 \\ 0 & 1 \\ 0 & 0 \end{pmatrix}, \begin{pmatrix} 1 & 0 & 0 \\ 0 & 1 & 0 \\ 0 & 0 & 1 \end{pmatrix}$$

是标准形矩阵. 特别地, 零矩阵的标准形矩阵就是其自身.

定理 1.1 (1) 任何一个矩阵 $\boldsymbol{A}$ 总可以经过有限次初等行变换化为行阶梯形矩阵, 进而化为行最简形矩阵; (2) 任何一个矩阵 $\boldsymbol{A}$ 总可以经过有限次初等变换化为标准形矩阵.

定义 1.10 如果矩阵 $\boldsymbol{A}$ 经过有限次初等行变换化成矩阵 $\boldsymbol{B}$, 就称矩阵 $\boldsymbol{A}$ 与 $\boldsymbol{B}$行等价, 记作 $\boldsymbol{A} \overset{r}{\sim} \boldsymbol{B}$; 如果矩阵 $\boldsymbol{A}$ 经过有限次初等列变换化成矩阵 $\boldsymbol{B}$, 就称矩阵 $\boldsymbol{A}$ 与 $\boldsymbol{B}$列等价, 记作 $\boldsymbol{A} \overset{c}{\sim} \boldsymbol{B}$; 矩阵 $\boldsymbol{A}$ 经过有限次初等变换化成矩阵 $\boldsymbol{B}$, 就称矩阵 $\boldsymbol{A}$ 与 $\boldsymbol{B}$等价, 记作 $\boldsymbol{A} \sim \boldsymbol{B}$.

不难证明, 矩阵的等价具有:

(1) 自反性 $\boldsymbol{A} \sim \boldsymbol{A}$;

(2) 对称性 若 $\boldsymbol{A} \sim \boldsymbol{B}$, 则 $\boldsymbol{B} \sim \boldsymbol{A}$;

(3) 传递性 若 $\boldsymbol{A} \sim \boldsymbol{B}$, $\boldsymbol{B} \sim \boldsymbol{C}$, 则 $\boldsymbol{A} \sim \boldsymbol{C}$.

$m \times n$ 矩阵 $\boldsymbol{A}$ 经过有限次初等变换 (行变换和列变换) 化成标准形 $\boldsymbol{F}$, 此标准形中左上角单位矩阵的阶数就是行阶梯形矩阵中非零行的行数, 所有与 $\boldsymbol{A}$ 等价的矩阵组成一个集合, 标准形 $\boldsymbol{F}$ 是这个集合中形式最简单的矩阵.

1.3.3 初等矩阵

利用矩阵的初等变换建立了矩阵的等价关系, 这种关系如何来刻画? 初等矩阵便是解决这一问题的桥梁.

定义 1.11 由单位矩阵 $\boldsymbol{E}$ 经过一次初等变换得到的矩阵称为初等矩阵.

三种初等变换对应三种初等矩阵.

(1) 交换单位矩阵的第 i 行 (或列) 和第 j 行 (或列), 得到初等矩阵 $\boldsymbol{E}(i,j)$;

(2) 以一个非零数 k 乘单位矩阵的第 i 行 (或列), 得到初等矩阵 $\boldsymbol{E}(i(k))$;

(3) 将单位矩阵第 j 行的 k 倍加到第 i 行上 (或将单位矩阵第 i 列的 k 倍加到第 j 列上), 得到初等矩阵 $\boldsymbol{E}(i,j(k))$.

$\boldsymbol{E}(i,j)$, $\boldsymbol{E}(i(k))$, $\boldsymbol{E}(i,j(k))$ 形式分别如下:

$$\boldsymbol{E}(i,j)=\begin{pmatrix}1&&&&&&&&&&\\&\ddots&&&&&&&&&\\&&1&&&&&&&&\\&&&0&&\cdots&&1&&&\\&&&&1&&&&&&\\&&&\vdots&&\ddots&&\vdots&&&\\&&&&&&1&&&&\\&&&1&&\cdots&&0&&&\\&&&&&&&&1&&\\&&&&&&&&&\ddots&\\&&&&&&&&&&1\end{pmatrix}\begin{matrix}\\ \\ \\ \leftarrow \text{第}i\text{行}\\ \\ \\ \\ \leftarrow \text{第}j\text{行}\\ \\ \\ \\ \end{matrix},$$

$$\begin{matrix}\uparrow & \qquad & \uparrow\\ \text{第}i\text{列} & & \text{第}j\text{列}\end{matrix}$$

$$\boldsymbol{E}(i(k))=\begin{pmatrix}1&&&&&&\\&\ddots&&&&&\\&&1&&&&\\&&&k&&&\\&&&&1&&\\&&&&&\ddots&\\&&&&&&1\end{pmatrix}\begin{matrix}\\ \\ \\ \leftarrow \text{第}i\text{行}\\ \\ \\ \\ \end{matrix},$$

$$\begin{matrix}\uparrow\\ \text{第}i\text{列}\end{matrix}$$

$$\boldsymbol{E}(i,j(k))=\begin{pmatrix}1&&&&&&\\&\ddots&&&&&\\&&1&\cdots&k&&\\&&&\ddots&\vdots&&\\&&&&1&&\\&&&&&\ddots&\\&&&&&&1\end{pmatrix}\begin{matrix}\\ \\ \leftarrow \text{第}i\text{行}\\ \\ \leftarrow \text{第}j\text{行}\\ \\ \\ \end{matrix}.$$

$$\begin{matrix}\uparrow & \qquad & \uparrow\\ \text{第}i\text{列} & & \text{第}j\text{列}\end{matrix}$$

根据矩阵乘法, 容易验证, 对矩阵施行初等行 (或列) 变换与初等矩阵有如下关系:

定理 1.2 设 $\boldsymbol{A}$ 是 $m\times n$ 矩阵, 则

(1) 对 $\boldsymbol{A}$ 施行一次初等行变换, 相当于在 $\boldsymbol{A}$ 的左边乘一个相应的 m 阶初等矩阵;

(2) 对 $\boldsymbol{A}$ 施行一次初等列变换, 相当于在 $\boldsymbol{A}$ 的右边乘一个相应的 n 阶初等矩阵.

例如, 设 $\boldsymbol{A}=\begin{pmatrix}a_{11}&a_{12}&a_{13}&a_{14}\\a_{21}&a_{22}&a_{23}&a_{24}\\a_{31}&a_{32}&a_{33}&a_{34}\end{pmatrix}$, 则

$$\boldsymbol{E}(1,3)\boldsymbol{A}=\begin{pmatrix}0&0&1\\0&1&0\\1&0&0\end{pmatrix}\begin{pmatrix}a_{11}&a_{12}&a_{13}&a_{14}\\a_{21}&a_{22}&a_{23}&a_{24}\\a_{31}&a_{32}&a_{33}&a_{34}\end{pmatrix}=\begin{pmatrix}a_{31}&a_{32}&a_{33}&a_{34}\\a_{21}&a_{22}&a_{23}&a_{24}\\a_{11}&a_{12}&a_{13}&a_{14}\end{pmatrix}=\boldsymbol{A}_1,$$

$$\boldsymbol{AE}(3(2))=\begin{pmatrix}a_{11}&a_{12}&a_{13}&a_{14}\\a_{21}&a_{22}&a_{23}&a_{24}\\a_{31}&a_{32}&a_{33}&a_{34}\end{pmatrix}\begin{pmatrix}1&0&0&0\\0&1&0&0\\0&0&2&0\\0&0&0&1\end{pmatrix}=\begin{pmatrix}a_{11}&a_{12}&2a_{13}&a_{14}\\a_{21}&a_{22}&2a_{23}&a_{24}\\a_{31}&a_{32}&2a_{33}&a_{34}\end{pmatrix}=\boldsymbol{A}_2,$$

$$\begin{aligned}\boldsymbol{E}(2,3(2))\boldsymbol{A}&=\begin{pmatrix}1&0&0\\0&1&2\\0&0&1\end{pmatrix}\begin{pmatrix}a_{11}&a_{12}&a_{13}&a_{14}\\a_{21}&a_{22}&a_{23}&a_{24}\\a_{31}&a_{32}&a_{33}&a_{34}\end{pmatrix}\\&=\begin{pmatrix}a_{11}&a_{12}&a_{13}&a_{14}\\a_{21}+2a_{31}&a_{22}+2a_{32}&a_{23}+2a_{33}&a_{24}+2a_{34}\\a_{31}&a_{32}&a_{33}&a_{34}\end{pmatrix}=\boldsymbol{A}_3,\end{aligned}$$

即, $\boldsymbol{A}\overset{r_1\leftrightarrow r_3}{\sim}\boldsymbol{A}_1$ 相当于 $\boldsymbol{E}(1,3)\boldsymbol{A}=\boldsymbol{A}_1$, $\boldsymbol{A}\overset{c_3\times 2}{\sim}\boldsymbol{A}_2$ 相当于 $\boldsymbol{AE}(3(2))=\boldsymbol{A}_2$, $\boldsymbol{A}\overset{r_2+2r_3}{\sim}\boldsymbol{A}_3$ 相当于 $\boldsymbol{E}(2,3(2))\boldsymbol{A}=\boldsymbol{A}_3$.

例 1.12 将矩阵 $\boldsymbol{A}=\begin{pmatrix}1&3&3\\1&4&3\\1&3&4\end{pmatrix}$ 化为行最简形矩阵, 并将初等变换过程用矩阵乘积表示出来.

解

$$\boldsymbol{A}=\begin{pmatrix}1&3&3\\1&4&3\\1&3&4\end{pmatrix}\underset{r_3-r_1}{\overset{r_2-r_1}{\sim}}\begin{pmatrix}1&3&3\\0&1&0\\0&0&1\end{pmatrix}\underset{r_1-3r_2}{\overset{r_1-3r_3}{\sim}}\begin{pmatrix}1&0&0\\0&1&0\\0&0&1\end{pmatrix}=\boldsymbol{E},$$

这一系列初等变换过程可表示为

$$\boldsymbol{E}(1,2(-3))\boldsymbol{E}(1,3(-3))\boldsymbol{E}(3,1(-1))\boldsymbol{E}(2,1(-1))\boldsymbol{A}=\boldsymbol{E}.$$

定理 1.3 设 $\boldsymbol{A}$ 与 $\boldsymbol{B}$ 是 $m\times n$ 矩阵,

(1) 若 $\boldsymbol{A}\overset{r}{\sim}\boldsymbol{B}$, 则必存在有限个初等矩阵 $\boldsymbol{P}_1,\boldsymbol{P}_2,\cdots,\boldsymbol{P}_k$, 使得

$$\boldsymbol{P}_k\boldsymbol{P}_{k-1}\cdots\boldsymbol{P}_1\boldsymbol{A}=\boldsymbol{B};$$

(2) 若 $\boldsymbol{A} \overset{c}{\sim} \boldsymbol{B}$, 则必存在有限个初等矩阵 $\boldsymbol{Q}_1, \boldsymbol{Q}_2, \cdots, \boldsymbol{Q}_l$, 使得

$$\boldsymbol{A}\boldsymbol{Q}_1\boldsymbol{Q}_2\cdots\boldsymbol{Q}_l = \boldsymbol{B};$$

(3) 若 $\boldsymbol{A}\sim\boldsymbol{B}$, 则必存在有限个初等矩阵 $\boldsymbol{P}_1, \boldsymbol{P}_2, \cdots, \boldsymbol{P}_k$ 与 $\boldsymbol{Q}_1, \boldsymbol{Q}_2, \cdots, \boldsymbol{Q}_l$, 使得

$$\boldsymbol{P}_k\boldsymbol{P}_{k-1}\cdots\boldsymbol{P}_1\boldsymbol{A}\boldsymbol{Q}_1\boldsymbol{Q}_2\cdots\boldsymbol{Q}_l = \boldsymbol{B}.$$

1.4 矩阵的逆

在数的运算中, 当数 $a \neq 0$ 时, 存在数 b, 使得

$$ab = ba = 1.$$

实际上, $b = a^{-1}$. 这一思想应用到矩阵运算中, 并注意到单位矩阵 $\boldsymbol{E}$ 在矩阵乘法中的作用与数 1 在数的乘法中作用类似, 引入逆矩阵的概念.

1.4.1 逆矩阵的概念和性质

定义 1.12 设 $\boldsymbol{A}$ 是 n 阶方阵, 若存在 n 阶方阵 $\boldsymbol{B}$, 使得

$$\boldsymbol{AB} = \boldsymbol{BA} = \boldsymbol{E},$$

则称 $\boldsymbol{A}$ 是可逆矩阵, 或称 $\boldsymbol{A}$ 是可逆的, 且称 $\boldsymbol{B}$ 为 $\boldsymbol{A}$ 的逆矩阵, 简称逆阵.

定理 1.4 设 n 阶方阵 $\boldsymbol{A}$ 是可逆的, 则 $\boldsymbol{A}$ 的逆矩阵是唯一的.

证明 若矩阵 $\boldsymbol{B}$ 和 $\boldsymbol{C}$ 都是 $\boldsymbol{A}$ 的逆矩阵, 则有 $\boldsymbol{AB} = \boldsymbol{BA} = \boldsymbol{E}$ 且 $\boldsymbol{AC} = \boldsymbol{CA} = \boldsymbol{E}$. 于是,

$$\boldsymbol{B} = \boldsymbol{BE} = \boldsymbol{B}(\boldsymbol{AC}) = (\boldsymbol{BA})\boldsymbol{C} = \boldsymbol{EC} = \boldsymbol{C}.$$

故可逆矩阵 $\boldsymbol{A}$ 的逆矩阵是唯一的. □

若矩阵 $\boldsymbol{A}$ 可逆, 记 $\boldsymbol{A}$ 的逆矩阵为 $\boldsymbol{A}^{-1}$, 即 $\boldsymbol{AA}^{-1} = \boldsymbol{A}^{-1}\boldsymbol{A} = \boldsymbol{E}$.

显然, $\boldsymbol{E}_n^{-1} = \boldsymbol{E}_n$. 设 $\boldsymbol{A} = \operatorname{diag}(\lambda_1, \lambda_2, \cdots, \lambda_n)$ 且 $\lambda_i \neq 0 (i = 1, 2, \cdots, n)$, 由逆矩阵的定义易得 $\boldsymbol{A}$ 可逆且

$$\boldsymbol{A}^{-1} = \operatorname{diag}(\frac{1}{\lambda_1}, \frac{1}{\lambda_2}, \cdots, \frac{1}{\lambda_n}).$$

需要注意, 并非每个方阵都可逆. 例如, n 阶零矩阵不可逆, 它与任何 n 阶方阵的乘积都是零矩阵. 再如, 含零行或零列的 n 阶方阵一定不可逆, 它与任何 n 阶方阵的乘积都有零行或零列, 因此乘积不可能是单位矩阵.

逆矩阵具有如下性质:

(1) 若 $\boldsymbol{A}$ 可逆, 则 $\boldsymbol{A}$ 的逆矩阵 $\boldsymbol{A}^{-1}$ 也可逆, 且 $(\boldsymbol{A}^{-1})^{-1} = \boldsymbol{A}$;

(2) 若 $\boldsymbol{A}$ 可逆, 数 $k \neq 0$, 则 $k\boldsymbol{A}$ 也可逆, 且 $(k\boldsymbol{A})^{-1} = \dfrac{1}{k}\boldsymbol{A}^{-1}$;

(3) 若 $\boldsymbol{A}, \boldsymbol{B}$ 都是 n 阶可逆矩阵, 则 $\boldsymbol{AB}$ 可逆, 且 $(\boldsymbol{AB})^{-1} = \boldsymbol{B}^{-1}\boldsymbol{A}^{-1}$.

事实上, $(\boldsymbol{AB})(\boldsymbol{B}^{-1}\boldsymbol{A}^{-1}) = \boldsymbol{A}(\boldsymbol{BB}^{-1})\boldsymbol{A}^{-1} = \boldsymbol{AEA}^{-1} = \boldsymbol{AA}^{-1} = \boldsymbol{E}$ 且 $(\boldsymbol{B}^{-1}\boldsymbol{A}^{-1})(\boldsymbol{AB}) = \boldsymbol{B}^{-1}(\boldsymbol{A}^{-1}\boldsymbol{A})\boldsymbol{B} = \boldsymbol{B}^{-1}\boldsymbol{EB} = \boldsymbol{B}^{-1}\boldsymbol{B} = \boldsymbol{E}$, 于是 $(\boldsymbol{AB})(\boldsymbol{B}^{-1}\boldsymbol{A}^{-1}) = (\boldsymbol{B}^{-1}\boldsymbol{A}^{-1})(\boldsymbol{AB}) = \boldsymbol{E}$, 则 $\boldsymbol{AB}$ 可逆且 $(\boldsymbol{AB})^{-1} = \boldsymbol{B}^{-1}\boldsymbol{A}^{-1}$.

(4) 若 $\boldsymbol{A}$ 可逆, 则 $\boldsymbol{A}^{\mathrm{T}}$ 可逆, 且 $(\boldsymbol{A}^{\mathrm{T}})^{-1} = (\boldsymbol{A}^{-1})^{\mathrm{T}}$.

事实上, $\boldsymbol{A}^{\mathrm{T}}(\boldsymbol{A}^{-1})^{\mathrm{T}} = (\boldsymbol{A}^{-1}\boldsymbol{A})^{\mathrm{T}} = \boldsymbol{E}^{\mathrm{T}} = \boldsymbol{E}$ 且 $(\boldsymbol{A}^{-1})^{\mathrm{T}}\boldsymbol{A}^{\mathrm{T}} = (\boldsymbol{AA}^{-1})^{\mathrm{T}} = \boldsymbol{E}^{\mathrm{T}} = \boldsymbol{E}$, 于是 $\boldsymbol{A}^{\mathrm{T}}(\boldsymbol{A}^{-1})^{\mathrm{T}} = (\boldsymbol{A}^{-1})^{\mathrm{T}}\boldsymbol{A}^{\mathrm{T}} = \boldsymbol{E}$, 则 $\boldsymbol{A}^{\mathrm{T}}$ 可逆且 $(\boldsymbol{A}^{\mathrm{T}})^{-1} = (\boldsymbol{A}^{-1})^{\mathrm{T}}$.

例 1.13 设方阵 $\boldsymbol{C}$ 为幂等矩阵 (即 $\boldsymbol{C}$ 满足 $\boldsymbol{C}^2 = \boldsymbol{C}$), $\boldsymbol{A} = \boldsymbol{E} + \boldsymbol{C}$. 证明: $\boldsymbol{A}$ 可逆, 且 $\boldsymbol{A}^{-1} = \dfrac{1}{2}(3\boldsymbol{E} - \boldsymbol{A})$.

证明 $\boldsymbol{A}\Big(\dfrac{1}{2}(3\boldsymbol{E} - \boldsymbol{A})\Big) = \Big(\dfrac{1}{2}(3\boldsymbol{E} - \boldsymbol{A})\Big)\boldsymbol{A} = \dfrac{1}{2}(3\boldsymbol{A} - \boldsymbol{A}^2)$. 已知

$$\boldsymbol{A}^2 = (\boldsymbol{E} + \boldsymbol{C})^2 = \boldsymbol{E} + 2\boldsymbol{C} + \boldsymbol{C}^2 = \boldsymbol{E} + 3\boldsymbol{C},$$

于是

$$\boldsymbol{A}\Big(\frac{1}{2}(3\boldsymbol{E} - \boldsymbol{A})\Big) = \Big(\frac{1}{2}(3\boldsymbol{E} - \boldsymbol{A})\Big)\boldsymbol{A} = \frac{1}{2}(3\boldsymbol{E} + 3\boldsymbol{C} - \boldsymbol{E} - 3\boldsymbol{C}) = \boldsymbol{E}.$$

所以 $\boldsymbol{A}$ 可逆, 且 $\boldsymbol{A}^{-1} = \dfrac{1}{2}(3\boldsymbol{E} - \boldsymbol{A})$. □

例 1.14 设 n 阶方阵 $\boldsymbol{A}$ 满足 $\boldsymbol{A}^2 + 2\boldsymbol{A} - 3\boldsymbol{E} = \boldsymbol{O}$, 证明 $\boldsymbol{A}$ 及 $\boldsymbol{A} - 2\boldsymbol{E}$ 可逆, 并求 $\boldsymbol{A}^{-1}$ 及 $(\boldsymbol{A} - 2\boldsymbol{E})^{-1}$.

证明 由 $\boldsymbol{A}^2 + 2\boldsymbol{A} - 3\boldsymbol{E} = \boldsymbol{O}$ 得 $\boldsymbol{A}^2 + 2\boldsymbol{A} = 3\boldsymbol{E}$, 于是 $\boldsymbol{A}(\boldsymbol{A} + 2\boldsymbol{E}) = (\boldsymbol{A} + 2\boldsymbol{E})\boldsymbol{A} = 3\boldsymbol{E}$, 则

$$\boldsymbol{A}\Big(\frac{1}{3}(\boldsymbol{A} + 2\boldsymbol{E})\Big) = \Big(\frac{1}{3}(\boldsymbol{A} + 2\boldsymbol{E})\Big)\boldsymbol{A} = \boldsymbol{E}.$$

故 $\boldsymbol{A}$ 可逆, 且 $\boldsymbol{A}^{-1} = \dfrac{1}{3}(\boldsymbol{A} + 2\boldsymbol{E})$.

由 $\boldsymbol{A}^2 + 2\boldsymbol{A} - 3\boldsymbol{E} = \boldsymbol{O}$ 得 $\boldsymbol{A}^2 + 2\boldsymbol{A} - 8\boldsymbol{E} = -5\boldsymbol{E}$, 于是 $(\boldsymbol{A} - 2\boldsymbol{E})(\boldsymbol{A} + 4\boldsymbol{E}) = (\boldsymbol{A} + 4\boldsymbol{E})(\boldsymbol{A} - 2\boldsymbol{E}) = -5\boldsymbol{E}$, 则

$$(\boldsymbol{A} - 2\boldsymbol{E})\Big(-\frac{1}{5}(\boldsymbol{A} + 4\boldsymbol{E})\Big) = \Big(-\frac{1}{5}(\boldsymbol{A} + 4\boldsymbol{E})\Big)(\boldsymbol{A} - 2\boldsymbol{E}) = \boldsymbol{E},$$

故 $\boldsymbol{A} - 2\boldsymbol{E}$ 可逆且 $(\boldsymbol{A} - 2\boldsymbol{E})^{-1} = -\dfrac{1}{5}(\boldsymbol{A} + 4\boldsymbol{E})$. □

1.4.2 利用初等变换求逆矩阵

容易验证,

$$\boldsymbol{E}(i,j)\boldsymbol{E}(i,j) = \boldsymbol{E},$$

$$\boldsymbol{E}(i(k))\boldsymbol{E}\Big(i\Big(\frac{1}{k}\Big)\Big) = \boldsymbol{E}\Big(i\Big(\frac{1}{k}\Big)\Big)\boldsymbol{E}(i(k)) = \boldsymbol{E},$$

$$\boldsymbol{E}(i,j(k))\boldsymbol{E}(i,j(-k)) = \boldsymbol{E}(i,j(-k))\boldsymbol{E}(i,j(k)) = \boldsymbol{E}.$$

所以初等矩阵是可逆的, 且初等矩阵的逆矩阵还是初等矩阵, 即

$$\boldsymbol{E}(i,j)^{-1} = \boldsymbol{E}(i,j), \quad \boldsymbol{E}(i(k))^{-1} = \boldsymbol{E}\Big(i\Big(\frac{1}{k}\Big)\Big), \quad \boldsymbol{E}(i,j(k))^{-1} = \boldsymbol{E}(i,j(-k)).$$

定理 1.5 设 $\boldsymbol{A}$ 为 n 阶方阵, 则下列命题等价:

(1) $\boldsymbol{A}$ 是可逆的;

(2) $\boldsymbol{A} \overset{r}{\sim} \boldsymbol{E}$, 即 $\boldsymbol{A}$ 与 n 阶单位矩阵 $\boldsymbol{E}$ 行等价;

(3) 存在有限个初等矩阵 $\boldsymbol{Q}_1, \boldsymbol{Q}_2, \cdots, \boldsymbol{Q}_l$, 使得

$$\boldsymbol{A} = \boldsymbol{Q}_1 \boldsymbol{Q}_2 \cdots \boldsymbol{Q}_l.$$

证明 (1)⇒(2) 设 n 阶方阵 $\boldsymbol{A}$ 可逆, $\boldsymbol{A}$ 经过有限次初等行变换化为行最简形矩阵 $\boldsymbol{B}$. 由定理 1.3, 存在初等矩阵 $\boldsymbol{P}_1, \boldsymbol{P}_2, \cdots, \boldsymbol{P}_l$, 使得

$$\boldsymbol{P}_l \boldsymbol{P}_{l-1} \cdots \boldsymbol{P}_1 \boldsymbol{A} = \boldsymbol{B}.$$

由 $\boldsymbol{A}, \boldsymbol{P}_1, \boldsymbol{P}_2, \cdots, \boldsymbol{P}_l$ 可逆知 $\boldsymbol{B}$ 也可逆, 则行最简形矩阵 $\boldsymbol{B}$ 不存在零行, 于是 $\boldsymbol{B} = \boldsymbol{E}$, 则

$$\boldsymbol{P}_l \boldsymbol{P}_{l-1} \cdots \boldsymbol{P}_1 \boldsymbol{A} = \boldsymbol{E}.$$

由定理 1.2 知矩阵 $\boldsymbol{A}$ 与单位矩阵 $\boldsymbol{E}$ 行等价, 即 $\boldsymbol{A} \overset{r}{\sim} \boldsymbol{E}$.

(2)⇒(3) 若 $\boldsymbol{A} \overset{r}{\sim} \boldsymbol{E}$, 则存在有限个初等矩阵 $\boldsymbol{P}_1, \boldsymbol{P}_2, \cdots, \boldsymbol{P}_l$, 使得

$$\boldsymbol{P}_l \boldsymbol{P}_{l-1} \cdots \boldsymbol{P}_1 \boldsymbol{A} = \boldsymbol{E}.$$

由于初等矩阵都可逆, 则

$$\boldsymbol{P}_1^{-1} \boldsymbol{P}_2^{-1} \cdots \boldsymbol{P}_l^{-1} \boldsymbol{P}_l \boldsymbol{P}_{l-1} \cdots \boldsymbol{P}_1 \boldsymbol{A} = \boldsymbol{P}_1^{-1} \boldsymbol{P}_2^{-1} \cdots \boldsymbol{P}_l^{-1} \boldsymbol{E},$$

即 $\boldsymbol{A} = \boldsymbol{P}_1^{-1} \boldsymbol{P}_2^{-1} \cdots \boldsymbol{P}_l^{-1}$. 取 $\boldsymbol{Q}_i = \boldsymbol{P}_i^{-1}$ $(i = 1, 2, \cdots, l)$, 由初等矩阵的逆矩阵仍为初等矩阵可知, $\boldsymbol{Q}_i$ $(i = 1, 2, \cdots, l)$ 为初等矩阵, 且有

$$\boldsymbol{A} = \boldsymbol{Q}_1 \boldsymbol{Q}_2 \cdots \boldsymbol{Q}_l.$$

(3)⇒(1) 已知 $\boldsymbol{A} = \boldsymbol{Q}_1 \boldsymbol{Q}_2 \cdots \boldsymbol{Q}_l$, 其中 $\boldsymbol{Q}_i$ $(i = 1, 2, \cdots, l)$ 为初等矩阵. 由于初等矩阵可逆及有限个可逆矩阵的乘积仍为可逆矩阵, 所以 $\boldsymbol{A}$ 可逆. □

由定理 1.3 和定理 1.5 可得如下结论:

定理 1.6 设 $\boldsymbol{A}$ 与 $\boldsymbol{B}$ 是 $m \times n$ 矩阵, 那么

(1) $\boldsymbol{A} \overset{r}{\sim} \boldsymbol{B}$ 的充要条件是存在 m 阶可逆矩阵 $\boldsymbol{P}$, 使得 $\boldsymbol{PA} = \boldsymbol{B}$;

(2) $\boldsymbol{A} \overset{c}{\sim} \boldsymbol{B}$ 的充要条件是存在 n 阶可逆矩阵 $\boldsymbol{Q}$, 使得 $\boldsymbol{AQ} = \boldsymbol{B}$;

(3) $\boldsymbol{A} \sim \boldsymbol{B}$ 的充要条件是存在 m 阶可逆矩阵 $\boldsymbol{P}$ 及 n 阶可逆矩阵 $\boldsymbol{Q}$, 使得 $\boldsymbol{PAQ} = \boldsymbol{B}$.

定理 1.5 表明, 若 n 阶方阵 $\boldsymbol{A}$ 可逆, 则存在初等矩阵 $\boldsymbol{P}_1, \boldsymbol{P}_2, \cdots, \boldsymbol{P}_l$, 使得

$$\boldsymbol{P}_l \boldsymbol{P}_{l-1} \cdots \boldsymbol{P}_1 \boldsymbol{A} = \boldsymbol{E}. \tag{1.4.1}$$

所以 $\boldsymbol{P}_l \boldsymbol{P}_{l-1} \cdots \boldsymbol{P}_1 = \boldsymbol{A}^{-1}$, 即

$$\boldsymbol{P}_l \boldsymbol{P}_{l-1} \cdots \boldsymbol{P}_1 \boldsymbol{E} = \boldsymbol{A}^{-1}. \tag{1.4.2}$$

式(1.4.1)和式(1.4.2)表明, 在利用初等行变换将 $\boldsymbol{A}$ 化为单位矩阵 $\boldsymbol{E}$ 时, 对单位矩阵 $\boldsymbol{E}$ 施行相同的初等行变换, 其结果为 $\boldsymbol{A}^{-1}$. 因此, 可以通过如下方法求逆矩阵: 构造 $n\times 2n$ 矩阵 $(\boldsymbol{A},\boldsymbol{E})$, 对矩阵 $(\boldsymbol{A},\boldsymbol{E})$ 施行初等行变换, 将其化为行最简形矩阵, 若行最简形矩阵的左边不是单位矩阵, 则矩阵 $\boldsymbol{A}$ 不可逆, 若是单位矩阵, 则矩阵 $\boldsymbol{A}$ 可逆, 且右边单位矩阵 $\boldsymbol{E}$ 就同时化为 $\boldsymbol{A}^{-1}$, 此时

$$\boldsymbol{P}_l\boldsymbol{P}_{l-1}\cdots\boldsymbol{P}_1(\boldsymbol{A},\boldsymbol{E})=(\boldsymbol{P}_l\boldsymbol{P}_{l-1}\cdots\boldsymbol{P}_1\boldsymbol{A},\boldsymbol{P}_l\boldsymbol{P}_{l-1}\cdots\boldsymbol{P}_1\boldsymbol{E})=(\boldsymbol{E},\boldsymbol{A}^{-1}),$$

也就是

$$(\boldsymbol{A},\boldsymbol{E})\stackrel{r}{\sim}(\boldsymbol{E},\boldsymbol{A}^{-1}).$$

这种方法称为求逆矩阵的初等行变换法.

求逆矩阵还有初等列变换法: 对于 $2n\times n$ 矩阵 $\begin{pmatrix}\boldsymbol{A}\\ \boldsymbol{E}\end{pmatrix}$ 施行初等列变换, 若矩阵 $\boldsymbol{A}$ 与单位矩阵列等价, 则矩阵 $\boldsymbol{A}$ 可逆, 在把上边矩阵 $\boldsymbol{A}$ 化为单位矩阵 $\boldsymbol{E}$ 时, 下边单位矩阵 $\boldsymbol{E}$ 就同时化为 $\boldsymbol{A}^{-1}$; 若矩阵 $\boldsymbol{A}$ 不能与单位矩阵列等价, 则矩阵 $\boldsymbol{A}$ 不可逆.

例 1.15　设 $\boldsymbol{A}=\begin{pmatrix}0&-2&1\\3&0&-2\\-2&3&0\end{pmatrix}$, 证明 $\boldsymbol{A}$ 可逆, 并求 $\boldsymbol{A}^{-1}$.

解　构造矩阵 $(\boldsymbol{A},\boldsymbol{E})$, 对其施行初等行变换:

$$(\boldsymbol{A},\boldsymbol{E})=\left(\begin{array}{ccc:ccc}0&-2&1&1&0&0\\3&0&-2&0&1&0\\-2&3&0&0&0&1\end{array}\right)\xrightarrow[r_1\leftrightarrow r_2]{\substack{r_3\times 3\\ r_3+2r_2}}\left(\begin{array}{ccc:ccc}3&0&-2&0&1&0\\0&-2&1&1&0&0\\0&9&-4&0&2&3\end{array}\right)$$

$$\xrightarrow[r_3+9r_2]{r_3\times 2}\left(\begin{array}{ccc:ccc}3&0&-2&0&1&0\\0&-2&1&1&0&0\\0&0&1&9&4&6\end{array}\right)\xrightarrow[\substack{r_1\times\frac{1}{3}\\ r_2\times(-\frac{1}{2})}]{\substack{r_2-r_3\\ r_1+2r_3}}\left(\begin{array}{ccc:ccc}1&0&0&6&3&4\\0&1&0&4&2&3\\0&0&1&9&4&6\end{array}\right).$$

由于 $\boldsymbol{A}\stackrel{r}{\sim}\boldsymbol{E}$, 所以 $\boldsymbol{A}$ 可逆且 $\boldsymbol{A}^{-1}=\begin{pmatrix}6&3&4\\4&2&3\\9&4&6\end{pmatrix}$.

利用逆矩阵可以求解矩阵方程 $\boldsymbol{AX}=\boldsymbol{B}$, $\boldsymbol{XA}=\boldsymbol{B}$, $\boldsymbol{AXB}=\boldsymbol{C}$. 若矩阵 $\boldsymbol{A}$ 可逆, 则有

$$\boldsymbol{A}^{-1}(\boldsymbol{AX})=\boldsymbol{A}^{-1}\boldsymbol{B}\Rightarrow\boldsymbol{X}=\boldsymbol{A}^{-1}\boldsymbol{B},$$
$$(\boldsymbol{XA})\boldsymbol{A}^{-1}=\boldsymbol{BA}^{-1}\Rightarrow\boldsymbol{X}=\boldsymbol{BA}^{-1}.$$

若矩阵 $\boldsymbol{A}$, $\boldsymbol{B}$ 均可逆, 则有

$$\boldsymbol{A}^{-1}(\boldsymbol{AXB})\boldsymbol{B}^{-1}=\boldsymbol{A}^{-1}\boldsymbol{CB}^{-1}\Rightarrow\boldsymbol{X}=\boldsymbol{A}^{-1}\boldsymbol{CB}^{-1}.$$

值得注意的是, 由于矩阵乘法不满足交换律, 在解矩阵方程时必须分清楚逆矩阵的位置.

类似地, 可以利用初等变换求解矩阵方程. 当矩阵 $\boldsymbol{A}$ 可逆时, 对于矩阵方程 $\boldsymbol{AX}=\boldsymbol{B}$, 构造矩阵 $(\boldsymbol{A},\boldsymbol{B})$, 由于

$$\boldsymbol{A}^{-1}(\boldsymbol{A},\boldsymbol{B})=(\boldsymbol{A}^{-1}\boldsymbol{A},\boldsymbol{A}^{-1}\boldsymbol{B})=(\boldsymbol{E},\boldsymbol{A}^{-1}\boldsymbol{B}),$$

对 $(\boldsymbol{A},\boldsymbol{B})$ 施行初等行变换化为行最简形矩阵, 当矩阵 $\boldsymbol{A}$ 变成单位矩阵时, 矩阵 $\boldsymbol{B}$ 就变成了矩阵方程的解 $\boldsymbol{X}=\boldsymbol{A}^{-1}\boldsymbol{B}$.

同理, 当矩阵 $\boldsymbol{A}$ 可逆时, 对于矩阵方程 $\boldsymbol{XA}=\boldsymbol{B}$, 由于 $\begin{pmatrix}\boldsymbol{A}\\\boldsymbol{B}\end{pmatrix}\boldsymbol{A}^{-1}=\begin{pmatrix}\boldsymbol{E}\\\boldsymbol{BA}^{-1}\end{pmatrix}$, 可对矩阵 $\begin{pmatrix}\boldsymbol{A}\\\boldsymbol{B}\end{pmatrix}$ 施行初等列变换, 当把矩阵 $\boldsymbol{A}$ 化为单位矩阵 $\boldsymbol{E}$ 时, 矩阵 $\boldsymbol{B}$ 就化为矩阵方程的解 $\boldsymbol{X}=\boldsymbol{BA}^{-1}$. 也可利用初等行变换先求得矩阵方程 $\boldsymbol{A}^{\mathrm{T}}\boldsymbol{X}^{\mathrm{T}}=\boldsymbol{B}^{\mathrm{T}}$ 的解 $\boldsymbol{X}^{\mathrm{T}}$, 再转置求出 $\boldsymbol{X}$.

例 1.16 (1) 求 $\boldsymbol{X}$ 使 $\boldsymbol{AX}=\boldsymbol{B}$, 其中 $\boldsymbol{A}=\begin{pmatrix}-1&4\\-2&7\end{pmatrix}$, $\boldsymbol{B}=\begin{pmatrix}2&-1&3\\1&0&-2\end{pmatrix}$;

(2) 求 $\boldsymbol{X}$ 使 $\boldsymbol{XA}=\boldsymbol{B}$, 其中 $\boldsymbol{A}=\begin{pmatrix}1&0&-2\\0&-2&1\\-2&-1&5\end{pmatrix}$, $\boldsymbol{B}=\begin{pmatrix}-1&1&0\\1&2&-1\end{pmatrix}$.

解 (1) 因

$$(\boldsymbol{A},\boldsymbol{B})=\left(\begin{array}{cc:ccc}-1&4&2&-1&3\\-2&7&1&0&-2\end{array}\right)\underset{\sim}{\xrightarrow{r_2-2r_1}}\left(\begin{array}{cc:ccc}-1&4&2&-1&3\\0&-1&-3&2&-8\end{array}\right)$$

$$\underset{r_2\times(-1)}{\overset{r_1+4r_2}{\sim}}\left(\begin{array}{cc:ccc}-1&0&-10&7&-29\\0&1&3&-2&8\end{array}\right)\overset{r_2\times(-1)}{\sim}\left(\begin{array}{cc:ccc}1&0&10&-7&29\\0&1&3&-2&8\end{array}\right),$$

所以, $\boldsymbol{X}=\begin{pmatrix}10&-7&29\\3&-2&8\end{pmatrix}$.

(2) 先对矩阵方程 $\boldsymbol{XA}=\boldsymbol{B}$ 两边取转置, 得到 $\boldsymbol{A}^{\mathrm{T}}\boldsymbol{X}^{\mathrm{T}}=\boldsymbol{B}^{\mathrm{T}}$, 利用初等行变换求得 $\boldsymbol{X}^{\mathrm{T}}$, 再通过转置得到矩阵 $\boldsymbol{X}$. 因

$$(\boldsymbol{A}^{\mathrm{T}},\boldsymbol{B}^{\mathrm{T}})=\left(\begin{array}{ccc:cc}1&0&-2&-1&1\\0&-2&-1&1&2\\-2&1&5&0&-1\end{array}\right)\overset{r_3+2r_1}{\sim}\left(\begin{array}{ccc:cc}1&0&-2&-1&1\\0&-2&-1&1&2\\0&1&1&-2&1\end{array}\right)$$

$$\underset{r_3+2r_2}{\overset{r_2\leftrightarrow r_3}{\sim}}\left(\begin{array}{ccc:cc}1&0&-2&-1&1\\0&1&1&-2&1\\0&0&1&-3&4\end{array}\right)\underset{r_1+2r_3}{\overset{r_2-r_3}{\sim}}\left(\begin{array}{ccc:cc}1&0&0&-7&9\\0&1&0&1&-3\\0&0&1&-3&4\end{array}\right),$$

所以, $\boldsymbol{X}^{\mathrm{T}}=\begin{pmatrix}-7&9\\1&-3\\-3&4\end{pmatrix}$, 则 $\boldsymbol{X}=\begin{pmatrix}-7&1&-3\\9&-3&4\end{pmatrix}$.

1.5 分块矩阵

当矩阵的阶数较大时, 为了证明或计算的方便, 常把矩阵划分成一些小矩阵, 把小矩阵当作大矩阵的元素来处理, 这就是矩阵理论的一个重要技巧——分块.

将矩阵 $\boldsymbol{A}$ 用若干条横线和纵线分成许多个小矩阵, 每一个小矩阵称为 $\boldsymbol{A}$ 的子块, 以子块为元素的形式上的矩阵称为分块矩阵.

例如, 将 3×4 矩阵

$$\boldsymbol{A}=\begin{pmatrix} a_{11} & a_{12} & a_{13} & a_{14}\\ a_{21} & a_{22} & a_{23} & a_{24}\\ a_{31} & a_{32} & a_{33} & a_{34}\end{pmatrix}$$

分成子块的方法很多, 下面举出四种分块形式:

$$(1)\left(\begin{array}{cc|cc} a_{11} & a_{12} & a_{13} & a_{14}\\ a_{21} & a_{22} & a_{23} & a_{24}\\ \hline a_{31} & a_{32} & a_{33} & a_{34}\end{array}\right);\quad (2)\left(\begin{array}{c|cc|c} a_{11} & a_{12} & a_{13} & a_{14}\\ \hline a_{21} & a_{22} & a_{23} & a_{24}\\ a_{31} & a_{32} & a_{33} & a_{34}\end{array}\right);$$

$$(3)\left(\begin{array}{c|c|c|c} a_{11} & a_{12} & a_{13} & a_{14}\\ a_{21} & a_{22} & a_{23} & a_{24}\\ a_{31} & a_{32} & a_{33} & a_{34}\end{array}\right);\quad (4)\left(\begin{array}{cccc} a_{11} & a_{12} & a_{13} & a_{14}\\ \hline a_{21} & a_{22} & a_{23} & a_{24}\\ \hline a_{31} & a_{32} & a_{33} & a_{34}\end{array}\right).$$

分法 (1) 可记为

$$\boldsymbol{A}=\begin{pmatrix}\boldsymbol{A}_{11} & \boldsymbol{A}_{12}\\ \boldsymbol{A}_{21} & \boldsymbol{A}_{22}\end{pmatrix},$$

其中 $\boldsymbol{A}_{11}=\begin{pmatrix}a_{11} & a_{12}\\ a_{21} & a_{22}\end{pmatrix}$, $\boldsymbol{A}_{12}=\begin{pmatrix}a_{13} & a_{14}\\ a_{23} & a_{24}\end{pmatrix}$, $\boldsymbol{A}_{21}=\begin{pmatrix}a_{31} & a_{32}\end{pmatrix}$, $\boldsymbol{A}_{22}=\begin{pmatrix}a_{33} & a_{34}\end{pmatrix}$. $\boldsymbol{A}_{11}$, $\boldsymbol{A}_{12}$, $\boldsymbol{A}_{21}$, $\boldsymbol{A}_{22}$ 为 $\boldsymbol{A}$ 的子块, 矩阵 $\boldsymbol{A}$ 形式上成为以这些子块为元素的分块矩阵. 分法 (2) 可类似表示出来; 分法 (3) 称为矩阵按列分块, 若第 $j(j=1,2,3,4)$ 列记作

$$\boldsymbol{\alpha}_j=\begin{pmatrix}a_{1j}\\ a_{2j}\\ a_{3j}\end{pmatrix},$$

则 $\boldsymbol{A}$ 可按列分块为

$$\boldsymbol{A}=\begin{pmatrix}\boldsymbol{\alpha}_1, & \boldsymbol{\alpha}_2, & \boldsymbol{\alpha}_3, & \boldsymbol{\alpha}_4\end{pmatrix};$$

分法 (4) 称为矩阵按行分块, 若第 $i(i=1,2,3)$ 行记作

$$\boldsymbol{\beta}_i^{\mathrm{T}}=\begin{pmatrix}a_{i1} & a_{i2} & a_{i3} & a_{i4}\end{pmatrix},$$

则 $\boldsymbol{A}$ 可按行分块为

$$\boldsymbol{A}=\begin{pmatrix}\boldsymbol{\beta}_1^{\mathrm{T}}\\ \boldsymbol{\beta}_2^{\mathrm{T}}\\ \boldsymbol{\beta}_3^{\mathrm{T}}\end{pmatrix}.$$

今后列向量 (列矩阵) 常用黑体字母表示, 如 $\boldsymbol{\alpha}$, $\boldsymbol{\beta}$, $\boldsymbol{x}$ 等, 而行向量 (行矩阵) 则用列向量的转置表示, 如 $\boldsymbol{\alpha}^{\mathrm{T}}$, $\boldsymbol{\beta}^{\mathrm{T}}$, $\boldsymbol{x}^{\mathrm{T}}$ 等.

分块矩阵的运算规则与普通矩阵的运算规则类似, 分别说明如下:

(1) 分块矩阵的加法. 设矩阵 $\boldsymbol{A}$ 与 $\boldsymbol{B}$ 为同型矩阵, 采用相同的分块法, 不妨设

$$\boldsymbol{A}=\begin{pmatrix}\boldsymbol{A}_{11} & \boldsymbol{A}_{12} & \cdots & \boldsymbol{A}_{1r}\\ \boldsymbol{A}_{21} & \boldsymbol{A}_{22} & \cdots & \boldsymbol{A}_{2r}\\ \vdots & \vdots & & \vdots\\ \boldsymbol{A}_{s1} & \boldsymbol{A}_{s2} & \cdots & \boldsymbol{A}_{sr}\end{pmatrix},\quad \boldsymbol{B}=\begin{pmatrix}\boldsymbol{B}_{11} & \boldsymbol{B}_{12} & \cdots & \boldsymbol{B}_{1r}\\ \boldsymbol{B}_{21} & \boldsymbol{B}_{22} & \cdots & \boldsymbol{B}_{2r}\\ \vdots & \vdots & & \vdots\\ \boldsymbol{B}_{s1} & \boldsymbol{B}_{s2} & \cdots & \boldsymbol{B}_{sr}\end{pmatrix},$$

其中 $\boldsymbol{A}_{ij}$ 与 $\boldsymbol{B}_{ij}$ 的行数、列数相同, 那么

$$\boldsymbol{A}+\boldsymbol{B}=\begin{pmatrix}\boldsymbol{A}_{11}+\boldsymbol{B}_{11} & \boldsymbol{A}_{12}+\boldsymbol{B}_{12} & \cdots & \boldsymbol{A}_{1r}+\boldsymbol{B}_{1r}\\ \boldsymbol{A}_{21}+\boldsymbol{B}_{21} & \boldsymbol{A}_{22}+\boldsymbol{B}_{22} & \cdots & \boldsymbol{A}_{2r}+\boldsymbol{B}_{2r}\\ \vdots & \vdots & & \vdots\\ \boldsymbol{A}_{s1}+\boldsymbol{B}_{s1} & \boldsymbol{A}_{s2}+\boldsymbol{B}_{s2} & \cdots & \boldsymbol{A}_{sr}+\boldsymbol{B}_{sr}\end{pmatrix}.$$

(2) 分块矩阵的数乘. 设矩阵 $\boldsymbol{A}=\begin{pmatrix}\boldsymbol{A}_{11} & \boldsymbol{A}_{12} & \cdots & \boldsymbol{A}_{1r}\\ \boldsymbol{A}_{21} & \boldsymbol{A}_{22} & \cdots & \boldsymbol{A}_{2r}\\ \vdots & \vdots & & \vdots\\ \boldsymbol{A}_{s1} & \boldsymbol{A}_{s2} & \cdots & \boldsymbol{A}_{sr}\end{pmatrix}$, λ 为数, 那么

$$\lambda\boldsymbol{A}=\begin{pmatrix}\lambda\boldsymbol{A}_{11} & \lambda\boldsymbol{A}_{12} & \cdots & \lambda\boldsymbol{A}_{1r}\\ \lambda\boldsymbol{A}_{21} & \lambda\boldsymbol{A}_{22} & \cdots & \lambda\boldsymbol{A}_{2r}\\ \vdots & \vdots & & \vdots\\ \lambda\boldsymbol{A}_{s1} & \lambda\boldsymbol{A}_{s2} & \cdots & \lambda\boldsymbol{A}_{sr}\end{pmatrix}.$$

(3) 分块矩阵的乘法. 设 $\boldsymbol{A}$ 是 $m\times l$ 矩阵, $\boldsymbol{B}$ 是 $l\times n$ 矩阵, 对 $\boldsymbol{A}$ 的列与 $\boldsymbol{B}$ 的行采用完全相同的分块法, 不妨设

$$\boldsymbol{A}=\begin{pmatrix}\boldsymbol{A}_{11} & \boldsymbol{A}_{12} & \cdots & \boldsymbol{A}_{1t}\\ \boldsymbol{A}_{21} & \boldsymbol{A}_{22} & \cdots & \boldsymbol{A}_{2t}\\ \vdots & \vdots & & \vdots\\ \boldsymbol{A}_{s1} & \boldsymbol{A}_{s2} & \cdots & \boldsymbol{A}_{st}\end{pmatrix},\quad \boldsymbol{B}=\begin{pmatrix}\boldsymbol{B}_{11} & \boldsymbol{B}_{12} & \cdots & \boldsymbol{B}_{1r}\\ \boldsymbol{B}_{21} & \boldsymbol{B}_{22} & \cdots & \boldsymbol{B}_{2r}\\ \vdots & \vdots & & \vdots\\ \boldsymbol{B}_{t1} & \boldsymbol{B}_{t2} & \cdots & \boldsymbol{B}_{tr}\end{pmatrix},$$

其中 $\boldsymbol{A}_{i1}$, $\boldsymbol{A}_{i2}$, $\cdots$, $\boldsymbol{A}_{it}$ 的列数分别与 $\boldsymbol{B}_{1j}$, $\boldsymbol{B}_{2j}$,$\cdots$, $\boldsymbol{B}_{tj}$ 的行数相同 $(i=1,2,\cdots,s;j=1,2,\cdots,r)$, 那么

$$\boldsymbol{AB}=\begin{pmatrix}\boldsymbol{C}_{11} & \boldsymbol{C}_{12} & \cdots & \boldsymbol{C}_{1r}\\ \boldsymbol{C}_{21} & \boldsymbol{C}_{22} & \cdots & \boldsymbol{C}_{2r}\\ \vdots & \vdots & & \vdots\\ \boldsymbol{C}_{s1} & \boldsymbol{C}_{s2} & \cdots & \boldsymbol{C}_{sr}\end{pmatrix},$$

其中 $\boldsymbol{C}_{ij}=\sum\limits_{k=1}^{t}\boldsymbol{A}_{ik}\boldsymbol{B}_{kj}=\boldsymbol{A}_{i1}\boldsymbol{B}_{1j}+\boldsymbol{A}_{i2}\boldsymbol{B}_{2j}+\cdots+\boldsymbol{A}_{it}\boldsymbol{B}_{tj}\ (i=1,2,\cdots,s;j=1,2,\cdots,r)$.

例 1.17 设 $\boldsymbol{A}=\begin{pmatrix}1&0&0&0\\0&1&0&0\\-1&2&1&0\\1&1&0&1\end{pmatrix}$, $\boldsymbol{B}=\begin{pmatrix}1&0\\0&1\\4&1\\2&0\end{pmatrix}$, 求 $\boldsymbol{AB}$.

解 把矩阵 $\boldsymbol{A}$ 分块成 $\boldsymbol{A}=\begin{pmatrix}\boldsymbol{E}_2&\boldsymbol{O}\\\boldsymbol{A}_1&\boldsymbol{E}_2\end{pmatrix}$, 其中 $\boldsymbol{A}_1=\begin{pmatrix}-1&2\\1&1\end{pmatrix}$. 矩阵 $\boldsymbol{B}$ 的行的分法要与 $\boldsymbol{A}$ 的列的分法一致, $\boldsymbol{B}$ 分块为 $\boldsymbol{B}=\begin{pmatrix}\boldsymbol{E}_2\\\boldsymbol{B}_1\end{pmatrix}$, 其中 $\boldsymbol{B}_1=\begin{pmatrix}4&1\\2&0\end{pmatrix}$. 于是,

$$\boldsymbol{AB}=\begin{pmatrix}\boldsymbol{E}_2&\boldsymbol{O}\\\boldsymbol{A}_1&\boldsymbol{E}_2\end{pmatrix}\begin{pmatrix}\boldsymbol{E}_2\\\boldsymbol{B}_1\end{pmatrix}=\begin{pmatrix}\boldsymbol{E}_2\\\boldsymbol{A}_1+\boldsymbol{B}_1\end{pmatrix}=\begin{pmatrix}1&0\\0&1\\3&3\\3&1\end{pmatrix}.$$

(4) 分块矩阵的转置. 设矩阵 $\boldsymbol{A}=\begin{pmatrix}\boldsymbol{A}_{11}&\boldsymbol{A}_{12}&\cdots&\boldsymbol{A}_{1r}\\\boldsymbol{A}_{21}&\boldsymbol{A}_{22}&\cdots&\boldsymbol{A}_{2r}\\\vdots&\vdots&&\vdots\\\boldsymbol{A}_{s1}&\boldsymbol{A}_{s2}&\cdots&\boldsymbol{A}_{sr}\end{pmatrix}$, 那么

$$\boldsymbol{A}^{\mathrm{T}}=\begin{pmatrix}\boldsymbol{A}_{11}^{\mathrm{T}}&\boldsymbol{A}_{21}^{\mathrm{T}}&\cdots&\boldsymbol{A}_{s1}^{\mathrm{T}}\\\boldsymbol{A}_{12}^{\mathrm{T}}&\boldsymbol{A}_{22}^{\mathrm{T}}&\cdots&\boldsymbol{A}_{s2}^{\mathrm{T}}\\\vdots&\vdots&&\vdots\\\boldsymbol{A}_{1r}^{\mathrm{T}}&\boldsymbol{A}_{2r}^{\mathrm{T}}&\cdots&\boldsymbol{A}_{sr}^{\mathrm{T}}\end{pmatrix}.$$

(5) 分块对角矩阵. 设 $\boldsymbol{A}$ 是 n 阶方阵, 若 $\boldsymbol{A}$ 的分块矩阵只有在主对角线上有非零子块, 其余子块都是零矩阵, 且在主对角线上的子块都是方阵, 即

$$\boldsymbol{A}=\begin{pmatrix}\boldsymbol{A}_1&\boldsymbol{O}&\cdots&\boldsymbol{O}\\\boldsymbol{O}&\boldsymbol{A}_2&\cdots&\boldsymbol{O}\\\vdots&\vdots&&\vdots\\\boldsymbol{O}&\boldsymbol{O}&\cdots&\boldsymbol{A}_s\end{pmatrix},$$

其中 $\boldsymbol{A}_i\ (i=1,2,\cdots,s)$ 都是方阵, 称 $\boldsymbol{A}$ 为分块对角矩阵, 记为

$$\boldsymbol{A}=\mathrm{diag}(\boldsymbol{A}_1,\boldsymbol{A}_2,\cdots,\boldsymbol{A}_s).$$

设分块对角矩阵 $\boldsymbol{A}=\mathrm{diag}(\boldsymbol{A}_1,\boldsymbol{A}_2,\cdots,\boldsymbol{A}_s)$ 且 $\boldsymbol{A}_i(i=1,2,\cdots,s)$ 可逆, 则 $\boldsymbol{A}$ 可逆且 $\boldsymbol{A}^{-1}=\mathrm{diag}(\boldsymbol{A}_1^{-1},\boldsymbol{A}_2^{-1},\cdots,\boldsymbol{A}_s^{-1})$.

例 1.18 设 $\boldsymbol{A}=\begin{pmatrix}5&0&0\\0&1&2\\0&1&3\end{pmatrix}$, 求 $\boldsymbol{A}^{-1}$.

解 因

$$A=\left(\begin{array}{c:cc}5&0&0\\ \hdashline 0&1&2\\0&1&3\end{array}\right)=\begin{pmatrix}A_1&O\\O&A_2\end{pmatrix},$$

$$A_1=(5),\ A_1^{-1}=\left(\frac{1}{5}\right),\ A_2=\begin{pmatrix}1&2\\1&3\end{pmatrix},\ A_2^{-1}=\begin{pmatrix}3&-2\\-1&1\end{pmatrix},$$

所以, $A^{-1}=\begin{pmatrix}\frac{1}{5}&0&0\\0&3&-2\\0&-1&1\end{pmatrix}$.

利用矩阵的按列 (或行) 分块, 还可以给出线性方程组的另一矩阵表示形式.

线性方程组

$$\begin{cases}a_{11}x_1+\ a_{12}x_2+\cdots+\ a_{1n}x_n=b_1,\\a_{21}x_1+\ a_{22}x_2+\cdots+\ a_{2n}x_n=b_2,\\\cdots\cdots\cdots\cdots\\a_{m1}x_1+a_{m2}x_2+\cdots+a_{mn}x_n=b_m\end{cases}\tag{1.5.1}$$

的矩阵表示形式为

$$A_{m\times n}x_{n\times 1}=b_{m\times 1},\tag{1.5.2}$$

其中系数矩阵、未知数矩阵和常数项矩阵分别为

$$A_{m\times n}=\begin{pmatrix}a_{11}&a_{12}&\cdots&a_{1n}\\a_{21}&a_{22}&\cdots&a_{2n}\\\vdots&\vdots&&\vdots\\a_{m1}&a_{m2}&\cdots&a_{mn}\end{pmatrix},x_{n\times 1}=\begin{pmatrix}x_1\\x_2\\\vdots\\x_n\end{pmatrix},b_{m\times 1}=\begin{pmatrix}b_1\\b_2\\\vdots\\b_m\end{pmatrix}.$$

把 A 按列分块为 $A=(\alpha_1,\alpha_2,\cdots,\alpha_n)$, 把 x 按行分块, 式(1.5.2)相当于

$$\begin{pmatrix}\alpha_1,&\alpha_2,&\cdots,&\alpha_n\end{pmatrix}\begin{pmatrix}x_1\\x_2\\\vdots\\x_n\end{pmatrix}=b,$$

由分块矩阵的乘法有

$$x_1\alpha_1+x_2\alpha_2+\cdots+x_n\alpha_n=b.\tag{1.5.3}$$

事实上, 把方程组(1.5.1)表示为

$$\begin{pmatrix}a_{11}\\a_{21}\\\vdots\\a_{m1}\end{pmatrix}x_1+\begin{pmatrix}a_{12}\\a_{22}\\\vdots\\a_{m2}\end{pmatrix}x_2+\cdots+\begin{pmatrix}a_{1n}\\a_{2n}\\\vdots\\a_{mn}\end{pmatrix}x_n=\begin{pmatrix}b_1\\b_2\\\vdots\\b_m\end{pmatrix},$$

就是式(1.5.3).

式(1.5.1)、式(1.5.2)、式(1.5.3)是线性方程组的三种不同表现形式, 都称为线性方程组. 今后, 解与解向量也不加以区别.

1.6 应用实例与计算软件实践

1.6.1 图的邻接矩阵

图是一个数学概念, 它有严格的数学定义. 这里我们只给出图的一个直观的解释: 由一些点以及某些点的连线所构成的图形就称为图, 点称为顶点, 连线称为边. 如果连线带有指明方向的箭头, 则称为有向图(如图 1.2), 带箭头的连线称为弧.

设图 G 有 n 个顶点, 令 a_{ij} 表示顶点 i 与顶点 j 之间的边的数目, 则 n 阶方阵

$$\boldsymbol{A}=\begin{pmatrix} a_{11} & a_{12} & \cdots & a_{1n} \\ a_{21} & a_{22} & \cdots & a_{2n} \\ \vdots & \vdots & & \vdots \\ a_{n1} & a_{n2} & \cdots & a_{nn} \end{pmatrix}$$

称为图 G 的邻接矩阵(注意, 此时总有 $a_{ij}=a_{ji}$, 即矩阵 $\boldsymbol{A}$ 是对称的, a_{ii} 等于第 i 个顶点处环的个数). 对于含有 n 个顶点的有向图 G, 令 a_{ij} 表示从顶点 i 到顶点 j 的弧的数目, 则 n 阶矩阵 $\boldsymbol{A}=(a_{ij})_{n\times n}$ 称为有向图 G 的邻接矩阵.

例 1.19 某航空公司在 $\mathrm{v}_1, \mathrm{v}_2, \mathrm{v}_3, \mathrm{v}_4$ 四个城市之间开辟了若干条航线, 图 1.2 表示四个城市间的航线图. 那么, 从城市 v_1 是否可以中转一次到达城市 v_4? 从城市 v_3 有几条航线可以中转两次回到城市 v_3?

解 航线图 1.2 就是一个有向图, 把四个城市看成四个顶点, 四阶矩阵

$$\boldsymbol{A}=\begin{pmatrix} 0 & 1 & 1 & 0 \\ 1 & 0 & 1 & 0 \\ 1 & 0 & 0 & 1 \\ 0 & 1 & 0 & 0 \end{pmatrix}$$

就是航线图 1.2 对应的邻接矩阵, 其中 a_{ij} 表示从城市 v_i 到城市 v_j 的直达单向航线的条数 $(i,j=1,2,3,4)$. 利用邻接矩阵的乘幂运算可得各城市间单向航线数目, 其中矩阵 $\boldsymbol{A}^2$ 的 (i,j) 元表示从城市 v_i 中转一次到城市 v_j 的单向航线总数, 矩阵 $\boldsymbol{A}^3$ 的 (i,j) 元表示从城市 v_i 中转两次到城市 v_j 的单向航线总数. 由

$$\boldsymbol{A}^2=\begin{pmatrix} 2 & 0 & 1 & 1 \\ 1 & 1 & 1 & 1 \\ 0 & 2 & 1 & 0 \\ 1 & 0 & 1 & 0 \end{pmatrix},$$

知 $\boldsymbol{A}^2$ 的 $(1,4)$ 元为 1, 所以从城市 v_1 可以中转一次到达城市 v_4. 由

$$\boldsymbol{A}^3=\begin{pmatrix}1&3&2&1\\2&2&2&1\\3&0&2&1\\1&1&1&1\end{pmatrix},$$

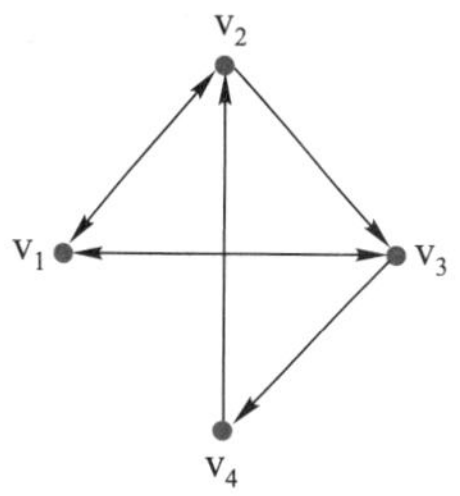

图 1.2

知 $\boldsymbol{A}^3$ 的 $(3,3)$ 元为 2, 所以从城市 v_3 有两条可以中转两次回到城市 v_3 的线路, 具体是

$$3\to1\to2\to3,\quad 3\to4\to2\to3.$$

1.6.2 信息加密问题

信息加密是保密通信的一个首要问题. 希尔加密是一种基于矩阵乘法的加密技术. 具体过程如下:

(1) 将 26 个英文字母及空格与数字之间建立一一对应关系, 这种对应关系可以根据不同情况进行定义. 例如:

字母	a	b	c	d	e	···	w	x	y	z	空格
数字	1	2	3	4	5	···	23	24	25	26	0

(2) 将要发送的信息按照代码依次按列写成 n 阶方阵 $\boldsymbol{A}$, 不够则在最后加 0(这等价于在传输的信息后面加空格);

(3) 选取一个 n 阶可逆矩阵 $\boldsymbol{P}$ 作为密钥矩阵, 作矩阵乘积 $\boldsymbol{PA}$, 得到“密文”信息;

(4) 传送“密文”, 接收信息, 利用逆矩阵恢复原来的信息.

例 1.20 按照上述规则, 若要发送信息“go home”, 利用矩阵乘法进行加密和解密.

解 具体做法如下:

(1) 使用对应关系, 此信息的代码是 7, 15, 0, 8, 15, 13, 5, 这是未加密的信息, 即“明文”;

(2) 上述代码按列排成三阶矩阵 $\boldsymbol{A}=\begin{pmatrix}7&8&5\\15&15&0\\0&13&0\end{pmatrix}$;

(3) 取三阶可逆矩阵

$$\boldsymbol{P}=\begin{pmatrix}1&1&1\\-1&0&1\\0&1&1\end{pmatrix}$$

为密钥矩阵, 作矩阵乘积 $\boldsymbol{B}=\boldsymbol{PA}$, 得到“密文”信息矩阵

$$\boldsymbol{B}=\begin{pmatrix}1&1&1\\-1&0&1\\0&1&1\end{pmatrix}\begin{pmatrix}7&8&5\\15&15&0\\0&13&0\end{pmatrix}=\begin{pmatrix}22&36&5\\-7&5&-5\\15&28&0\end{pmatrix};$$

(4) 传送加密信息: 22, −7, 15, 36, 5, 28, 5,−5, 0, 接收者用 $\boldsymbol{P}^{-1}$ 解密:

$$\boldsymbol{A}=\boldsymbol{P}^{-1}\boldsymbol{B}=\begin{pmatrix}1&0&-1\\-1&-1&2\\1&1&-1\end{pmatrix}\begin{pmatrix}22&36&5\\-7&5&-5\\15&28&0\end{pmatrix}=\begin{pmatrix}7&8&5\\15&15&0\\0&13&0\end{pmatrix},$$

故所传信息为“go home”.

1.6.3 投入产出模型

在一个经济系统中, 每个部门向各个部门提供自己的产品或服务, 同时在生产过程中需消耗各个部门提供的产品或服务. 生产部门作为生产者既要为自身及系统内其他部门进行生产而提供一定的产品, 又要满足系统外部对其产品的外部需求 (如消费者需求、超额生产、出口等). 另一方面, 每个部门为了生产其产品又必然是消耗者. 投入产出的一种平衡关系是总生产等于总需求. 模型的基本假设是, 对每个部门有一个消耗向量, 此向量列出该部门的单位产出所需的投入. 假设经济系统由三个部门——制造业、农业和服务业组成. 消耗向量 $\boldsymbol{c}_1, \boldsymbol{c}_2, \boldsymbol{c}_3$ 如表 1.3 所示.

表 1.3 每单位产出消耗的投入

	制造业	农业	服务业
制造业	0.5	0.4	0.2
农业	0.2	0.3	0.1
服务业	0.1	0.1	0.3
	↑	↑	↑
	$\boldsymbol{c}_1$	$\boldsymbol{c}_2$	$\boldsymbol{c}_3$

如果制造业决定生产 100 单位产品, 由

$$100\boldsymbol{c}_1=100\begin{pmatrix}0.5\\0.2\\0.1\end{pmatrix}=\begin{pmatrix}50\\20\\10\end{pmatrix}$$

可知, 为生产 100 单位产品, 制造业需要消耗制造业 50 单位产品、农业 20 单位产品和服务业 10 单位产品.

若制造业决定生产 x_1 单位产出, 则在生产的过程中消耗掉的中间需求是 $x_1\boldsymbol{c}_1$. 类似地, 若 x_2 和 x_3 表示农业和服务业的计划产出, 则 $x_2\boldsymbol{c}_2$ 和 $x_3\boldsymbol{c}_3$ 为它们所对应的中间需求. 设 $\boldsymbol{x}=(x_1,x_2,x_3)^{\mathrm{T}}$ 为产出向量, $\boldsymbol{d}=(d_1,d_2,d_3)^{\mathrm{T}}$ 为外部需求向量, 则三个部门的中间需求为

$$x_1\boldsymbol{c}_1+x_2\boldsymbol{c}_2+x_3\boldsymbol{c}_3=(\boldsymbol{c}_1,\boldsymbol{c}_2,\boldsymbol{c}_3)\begin{pmatrix}x_1\\x_2\\x_3\end{pmatrix}=\boldsymbol{C}\boldsymbol{x},$$

其中 $\boldsymbol{C}$ 是消耗矩阵 $(\boldsymbol{c}_1, \boldsymbol{c}_2, \boldsymbol{c}_3)$, 即

$$\boldsymbol{C} = \begin{pmatrix} 0.5 & 0.4 & 0.2 \\ 0.2 & 0.3 & 0.1 \\ 0.1 & 0.1 & 0.3 \end{pmatrix}, \tag{1.6.1}$$

于是投入产出模型或生产方程为

$$\boldsymbol{x} = \boldsymbol{C}\boldsymbol{x} + \boldsymbol{d},$$

即

$$(\boldsymbol{E} - \boldsymbol{C})\boldsymbol{x} = \boldsymbol{d}. \tag{1.6.2}$$

例 1.21 考虑消耗矩阵为式(1.6.1)中矩阵 $\boldsymbol{C}$ 的经济系统. 假设外部需求是制造业 50 单位、农业 30 单位、服务业 20 单位, 这三个部门的产出应分别为多少?

解 已知

$$\boldsymbol{E} - \boldsymbol{C} = \begin{pmatrix} 1 & 0 & 0 \\ 0 & 1 & 0 \\ 0 & 0 & 1 \end{pmatrix} - \begin{pmatrix} 0.5 & 0.4 & 0.2 \\ 0.2 & 0.3 & 0.1 \\ 0.1 & 0.1 & 0.3 \end{pmatrix} = \begin{pmatrix} 0.5 & -0.4 & -0.2 \\ -0.2 & 0.7 & -0.1 \\ -0.1 & -0.1 & 0.7 \end{pmatrix}.$$

求解矩阵方程(1.6.2), 其中

$$\boldsymbol{d} = \begin{pmatrix} 50 \\ 30 \\ 20 \end{pmatrix}.$$

作初等行变换

$$\begin{pmatrix} 0.5 & -0.4 & -0.2 & 50 \\ -0.2 & 0.7 & -0.1 & 30 \\ -0.1 & -0.1 & 0.7 & 20 \end{pmatrix} \sim \begin{pmatrix} 5 & -4 & -2 & 500 \\ -2 & 7 & -1 & 300 \\ -1 & -1 & 7 & 200 \end{pmatrix} \sim \begin{pmatrix} 1 & 0 & 0 & 226 \\ 0 & 1 & 0 & 119 \\ 0 & 0 & 1 & 78 \end{pmatrix}.$$

最后一列四舍五入到整数, 制造业需生产约 226 单位, 农业需生产约 119 单位, 服务业需生产约 78 单位.

1.6.4 矩阵运算的 MATLAB 实践

本节通过具体实例介绍如何利用 MATLAB 输入矩阵, 进行矩阵的运算, 对矩阵进行初等行变换化为行最简形矩阵等, 涉及命令见表 1.4.

例 1.22 在 MATLAB 上输入下列矩阵:

(1) $\begin{pmatrix} 4 & 3 \\ -1 & 2 \\ 1 & -3 \end{pmatrix}$; (2) $\begin{pmatrix} 1 \\ 1 \\ -1 \end{pmatrix}$; (3) $\begin{pmatrix} 0 & 0 & 0 \\ 0 & 0 & 0 \end{pmatrix}$; (4) $\begin{pmatrix} 1 & 0 & 0 \\ 0 & 2 & 0 \\ 0 & 0 & -5 \end{pmatrix}$.

表 1.4 矩阵运算相关的命令

命令	功能说明
eye(n)	生成 n 阶单位矩阵
zeros(m,n)	生成 m 行 n 列零矩阵
diag(V)	生成以行矩阵 $\boldsymbol{V}$ 为对角线的对角矩阵
A+B	矩阵 $\boldsymbol{A}$ 和 $\boldsymbol{B}$ 相加
A−B	矩阵 $\boldsymbol{A}$ 和 $\boldsymbol{B}$ 相减
k*A	数 k 与矩阵 $\boldsymbol{A}$ 的乘积 (数乘运算)
A*B	矩阵 $\boldsymbol{A}$ 与 $\boldsymbol{B}$ 的乘积
A^{m}	矩阵 $\boldsymbol{A}$ 的 m 次幂
A′	矩阵 $\boldsymbol{A}$ 的转置
inv(A) 或 A^{-1}	矩阵 $\boldsymbol{A}$ 的逆矩阵
rref(A)	对矩阵 $\boldsymbol{A}$ 进行初等行变换化成行最简形矩阵
[A, B]	横向拼接矩阵 $\boldsymbol{A}$ 与 $\boldsymbol{B}$($\boldsymbol{A}$ 与 $\boldsymbol{B}$ 具有相同行数)

解 在 MATLAB 命令窗口输入的命令及运行结果如下:

```
>> A=[4,3;-1,2;1,-3]
%输入3行2列矩阵A, 同行元素由逗号或空格分割
%不同行元素以分号分割
A =
      4     3
     -1     2
      1    -3
>> b=[1;1;-1] %输入列矩阵b
b =
      1
      1
     -1
>> O=zeros(2,3) %输入2行3列零矩阵
O =
      0     0     0
      0     0     0
>> V=[1 2 -5] %输入行矩阵V
V =
      1     2    -5
>> B=diag(V) %输入以行矩阵V为对角线的对角矩阵
B =
      1     0     0
      0     2     0
      0     0    -5
```

例 1.23 设矩阵 $\boldsymbol{A}=\begin{pmatrix}2&1&-1\\2&1&0\\1&-1&1\end{pmatrix}$, $\boldsymbol{B}=\begin{pmatrix}0&3&3\\1&1&0\\-1&2&3\end{pmatrix}$, 求 (1) $3\boldsymbol{A}+\boldsymbol{B}$; (2) $\boldsymbol{A}-\boldsymbol{B}$; (3) $\boldsymbol{AB}$; (4) $\boldsymbol{A}^3$; (5) $\boldsymbol{A}^{\mathrm{T}}$; (6) $\boldsymbol{A}^{-1}$.

解 在 MATLAB 命令窗口输入的命令及运行结果如下:

```
>> A=[2,1,-1;2,1,0;1,-1,1];
%输入矩阵A, 加分号不显示生成矩阵
>> B=[0,3,3;1,1,0;-1,2,3]; %输入矩阵B
>> 3*A %3与矩阵A数乘
ans =
     6     3    -3
     6     3     0
     3    -3     3
>> 3*A+B %矩阵3A与矩阵B的加法
ans =
     6     6     0
     7     4     0
     2    -1     6
>> A-B %矩阵A与矩阵B的减法
ans =
     2    -2    -4
     1     0     0
     2    -3    -2
>> A*B %矩阵A与矩阵B的乘法
ans =
     2     5     3
     1     7     6
    -2     4     6
>> A^3 %矩阵A的3次幂
ans =
    15    12    -8
    16    11    -8
     0     0    -1
>> A' %矩阵A的转置
ans =
     2     2     1
     1     1    -1
    -1     0     1
```

```
>> A^(-1) %矩阵A的逆矩阵或用inv(A)
ans =
    0.3333    0.0000    0.3333
   -0.6667    1.0000   -0.6667
   -1.0000    1.0000    0.0000
```

例 1.24 设矩阵 $\boldsymbol{A}=\begin{pmatrix}1&0&2&-1\\2&0&3&1\\3&0&4&3\end{pmatrix}$, 求可逆矩阵 $\boldsymbol{P}$, 使 $\boldsymbol{PA}$ 为行最简形矩阵.

解 由于 $\boldsymbol{P}(\boldsymbol{A},\boldsymbol{E})=(\boldsymbol{PA},\boldsymbol{P})$, 因此要使 $\boldsymbol{PA}$ 为行最简形矩阵, 可对矩阵 $(\boldsymbol{A},\boldsymbol{E})$ 进行初等行变换将矩阵 $\boldsymbol{A}$ 化为行最简形矩阵, 则 $\boldsymbol{E}$ 就同时化为所求可逆矩阵 $\boldsymbol{P}$.

在 MATLAB 命令窗口输入的命令及运行结果如下:

```
>> A=[1,0,2,-1;2,0,3,1;3,0,4,3]; %输入矩阵A
>> E=eye(3); %生成3阶单位矩阵
>> C=[A,E] %横向拼接矩阵A与单位矩阵E
C =
     1     0     2    -1     1     0     0
     2     0     3     1     0     1     0
     3     0     4     3     0     0     1
>> rref(C) %对矩阵C进行初等行变换化成行最简形矩阵
ans =
     1     0     0     5     0    -4     3
     0     0     1    -3     0     3    -2
     0     0     0     0     1    -2     1
```

由 MATLAB 运行结果可知, 取 $\boldsymbol{P}=\begin{pmatrix}0&-4&-3\\0&3&-2\\1&-2&1\end{pmatrix}$, 使 $\boldsymbol{PA}=\begin{pmatrix}1&0&0&5\\0&0&1&-3\\0&0&0&0\end{pmatrix}$.

数学史与数学家精神——矩阵发展简史、《九章算术》中线性方程组的解法

矩阵发展简史　　《九章算术》中线性方程组的解法

习题一

基础题

1. 设矩阵 $\boldsymbol{A}=\begin{pmatrix}1&2&1&0\\2&1&2&1\\1&2&4&3\end{pmatrix}$, $\boldsymbol{B}=\begin{pmatrix}4&3&2&1\\-2&2&-2&1\\0&-1&0&-1\end{pmatrix}$, 计算:

(1) $2\boldsymbol{A}-\boldsymbol{B}$; (2) $3\boldsymbol{A}+2\boldsymbol{B}$; (3) 若矩阵 $\boldsymbol{X}$ 满足 $\boldsymbol{A}+2\boldsymbol{X}=\boldsymbol{B}$, 求 $\boldsymbol{X}$.

2. 计算下列乘积:

(1) $\begin{pmatrix}1&2&-1\\-2&1&0\\1&0&3\end{pmatrix}\begin{pmatrix}3&3\\1&-2\\2&4\end{pmatrix}$;　(2) $\begin{pmatrix}1&0&2\\0&1&3\end{pmatrix}\begin{pmatrix}1&0&4&5\\0&1&7&6\\2&3&0&0\end{pmatrix}$;

(3) $\begin{pmatrix}1&3&2\end{pmatrix}\begin{pmatrix}1\\2\\-1\end{pmatrix}$;　(4) $\begin{pmatrix}1\\2\\-1\end{pmatrix}\begin{pmatrix}1&3&2\end{pmatrix}$;

(5) $\begin{pmatrix}x_1&x_2&x_3\end{pmatrix}\begin{pmatrix}a_{11}&a_{12}&a_{13}\\a_{12}&a_{22}&a_{23}\\a_{13}&a_{23}&a_{33}\end{pmatrix}\begin{pmatrix}x_1\\x_2\\x_3\end{pmatrix}$; (6) $\begin{pmatrix}1&0\\0&-1\\1&1\end{pmatrix}\begin{pmatrix}3&0&4\\-1&5&2\end{pmatrix}$.

3. 设矩阵 $\boldsymbol{A}=\begin{pmatrix}1&2\\2&1\end{pmatrix}$, $\boldsymbol{B}=\begin{pmatrix}-1&1\\1&3\end{pmatrix}$, 计算:

(1) $(\boldsymbol{A}+\boldsymbol{B})^2-(\boldsymbol{A}^2+2\boldsymbol{AB}+\boldsymbol{B}^2)$;　(2) $(\boldsymbol{A}+\boldsymbol{E})^2$.

4. 设矩阵 $\boldsymbol{A}=\begin{pmatrix}1&0&1\\0&2&0\\1&2&1\end{pmatrix}$, $\boldsymbol{B}=\begin{pmatrix}1&-1&1\\1&2&4\\-1&0&2\end{pmatrix}$, 求 $3\boldsymbol{AB}-2\boldsymbol{A}$, $\boldsymbol{A}^{\mathrm{T}}\boldsymbol{B}$, $(\boldsymbol{AB})^{\mathrm{T}}$.

5. 已知 $\boldsymbol{\alpha}=(1,2,3)^{\mathrm{T}}$, $\boldsymbol{\beta}=(1,-1,1)^{\mathrm{T}}$ 且 $\boldsymbol{A}=\boldsymbol{\alpha}\boldsymbol{\beta}^{\mathrm{T}}$, 计算 $\boldsymbol{A}^{100}$.

6. (1) 设 $\boldsymbol{A}$, $\boldsymbol{B}$ 为 n 阶方阵, 且 $\boldsymbol{A}$ 为对称矩阵, 证明 $\boldsymbol{B}^{\mathrm{T}}\boldsymbol{AB}$ 也是对称矩阵;

(2) 设 $\boldsymbol{A}$, $\boldsymbol{B}$ 都是 n 阶对称矩阵, 证明 $\boldsymbol{AB}$ 是对称矩阵的充要条件是 $\boldsymbol{AB}=\boldsymbol{BA}$.

7. 已知两个线性变换

$$\begin{cases}z_1=y_1+y_2+y_3,\\z_2=y_1+y_2-y_3,\\z_3=y_1-y_2+y_3,\end{cases}\qquad\begin{cases}y_1=x_1+2x_2+3x_3,\\y_2=-x_1-2x_2+4x_3,\\y_3=5x_2+x_3,\end{cases}$$

求从变量 x_1,x_2,x_3 到变量 z_1,z_2,z_3 的线性变换.

8. 把下列矩阵化为行最简形矩阵:

(1) $\begin{pmatrix}2&-3&-4\\1&2&5\\3&6&15\end{pmatrix}$; (2) $\begin{pmatrix}0&1&2&-1&4\\0&2&4&3&5\\0&-1&-2&6&-7\end{pmatrix}$; (3) $\begin{pmatrix}3&2&9&6\\-1&-3&4&-17\\1&4&-7&3\\-1&-4&7&-3\end{pmatrix}$.

9. 求解下列非齐次线性方程组:

(1) $\begin{cases} x_1+x_2+x_3=3, \\ 2x_1+x_2+x_3=4, \\ x_1+2x_2+x_3=4; \end{cases}$ (2) $\begin{cases} x_1-2x_2-x_4=3, \\ 2x_1-4x_2+2x_3-2x_4=4, \\ 3x_1-6x_2+4x_3-3x_4=5, \\ -x_1+2x_2+x_3+4x_4=2. \end{cases}$

10. 求解下列齐次线性方程组:

(1) $\begin{cases} x_1+5x_2-x_3-x_4=0, \\ x_1+7x_2+x_3+3x_4=0, \\ 3x_1+17x_2-x_3+x_4=0, \\ x_1+3x_2-3x_3-5x_4=0; \end{cases}$ (2) $\begin{cases} x_1+x_2+x_3+x_4=0, \\ x_1+2x_2+x_3-x_4=0, \\ x_1+3x_2+x_3-3x_4=0. \end{cases}$

11. 求下列矩阵的逆矩阵:

(1) $\begin{pmatrix} 1 & 2 \\ 3 & 7 \end{pmatrix}$; (2) $\begin{pmatrix} 0 & 2 & -1 \\ 1 & 1 & 2 \\ -1 & -1 & -1 \end{pmatrix}$; (3) $\begin{pmatrix} 2 & 2 & 3 \\ 1 & -1 & 0 \\ -1 & 2 & 1 \end{pmatrix}$.

12. 设 $\boldsymbol{A}=\begin{pmatrix} 2 & 1 & 2 & 3 \\ 4 & 1 & 3 & 5 \\ 2 & 0 & 1 & 2 \end{pmatrix}$, 求一个可逆矩阵 $\boldsymbol{P}$, 使 $\boldsymbol{PA}$ 为行最简形矩阵.

13. (1) 设 $\boldsymbol{A}=\begin{pmatrix} 1 & 2 & 2 \\ 2 & 3 & 4 \\ 3 & 5 & 5 \end{pmatrix}$, $\boldsymbol{B}=\begin{pmatrix} 1 & 2 \\ 3 & 4 \\ 5 & 7 \end{pmatrix}$, 求 $\boldsymbol{X}$ 使 $\boldsymbol{AX}=\boldsymbol{B}$;

(2) 设 $\boldsymbol{A}=\begin{pmatrix} 1 & 1 & -1 \\ 2 & 1 & 0 \\ 1 & -1 & 1 \end{pmatrix}$, $\boldsymbol{B}=\begin{pmatrix} 1 & 1 & 3 \\ 4 & 3 & 2 \\ 1 & 2 & 5 \end{pmatrix}$, 求 $\boldsymbol{X}$ 使 $\boldsymbol{XA}=\boldsymbol{B}$;

(3) 设 $\boldsymbol{A}=\begin{pmatrix} 2 & -1 & 1 \\ 8 & -5 & 2 \\ -11 & 7 & 0 \end{pmatrix}$, $\boldsymbol{B}=\begin{pmatrix} 1 & -1 \\ 2 & 0 \\ 5 & -3 \end{pmatrix}$, 求 $\boldsymbol{X}$ 使 $\boldsymbol{X}=\boldsymbol{AX}+\boldsymbol{B}$.

14. 已知线性变换

$$\begin{cases} x_1=2y_1+2y_2+y_3, \\ x_2=3y_1+y_2+5y_3, \\ x_3=3y_1+2y_2+3y_3, \end{cases}$$

求从变量 x_1,x_2,x_3 到变量 y_1,y_2,y_3 的线性变换.

15. 已知 $\boldsymbol{A}^{-1}=\begin{pmatrix} 1 & 1 & -1 \\ 0 & 2 & 2 \\ 1 & -1 & 0 \end{pmatrix}$, $\boldsymbol{B}^{-1}=\begin{pmatrix} 1 & 1 & -1 \\ 2 & 1 & 0 \\ 1 & -1 & 0 \end{pmatrix}$, 求 $\left(\frac{1}{2}\boldsymbol{A}\right)^{-1}$, $(\boldsymbol{AB})^{-1}$, $(\boldsymbol{A}^{\mathrm{T}}\boldsymbol{B})^{-1}$.

16. 设 $\boldsymbol{A}=\begin{pmatrix} 3 & -1 & -1 \\ 2 & 1 & -3 \\ 3 & -2 & -3 \end{pmatrix}$, $\boldsymbol{C}=\begin{pmatrix} 2 & 1 \\ 1 & 4 \\ 0 & 5 \end{pmatrix}$, $\boldsymbol{AB}=\boldsymbol{C}+2\boldsymbol{B}$, 求 $\boldsymbol{B}$.

17. 设 $\boldsymbol{A}=\operatorname{diag}(2,2,3)$, 且 $\boldsymbol{AX}+\boldsymbol{E}=\boldsymbol{A}^2+\boldsymbol{X}$, 求 $\boldsymbol{X}$.

18. 设 $\boldsymbol{A}=\begin{pmatrix}-1&0&0\\1&-1&0\\1&1&-1\end{pmatrix}$, 且 $\boldsymbol{AX}=\boldsymbol{A}^2+\boldsymbol{A}-2\boldsymbol{E}-2\boldsymbol{X}$, 求 $\boldsymbol{X}$.

19. 计算:

(1) $\begin{pmatrix}-2&3&0&0\\1&2&0&0\\0&0&1&2\\0&0&2&5\end{pmatrix}\begin{pmatrix}1&0\\0&1\\1&2\\3&2\end{pmatrix}$; (2) $\begin{pmatrix}1&0&0&0\\0&1&0&0\\0&0&1&3\end{pmatrix}\begin{pmatrix}1&0&0\\-2&0&0\\0&3&2\\0&4&3\end{pmatrix}$.

20. 求下列矩阵的逆矩阵:

(1) $\begin{pmatrix}1&2&0&0\\3&4&0&0\\0&0&1&-1\\0&0&2&-1\end{pmatrix}$; (2) $\begin{pmatrix}3&0&0\\0&3&1\\0&0&3\end{pmatrix}$.

提高题

1. 设矩阵 $\boldsymbol{A}=\dfrac{1}{2}(\boldsymbol{B}+\boldsymbol{E})$, 则 $\boldsymbol{A}$ 为幂等矩阵的充要条件是 $\boldsymbol{B}$ 为一个对合矩阵 (即 $\boldsymbol{B}^2=\boldsymbol{E}$).

2. 证明: 任一个 n 阶方阵都可表示成一个对称矩阵与一个反称矩阵之和.

3. 设 $\boldsymbol{A}$ 为 n 阶方阵, $\phi(x)=x^m+a_{m-1}x^{m-1}+\cdots+a_1x+a_0$, $a_0\neq 0$, 且 $\phi(\boldsymbol{A})=\boldsymbol{O}$. 试证: $\boldsymbol{A}$ 可逆, 并求 $\boldsymbol{A}^{-1}$.

4. 设 $\boldsymbol{A}^k=\boldsymbol{O}$ (k 为正整数). 证明: $(\boldsymbol{E}-\boldsymbol{A})^{-1}=\boldsymbol{E}+\boldsymbol{A}+\cdots+\boldsymbol{A}^{k-1}$.

5. 设 $\boldsymbol{A}$ 为一个 n 阶实对称矩阵. 若 $\boldsymbol{A}^2=\boldsymbol{O}$, 证明: $\boldsymbol{A}=\boldsymbol{O}$.

6. 设方阵 $\boldsymbol{A}$ 满足 $\boldsymbol{A}^2-\boldsymbol{A}-2\boldsymbol{E}=\boldsymbol{O}$, 证明 $\boldsymbol{A}$ 及 $\boldsymbol{A}+2\boldsymbol{E}$ 都可逆, 并求 $\boldsymbol{A}^{-1}$ 及 $(\boldsymbol{A}+2\boldsymbol{E})^{-1}$.

7. 设 $\boldsymbol{A}$ 为 n 阶方阵, 若 $\boldsymbol{A}$ 与所有 n 阶方阵可交换, 则 $\boldsymbol{A}$ 一定是数量矩阵.

8. 设 $\boldsymbol{A}, \boldsymbol{B}$ 均为 n 阶方阵, 且满足 $\boldsymbol{A}^2=\boldsymbol{A}$, $\boldsymbol{B}^2=\boldsymbol{B}$ 和 $(\boldsymbol{A}+\boldsymbol{B})^2=\boldsymbol{A}+\boldsymbol{B}$, 证明: $\boldsymbol{AB}$ 是零矩阵.

自 测 题 一

第二章 行列式

行列式是线性代数中的一个重要概念及工具, 在数学、工程技术和经济学等众多领域都有广泛应用. 本章首先通过求平面上以两个向量为邻边的平行四边形的面积为引例, 给出二阶行列式的几何意义, 然后从二元与三元线性方程组的求解出发, 引出二阶与三阶行列式的概念, 进而给出 n 阶行列式的定义, 讨论 n 阶行列式的性质和计算方法, 最后给出行列式在求解线性方程组及实际问题中的应用.

2.0 引例: 二阶行列式的几何意义

我们来讨论以行向量 $\boldsymbol{a}=(a_1,a_2)$, $\boldsymbol{b}=(b_1,b_2)$ 为邻边所构成的平行四边形的面积. 如图 2.1, 平行四边形 $OACB$ 的面积

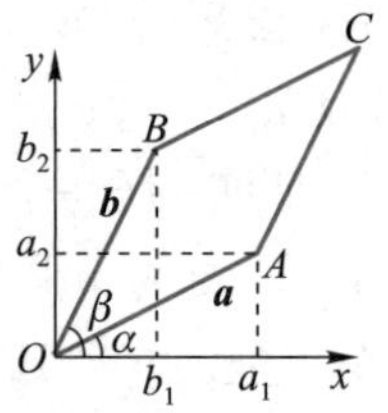

图 2.1

$$S=|\boldsymbol{a}||\boldsymbol{b}||\sin(\beta-\alpha)|,$$

其中 $|\boldsymbol{a}|=\sqrt{a_1^2+a_2^2}$, $|\boldsymbol{b}|=\sqrt{b_1^2+b_2^2}$ 分别为向量 $\boldsymbol{a}$ 与向量 $\boldsymbol{b}$ 的模长, α,β 分别为向量 $\boldsymbol{a},\boldsymbol{b}$ 与 Ox 轴的夹角. 由于

$$\begin{aligned}\sin(\beta-\alpha)&=\sin\beta\cos\alpha-\cos\beta\sin\alpha\\&=\frac{b_2}{|\boldsymbol{b}|}\frac{a_1}{|\boldsymbol{a}|}-\frac{b_1}{|\boldsymbol{b}|}\frac{a_2}{|\boldsymbol{a}|}\\&=\frac{a_1b_2-a_2b_1}{|\boldsymbol{a}||\boldsymbol{b}|}.\end{aligned}$$

因此 $S=|\boldsymbol{a}||\boldsymbol{b}||\sin(\beta-\alpha)|=|a_1b_2-a_2b_1|$.

记号

$$\begin{vmatrix}a_1 & a_2\\ b_1 & b_2\end{vmatrix}=a_1b_2-a_2b_1$$

称为二阶方阵 $\begin{pmatrix}a_1 & a_2\\ b_1 & b_2\end{pmatrix}$ 的行列式, 而行列式正是本章所要学习的内容. 平面 xOy 上以行向量 $\boldsymbol{a}=(a_1,a_2)$, $\boldsymbol{b}=(b_1,b_2)$ 为邻边的平行四边形的面积恰好为行列式 $\begin{vmatrix}a_1 & a_2\\ b_1 & b_2\end{vmatrix}$ 的绝对值.

2.1 行列式的定义

2.1.1 二阶和三阶行列式

考虑如下二元线性方程组:

$$\begin{cases} a_{11}x_1 + a_{12}x_2 = b_1, \\ a_{21}x_1 + a_{22}x_2 = b_2, \end{cases} \tag{2.1.1}$$

为消去未知量 x_2, 把第一个方程乘 a_{22}, 第二个方程乘 a_{12}, 得到

$$\begin{cases} a_{11}a_{22}x_1 + a_{12}a_{22}x_2 = b_1a_{22}, \\ a_{12}a_{21}x_1 + a_{12}a_{22}x_2 = b_2a_{12}. \end{cases}$$

这两个方程相减, 得

$$(a_{11}a_{22} - a_{12}a_{21})x_1 = b_1a_{22} - b_2a_{12}.$$

类似地, 通过消去 x_1, 得到

$$(a_{11}a_{22} - a_{12}a_{21})x_2 = b_2a_{11} - b_1a_{21}.$$

如果 $a_{11}a_{22} - a_{12}a_{21} \neq 0$, 可解得 x_1 和 x_2 :

$$x_1 = \frac{b_1a_{22} - b_2a_{12}}{a_{11}a_{22} - a_{12}a_{21}}, \quad x_2 = \frac{b_2a_{11} - b_1a_{21}}{a_{11}a_{22} - a_{12}a_{21}}. \tag{2.1.2}$$

现引入记号

$$\begin{vmatrix} a_{11} & a_{12} \\ a_{21} & a_{22} \end{vmatrix}, \tag{2.1.3}$$

称其为二阶行列式, 其表示式(2.1.2)中的分母 $a_{11}a_{22} - a_{12}a_{21}$. 记号 $\begin{vmatrix} a_{11} & a_{12} \\ a_{21} & a_{22} \end{vmatrix}$ 中, 横写为行, 竖写为列, 每个 a_{ij} $(i,j=1,2)$ 均称为它的元素, 第一个下标称为行指标, 第二个下标称为列指标. 通常称位于行列式第 i 行第 j 列的元素 a_{ij} 为行列式的 (i,j) 元.

二阶行列式等于其主对角线上元素之积 $a_{11}a_{22}$ 减去副对角线上元素之积 $a_{12}a_{21}$, 即可按下面的对角线法则求出:

$$+\begin{vmatrix} a_{11} & a_{12} \\ a_{21} & a_{22} \end{vmatrix}- = a_{11}a_{22} - a_{12}a_{21}.$$

$\begin{vmatrix} a_{11} & a_{12} \\ a_{21} & a_{22} \end{vmatrix}$ 称为线性方程组(2.1.1)的系数行列式. 若记

$$D = \begin{vmatrix} a_{11} & a_{12} \\ a_{21} & a_{22} \end{vmatrix}, \quad D_1 = \begin{vmatrix} b_1 & a_{12} \\ b_2 & a_{22} \end{vmatrix}, \quad D_2 = \begin{vmatrix} a_{11} & b_1 \\ a_{21} & b_2 \end{vmatrix},$$

则当 $D \neq 0$ 时, 式(2.1.2)可写成

$$x_1 = \frac{D_1}{D}, \quad x_2 = \frac{D_2}{D}.$$

例 2.1 解二元线性方程组

$$\begin{cases} 2x + 3y = 9, \\ x + 7y = -4. \end{cases}$$

解 由于

$$D = \begin{vmatrix} 2 & 3 \\ 1 & 7 \end{vmatrix} = 11 \neq 0,\ D_1 = \begin{vmatrix} 9 & 3 \\ -4 & 7 \end{vmatrix} = 75,\ D_2 = \begin{vmatrix} 2 & 9 \\ 1 & -4 \end{vmatrix} = -17,$$

因此

$$x = \frac{D_1}{D} = \frac{75}{11}, \quad y = \frac{D_2}{D} = -\frac{17}{11}.$$

类似地, 引入记号

$$\begin{vmatrix} a_{11} & a_{12} & a_{13} \\ a_{21} & a_{22} & a_{23} \\ a_{31} & a_{32} & a_{33} \end{vmatrix},$$

称其为三阶行列式, 它表示 $a_{11}a_{22}a_{33}+a_{12}a_{23}a_{31}+a_{13}a_{21}a_{32}-a_{11}a_{23}a_{32}-a_{12}a_{21}a_{33}-a_{13}a_{22}a_{31}$. 即三阶行列式等于图 2.2 中实线连接的三个元素之积的和减去虚线连接的三个元素之积的和.

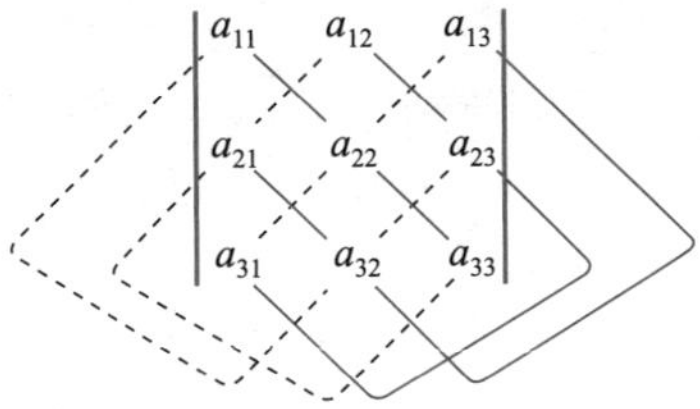

图 2.2

我们也称 $\begin{vmatrix} a_{11} & a_{12} & a_{13} \\ a_{21} & a_{22} & a_{23} \\ a_{31} & a_{32} & a_{33} \end{vmatrix}$ 为三阶方阵 $\boldsymbol{A} = \begin{pmatrix} a_{11} & a_{12} & a_{13} \\ a_{21} & a_{22} & a_{23} \\ a_{31} & a_{32} & a_{33} \end{pmatrix}$ 的行列式, 记作 $\det(\boldsymbol{A})$ 或 $|\boldsymbol{A}|$.

考虑三元线性方程组

$$\begin{cases} a_{11}x_1 + a_{12}x_2 + a_{13}x_3 = b_1, \\ a_{21}x_1 + a_{22}x_2 + a_{23}x_3 = b_2, \\ a_{31}x_1 + a_{32}x_2 + a_{33}x_3 = b_3, \end{cases} \tag{2.1.4}$$

若方程组(2.1.4)的系数行列式

$$D = \begin{vmatrix} a_{11} & a_{12} & a_{13} \\ a_{21} & a_{22} & a_{23} \\ a_{31} & a_{32} & a_{33} \end{vmatrix} \neq 0,$$

则可用消元法求得方程组(2.1.4)的解为

$$x_1=\frac{D_1}{D},\quad x_2=\frac{D_2}{D},\quad x_3=\frac{D_3}{D},\tag{2.1.5}$$

其中 D_1, D_2, D_3 是分别以 $\begin{pmatrix}b_1\\b_2\\b_3\end{pmatrix}$ 为列替换 D 中的第 1, 2, 3 列得到的三阶行列式.

例 2.2 解三元线性方程组

$$\begin{cases}x_1-x_2-x_3=4,\\3x_1+5x_2+x_3=-2,\\-x_1+2x_2+6x_3=1.\end{cases}\tag{2.1.6}$$

解 方程组的系数行列式

$$\begin{aligned}D=&\begin{vmatrix}1&-1&-1\\3&5&1\\-1&2&6\end{vmatrix}\\=&1\times5\times6+(-1)\times1\times(-1)+(-1)\times3\times2-\\&(-1)\times5\times(-1)-(-1)\times3\times6-1\times1\times2\\=&36\neq0,\end{aligned}$$

且

$$D_1=\begin{vmatrix}4&-1&-1\\-2&5&1\\1&2&6\end{vmatrix}=108,\ D_2=\begin{vmatrix}1&4&-1\\3&-2&1\\-1&1&6\end{vmatrix}=-90,\ D_3=\begin{vmatrix}1&-1&4\\3&5&-2\\-1&2&1\end{vmatrix}=54.$$

因此, 方程组(2.1.6)的解为

$$x_1=\frac{D_1}{D}=3,\quad x_2=\frac{D_2}{D}=-\frac{5}{2},\quad x_3=\frac{D_3}{D}=\frac{3}{2}.$$

对角线法则只适用于二阶行列式与三阶行列式, 为给出 n 阶行列式的一般定义, 下面介绍排列及其相关的基本性质.

2.1.2 排列和对换

定义 2.1 将数 1, 2, $\cdots$, n 任意排成一行为 $i_1i_2\cdots i_n$, 称为一个 n 阶排列. 对于 n 个自然数 1, 2, $\cdots$, n 的一个排列, 如果一个大的数排在一个小的数之前, 就称这两个数构成一个逆序. 一个排列 $i_1i_2\cdots i_n$ 中所含逆序的总数称为该排列的逆序数, 记为 $\tau(i_1i_2\cdots i_n)$.

n 阶排列共有 $n!$ 个.

例 2.3 求排列 1342 和排列 31542 的逆序数.

解 4 阶排列 1342 中的逆序是 (3, 2), (4, 2), 因此 $\tau(1342)=2$; 5 阶排列 31542 的逆序是 $(3,1)$, $(3,2)$, $(5,2)$, $(4,2)$, $(5,4)$, 因此 $\tau(31542)=5$.

一般地, 排列 $p_1p_2\cdots p_n$ 中, 若比 p_j 小且排在 p_j 后面的数有 t_j 个, 就说 p_j 的逆序数是 t_j, 则

$$\tau(p_1p_2\cdots p_n)=\sum_{j=1}^{n}t_j.$$

逆序数为奇 (偶) 数的排列称为奇 (偶) 排列. 如例 2.3 中, 1342 为偶排列, 31542 为奇排列.

在一个排列中, 把某两个数的位置互换 (其他数不动), 变成另一个排列的变动称为对换. 将相邻两个数对换, 称为相邻对换.

定理 2.1 对换改变排列的奇偶性.

证明 先证相邻对换的情形.

设排列为 $i_1i_2\cdots i_{k-1}i_ki_{k+1}i_{k+2}\cdots i_n$, 对换 i_k 与 i_{k+1}, 变为 $i_1i_2\cdots i_{k-1}i_{k+1}i_ki_{k+2}\cdots i_n$, 显然 i_1, i_2, $\cdots$, i_{k-1}, i_{k+2}, $\cdots$, i_n 这些数的逆序数经过对换并不改变, 而 i_k, i_{k+1} 两个数的逆序数改变为: 当 $i_k<i_{k+1}$ 时, 经对换后 i_k 的逆序数不变, 而 i_{k+1} 的逆序数增加 1; 当 $i_k>i_{k+1}$ 时, 经对换后 i_k 的逆序数减少 1, 而 i_{k+1} 的逆序数不变. 所以排列 $i_1i_2\cdots i_{k-1}i_ki_{k+1}i_{k+2}\cdots i_n$ 与排列 $i_1i_2\cdots i_{k-1}i_{k+1}i_ki_{k+2}\cdots i_n$ 的奇偶性不同.

再证一般情形.

设排列为 $i_1\cdots i_t\cdots i_s\cdots i_n$, $s>t$, 经对换 i_t 与 i_s 两数后得到排列 $i_1\cdots i_s\cdots i_t\cdots i_n$, 该对换可经 $2(s-t)-1$ 次相邻对换实现. 事实上, 先由排列 $i_1\cdots i_t\cdots i_s\cdots i_n$ 经过 $s-t$ 次相邻对换得到 $i_1\cdots i_{t-1}i_{t+1}\cdots i_si_t\cdots i_n$, 再经过 $s-t-1$ 次相邻对换得到 $i_1\cdots i_s\cdots i_t\cdots i_n$. 共经过了 $2(s-t)-1$ 次相邻对换. 因此该对换改变排列的奇偶性. □

推论 2.1 在全部 $n(n\geqslant 2)$ 阶排列中, 奇排列、偶排列各一半.

证明 记 S_n 为全部 n 阶排列的集合, $(1,2)$ 表示交换排列中 1 与 2 位置的一个对换. 设 $\alpha=p_1p_2\cdots p_n$, $\beta=q_1q_2\cdots q_n\in S_n$, 对 α 施行对换 $(1,2)$ 记作 $(1,2)\alpha$. 若 $(1,2)\alpha=(1,2)\beta$, 则对排列 $(1,2)\alpha$, $(1,2)\beta$ 再进行一次对换 $(1,2)$, 可得 $\alpha=\beta$. 此即说明对换 $(1,2)$ 把 S_n 中不同的排列还是变为不同的排列.

令 $S_n=S_n'\cup S_n''$, 其中 S_n' 为偶排列的集合, S_n'' 为奇排列的集合, 由定理 2.1, S_n' 中排列经 $(1,2)$ 对换后一定为奇排列, 且因为 S_n' 中两个不同排列经 $(1,2)$ 对换后为 S_n'' 中两个不同的排列, 因此 $|S_n'|\leqslant|S_n''|$, 这里 $|S_n'|$ 表示集合 S_n' 中所含元素的个数. 同理可得, $|S_n''|\leqslant|S_n'|$, 从而 $|S_n'|=|S_n''|$. □

推论 2.2 任意一个 n 阶排列可经过一系列的对换变成自然排列(即 $12\cdots n$), 所作对换次数的奇偶性与这个排列的奇偶性相同.

2.1.3 n 阶行列式的定义

首先研究三阶行列式

$$\begin{vmatrix} a_{11} & a_{12} & a_{13} \\ a_{21} & a_{22} & a_{23} \\ a_{31} & a_{32} & a_{33} \end{vmatrix} = a_{11}a_{22}a_{33} + a_{12}a_{23}a_{31} + a_{13}a_{21}a_{32} - a_{11}a_{23}a_{32} - a_{12}a_{21}a_{33} - a_{13}a_{22}a_{31} \tag{2.1.7}$$

的结构.

易知式(2.1.7)右端共有 $3! = 6$ 项, 其中每一项都是取自不同行不同列的 3 个元素的乘积 $a_{1p_1}a_{2p_2}a_{3p_3}$, 且当 $\tau(p_1p_2p_3)$ 为偶数时, 项 $a_{1p_1}a_{2p_2}a_{3p_3}$ 前带正号; 当 $\tau(p_1p_2p_3)$ 为奇数时, 项 $a_{1p_1}a_{2p_2}a_{3p_3}$ 前带负号. 因此三阶行列式可定义为

$$\begin{vmatrix} a_{11} & a_{12} & a_{13} \\ a_{21} & a_{22} & a_{23} \\ a_{31} & a_{32} & a_{33} \end{vmatrix} = \sum_{p_1p_2p_3} (-1)^{\tau(p_1p_2p_3)} a_{1p_1}a_{2p_2}a_{3p_3},$$

其中 $\sum\limits_{p_1p_2p_3}$ 表示对 1, 2, 3 的全部排列求和, 恰好为 3! 项的代数和.

下面将如上三阶行列式的定义推广到一般情形.

定义 2.2 设有 n^2 个数 a_{ij} $(i,\ j = 1,\ 2,\ \cdots,\ n)$, 记号

$$\begin{vmatrix} a_{11} & a_{12} & \cdots & a_{1n} \\ a_{21} & a_{22} & \cdots & a_{2n} \\ \vdots & \vdots & & \vdots \\ a_{n1} & a_{n2} & \cdots & a_{nn} \end{vmatrix} \tag{2.1.8}$$

称为 n 阶行列式, 且

$$\begin{vmatrix} a_{11} & a_{12} & \cdots & a_{1n} \\ a_{21} & a_{22} & \cdots & a_{2n} \\ \vdots & \vdots & & \vdots \\ a_{n1} & a_{n2} & \cdots & a_{nn} \end{vmatrix} = \sum_{p_1p_2\cdots p_n} (-1)^{\tau(p_1p_2\cdots p_n)} a_{1p_1}a_{2p_2}\cdots a_{np_n}, \tag{2.1.9}$$

其中 $\sum\limits_{p_1p_2\cdots p_n}$ 表示对 $1,\ 2,\ \cdots,\ n$ 的所有排列求和, $\tau(p_1p_2\cdots p_n)$ 为排列 $p_1p_2\cdots p_n$ 的逆序数.

式(2.1.8)也称为 n 阶方阵 $\boldsymbol{A} = \begin{pmatrix} a_{11} & a_{12} & \cdots & a_{1n} \\ a_{21} & a_{22} & \cdots & a_{2n} \\ \vdots & \vdots & & \vdots \\ a_{n1} & a_{n2} & \cdots & a_{nn} \end{pmatrix}$ 的行列式, 记作 $\det(\boldsymbol{A})$ 或 $|\boldsymbol{A}|$.

注 2.1 当 $n=2, 3$ 时, 式(2.1.9)就是(2.1.3)、(2.1.7)中的二阶、三阶行列式; 当 $n=1$ 时, 一阶行列式 $|a|=a$, 注意不是绝对值.

例 2.4 判断下面的项是否为五阶行列式的项:

(1) $a_{12}a_{25}a_{35}a_{43}a_{54}$; (2) $-a_{11}a_{23}a_{35}a_{44}a_{52}$.

解 (1) 该项中 a_{25} 与 a_{35} 有相同的列标, 即 a_{25} 与 a_{35} 均取自第五列, 所以 $a_{12}a_{25}a_{35}a_{43}a_{54}$ 不是五阶行列式的项.

(2) $a_{11}a_{23}a_{35}a_{44}a_{52}$ 的列标排列为 13542, $\tau(13542)=4$, 当 $a_{11}a_{23}a_{35}a_{44}a_{52}$ 前为正号时为五阶行列式的项, 因此 $-a_{11}a_{23}a_{35}a_{44}a_{52}$ 不是五阶行列式的项.

例 2.5 求下列行列式的值

$$\begin{vmatrix} a_{11} & a_{12} & a_{13} & a_{14} & a_{15} \\ 0 & a_{22} & a_{23} & a_{24} & a_{25} \\ 0 & 0 & a_{33} & a_{34} & a_{35} \\ 0 & 0 & 0 & a_{44} & a_{45} \\ 0 & 0 & 0 & 0 & a_{55} \end{vmatrix}.$$

解 该行列式中零较多,考虑行列式可能非零的项. 五阶行列式的一般项为 $(-1)^{\tau(p_1p_2p_3p_4p_5)}\cdot a_{1p_1}a_{2p_2}a_{3p_3}a_{4p_4}a_{5p_5}$, 若该项不为零, 则 a_{1p_1}, a_{2p_2}, a_{3p_3}, a_{4p_4}, a_{5p_5} 均不为零且取自不同列, 可知 $p_5=5$. 第四行中只有 a_{44} 和 a_{45} 可能非零, 而由 $p_5=5$, 知 $p_4=4$. 进一步得 $p_3=3$, $p_2=2$, $p_1=1$. 从而该行列式只有一项可能非零, 为 $(-1)^{\tau(12345)}a_{11}a_{22}a_{33}a_{44}a_{55}$. 故

$$\begin{vmatrix} a_{11} & a_{12} & a_{13} & a_{14} & a_{15} \\ 0 & a_{22} & a_{23} & a_{24} & a_{25} \\ 0 & 0 & a_{33} & a_{34} & a_{35} \\ 0 & 0 & 0 & a_{44} & a_{45} \\ 0 & 0 & 0 & 0 & a_{55} \end{vmatrix} = (-1)^{\tau(12345)}a_{11}a_{22}a_{33}a_{44}a_{55} = a_{11}a_{22}a_{33}a_{44}a_{55}.$$

主对角线以下 (或上) 的元素都为零的行列式称为上 (或下) 三角形行列式.

与例 2.5 类似, 易得上三角形行列式

$$\begin{vmatrix} a_{11} & a_{12} & a_{13} & \cdots & a_{1n} \\ 0 & a_{22} & a_{23} & \cdots & a_{2n} \\ 0 & 0 & a_{33} & \cdots & a_{3n} \\ \vdots & \vdots & \vdots & & \vdots \\ 0 & 0 & 0 & \cdots & a_{nn} \end{vmatrix} = a_{11}a_{22}\cdots a_{nn},$$

下三角形行列式

$$\begin{vmatrix} a_{11} & 0 & 0 & \cdots & 0 \\ a_{21} & a_{22} & 0 & \cdots & 0 \\ a_{31} & a_{32} & a_{33} & \cdots & 0 \\ \vdots & \vdots & \vdots & & \vdots \\ a_{n1} & a_{n2} & a_{n3} & \cdots & a_{nn} \end{vmatrix} = a_{11}a_{22}\cdots a_{nn},$$

以及

$$\begin{vmatrix} & & & \lambda_1 \\ & & \lambda_2 & \\ & \iddots & & \\ \lambda_n & & & \end{vmatrix} = (-1)^{\frac{n(n-1)}{2}}\lambda_1\lambda_2\cdots\lambda_n.$$

既是上三角形行列式又是下三角形行列式的 n 阶行列式, 称为对角形行列式. 显然,

$$\begin{vmatrix} \lambda_1 & & & \\ & \lambda_2 & & \\ & & \ddots & \\ & & & \lambda_n \end{vmatrix} = \lambda_1\lambda_2\cdots\lambda_n.$$

在行列式定义式(2.1.9)中, 一般项为 $(-1)^{\tau(t_1t_2\cdots t_n)}a_{1t_1}a_{2t_2}\cdots a_{nt_n}$, 其中行标的排列是自然排列 $12\cdots n$, 其实行标排列可以是任意 n 阶排列, 因此, 也可以如下定义 n 阶行列式:

给定 1, 2, $\cdots$, n 的任一排列 $q_1q_2\cdots q_n$, 则

$$\begin{vmatrix} a_{11} & a_{12} & \cdots & a_{1n} \\ a_{21} & a_{22} & \cdots & a_{2n} \\ \vdots & \vdots & & \vdots \\ a_{n1} & a_{n2} & \cdots & a_{nn} \end{vmatrix} = \sum_{p_1p_2\cdots p_n}(-1)^{\tau(q_1q_2\cdots q_n)+\tau(p_1p_2\cdots p_n)}a_{q_1p_1}a_{q_2p_2}\cdots a_{q_np_n},$$

其中 $\sum\limits_{p_1p_2\cdots p_n}$ 为关于 1, 2, $\cdots$, n 的全部排列求和.

事实上, 由定义(2.1.9), 行列式一般项为 $(-1)^{\tau(t_1t_2\cdots t_n)}a_{1t_1}a_{2t_2}\cdots a_{nt_n}$, $a_{1t_1}a_{2t_2}\cdots a_{nt_n}$ 经过 s 次对换后, 得到 $a_{q_1p_1}a_{q_2p_2}\cdots a_{q_np_n}$, 则

$$a_{1t_1}a_{2t_2}\cdots a_{nt_n} = a_{q_1p_1}a_{q_2p_2}\cdots a_{q_np_n},$$

行标排列 $12\cdots n$ 经 s 次对换后变为 $q_1q_2\cdots q_n$, 列标排列 $t_1t_2\cdots t_n$ 经 s 次相应对换后变为 $p_1p_2\cdots p_n$. 从而

$$(-1)^{\tau(q_1q_2\cdots q_n)} = (-1)^s, \quad (-1)^{\tau(p_1p_2\cdots p_n)} = (-1)^{\tau(t_1t_2\cdots t_n)}(-1)^s,$$

$$(-1)^{\tau(t_1t_2\cdots t_n)}a_{1t_1}a_{2t_2}\cdots a_{nt_n} = (-1)^{\tau(q_1q_2\cdots q_n)+\tau(p_1p_2\cdots p_n)}a_{q_1p_1}a_{q_2p_2}\cdots a_{q_np_n}.$$

所以

$$\begin{vmatrix} a_{11} & a_{12} & \cdots & a_{1n} \\ a_{21} & a_{22} & \cdots & a_{2n} \\ \vdots & \vdots & & \vdots \\ a_{n1} & a_{n2} & \cdots & a_{nn} \end{vmatrix} = \sum_{p_1p_2\cdots p_n} (-1)^{\tau(q_1q_2\cdots q_n)+\tau(p_1p_2\cdots p_n)} a_{q_1p_1}a_{q_2p_2}\cdots a_{q_np_n}.$$

类似地, 也有如下 n 阶行列式的定义:

$$\begin{vmatrix} a_{11} & a_{12} & \cdots & a_{1n} \\ a_{21} & a_{22} & \cdots & a_{2n} \\ \vdots & \vdots & & \vdots \\ a_{n1} & a_{n2} & \cdots & a_{nn} \end{vmatrix} = \sum_{q_1q_2\cdots q_n} (-1)^{\tau(q_1q_2\cdots q_n)} a_{q_11}a_{q_22}\cdots a_{q_nn}, \tag{2.1.10}$$

其中 $\sum\limits_{q_1q_2\cdots q_n}$ 为关于 1, 2, $\cdots$, n 的全部排列求和.

例 2.6 判断下面的项是否为六阶行列式的项:

(1) $a_{23}a_{56}a_{32}a_{14}a_{45}a_{61}$; (2) $a_{52}a_{36}a_{14}a_{43}a_{21}a_{65}$.

解 (1) $a_{23}a_{56}a_{32}a_{14}a_{45}a_{61}$ 是取自不同行不同列的六个元素的乘积, 其符号为 $(-1)^{\tau(253146)+\tau(362451)} = (-1)^{5+9} = 1$, 可知 $a_{23}a_{56}a_{32}a_{14}a_{45}a_{61}$ 为六阶行列式的项.

(2) $a_{52}a_{36}a_{14}a_{43}a_{21}a_{65}$ 是取自不同行不同列的六个元素的乘积, 其符号为 $(-1)^{\tau(531426)+\tau(264315)} = (-1)^{15} = -1$, 可知该项应带负号, 所以 $a_{52}a_{36}a_{14}a_{43}a_{21}a_{65}$ 不是六阶行列式的项.

2.2 行列式的性质

2.2.1 行列式的性质

记

$$D = \begin{vmatrix} a_{11} & a_{12} & \cdots & a_{1n} \\ a_{21} & a_{22} & \cdots & a_{2n} \\ \vdots & \vdots & & \vdots \\ a_{n1} & a_{n2} & \cdots & a_{nn} \end{vmatrix}, \quad D^{\mathrm{T}} = \begin{vmatrix} a_{11} & a_{21} & \cdots & a_{n1} \\ a_{12} & a_{22} & \cdots & a_{n2} \\ \vdots & \vdots & & \vdots \\ a_{1n} & a_{2n} & \cdots & a_{nn} \end{vmatrix},$$

行列式 D^{T} 称为行列式 D 的转置行列式.

性质 1 行列式与其转置行列式相等.

证明 记转置行列式

$$D^{\mathrm{T}} = \begin{vmatrix} b_{11} & b_{12} & \cdots & b_{1n} \\ b_{21} & b_{22} & \cdots & b_{2n} \\ \vdots & \vdots & & \vdots \\ b_{n1} & b_{n2} & \cdots & b_{nn} \end{vmatrix},$$

显然 $b_{ij}=a_{ji},\ 1\leqslant i\leqslant n, 1\leqslant j\leqslant n$.

由行列式定义, 有

$$D^{\mathrm{T}}=\det(b_{ij})=\sum_{p_1p_2\cdots p_n}(-1)^{\tau(p_1p_2\cdots p_n)}b_{1p_1}b_{2p_2}\cdots b_{np_n}.$$

因 $b_{ij}=a_{ji}$,

$$D^{\mathrm{T}}=\sum_{p_1p_2\cdots p_n}(-1)^{\tau(p_1p_2\cdots p_n)}a_{p_11}a_{p_22}\cdots a_{p_nn}.$$

由行列式的等价定义(2.1.10), 结论成立. □

由性质 1, 行列式对列成立的性质对行也成立, 反之亦然.

性质 2 若交换行列式某两行 (或列), 则行列式变号.

证明 下面证明交换行列式某两列的情形. 设 $i<j$, 则

$$D'=\begin{vmatrix} b_{11} & b_{12} & \cdots & b_{1i} & \cdots & b_{1j} & \cdots & b_{1n}\\ b_{21} & b_{22} & \cdots & b_{2i} & \cdots & b_{2j} & \cdots & b_{2n}\\ \vdots & \vdots & & \vdots & & \vdots & & \vdots\\ b_{n1} & b_{n2} & \cdots & b_{ni} & \cdots & b_{nj} & \cdots & b_{nn}\end{vmatrix}$$

是由

$$D=\begin{vmatrix} a_{11} & a_{12} & \cdots & a_{1n}\\ a_{21} & a_{22} & \cdots & a_{2n}\\ \vdots & \vdots & \cdots & \vdots\\ a_{n1} & a_{n2} & \cdots & a_{nn}\end{vmatrix}$$

交换 i, j 两列得到的行列式. 显然, 当 $t\notin\{i,\ j\}$ 时, $b_{st}=a_{st}$; 当 $t=i$ 时, $b_{si}=a_{sj}$; 当 $t=j$ 时, $b_{sj}=a_{si}$ $(1\leqslant s,t\leqslant n)$.

由行列式的等价定义(2.1.10), 有

$$\begin{aligned}D'&=\sum_{q_1q_2\cdots q_i\cdots q_j\cdots q_n}(-1)^{\tau(q_1q_2\cdots q_i\cdots q_j\cdots q_n)}b_{q_11}b_{q_22}\cdots b_{q_ii}\cdots b_{q_jj}\cdots b_{q_nn}\\ &=\sum_{q_1q_2\cdots q_i\cdots q_j\cdots q_n}(-1)^{\tau(q_1q_2\cdots q_i\cdots q_j\cdots q_n)}a_{q_11}a_{q_22}\cdots a_{q_ij}\cdots a_{q_ji}\cdots a_{q_nn}\\ &=\sum_{q_1q_2\cdots q_j\cdots q_i\cdots q_n}-(-1)^{\tau(q_1q_2\cdots q_j\cdots q_i\cdots q_n)}a_{q_11}a_{q_22}\cdots a_{q_ji}\cdots a_{q_ij}\cdots a_{q_nn}\\ &=-\sum_{q_1q_2\cdots q_j\cdots q_i\cdots q_n}(-1)^{\tau(q_1q_2\cdots q_j\cdots q_i\cdots q_n)}a_{q_11}a_{q_22}\cdots a_{q_ji}\cdots a_{q_ij}\cdots a_{q_nn}\\ &=-D,\end{aligned}$$

结论成立. □

例如

$$\begin{vmatrix}1 & 2 & 5\\3 & -3 & 2\\1 & 1 & 6\end{vmatrix} = -\begin{vmatrix}3 & -3 & 2\\1 & 2 & 5\\1 & 1 & 6\end{vmatrix}.$$

推论 2.3 若行列式两行 (或列) 元素相同, 则行列式等于零.

证明 设行列式为 D, 交换元素相同的两行, 由性质 2 得 $D=-D$, 故 $D=0$. □

性质 3 行列式的某行 (或列) 元素的公因子可提到行列式外面.

证明 由定义(2.1.9), 有

$$\begin{aligned}&\begin{vmatrix}a_{11} & a_{12} & \cdots & a_{1n}\\a_{21} & a_{22} & \cdots & a_{2n}\\\vdots & \vdots & & \vdots\\ka_{i1} & ka_{i2} & \cdots & ka_{in}\\\vdots & \vdots & & \vdots\\a_{n1} & a_{n2} & \cdots & a_{nn}\end{vmatrix}\\=&\sum_{p_1p_2\cdots p_i\cdots p_n}(-1)^{\tau(p_1p_2\cdots p_i\cdots p_n)}a_{1p_1}a_{2p_2}\cdots(ka_{ip_i})\cdots a_{np_n}\\=&k\sum_{p_1p_2\cdots p_i\cdots p_n}(-1)^{\tau(p_1p_2\cdots p_i\cdots p_n)}a_{1p_1}a_{2p_2}\cdots a_{ip_i}\cdots a_{np_n}\\=&k\begin{vmatrix}a_{11} & a_{12} & \cdots & a_{1n}\\a_{21} & a_{22} & \cdots & a_{2n}\\\vdots & \vdots & & \vdots\\a_{i1} & a_{i2} & \cdots & a_{in}\\\vdots & \vdots & & \vdots\\a_{n1} & a_{n2} & \cdots & a_{nn}\end{vmatrix}.\end{aligned}$$

□

推论 2.4 若行列式某两行 (或列) 元素对应成比例, 则行列式为零.

证明 由性质 3 及推论 2.3 易得. □

性质 4 若行列式某行 (或列) 元素为两部分元素之和, 则行列式可以写成两个行列式的和, 即

$$\begin{vmatrix} a_{11} & a_{12} & \cdots & a_{1n} \\ a_{21} & a_{22} & \cdots & a_{2n} \\ \vdots & \vdots & & \vdots \\ b_{i1}+c_{i1} & b_{i2}+c_{i2} & \cdots & b_{in}+c_{in} \\ \vdots & \vdots & & \vdots \\ a_{n1} & a_{n2} & \cdots & a_{nn} \end{vmatrix}$$

$$=\begin{vmatrix} a_{11} & a_{12} & \cdots & a_{1n} \\ a_{21} & a_{22} & \cdots & a_{2n} \\ \vdots & \vdots & & \vdots \\ b_{i1} & b_{i2} & \cdots & b_{in} \\ \vdots & \vdots & & \vdots \\ a_{n1} & a_{n2} & \cdots & a_{nn} \end{vmatrix}+\begin{vmatrix} a_{11} & a_{12} & \cdots & a_{1n} \\ a_{21} & a_{22} & \cdots & a_{2n} \\ \vdots & \vdots & & \vdots \\ c_{i1} & c_{i2} & \cdots & c_{in} \\ \vdots & \vdots & & \vdots \\ a_{n1} & a_{n2} & \cdots & a_{nn} \end{vmatrix}.$$

证明 由行列式定义(2.1.9), 有

$$\begin{vmatrix} a_{11} & a_{12} & \cdots & a_{1n} \\ a_{21} & a_{22} & \cdots & a_{2n} \\ \vdots & \vdots & & \vdots \\ b_{i1}+c_{i1} & b_{i2}+c_{i2} & \cdots & b_{in}+c_{in} \\ \vdots & \vdots & & \vdots \\ a_{n1} & a_{n2} & \cdots & a_{nn} \end{vmatrix}$$

$$=\sum_{p_1p_2\cdots p_i\cdots p_n}(-1)^{\tau(p_1p_2\cdots p_i\cdots p_n)}a_{1p_1}a_{2p_2}\cdots(b_{ip_i}+c_{ip_i})\cdots a_{np_n}$$

$$=\sum_{p_1p_2\cdots p_i\cdots p_n}(-1)^{\tau(p_1p_2\cdots p_i\cdots p_n)}a_{1p_1}a_{2p_2}\cdots b_{ip_i}\cdots a_{np_n}+$$

$$\sum_{p_1p_2\cdots p_i\cdots p_n}(-1)^{\tau(p_1p_2\cdots p_i\cdots p_n)}a_{1p_1}a_{2p_2}\cdots c_{ip_i}\cdots a_{np_n}$$

$$=\begin{vmatrix} a_{11} & a_{12} & \cdots & a_{1n} \\ a_{21} & a_{22} & \cdots & a_{2n} \\ \vdots & \vdots & & \vdots \\ b_{i1} & b_{i2} & \cdots & b_{in} \\ \vdots & \vdots & & \vdots \\ a_{n1} & a_{n2} & \cdots & a_{nn} \end{vmatrix}+\begin{vmatrix} a_{11} & a_{12} & \cdots & a_{1n} \\ a_{21} & a_{22} & \cdots & a_{2n} \\ \vdots & \vdots & & \vdots \\ c_{i1} & c_{i2} & \cdots & c_{in} \\ \vdots & \vdots & & \vdots \\ a_{n1} & a_{n2} & \cdots & a_{nn} \end{vmatrix}.$$

□

性质 5 若将行列式某行 (或列) 元素的 k 倍对应加至另一行元素上, 则行列式不变, 即

$$\begin{vmatrix} a_{11} & a_{12} & \cdots & a_{1n} \\ \vdots & \vdots & & \vdots \\ a_{i1}+ka_{j1} & a_{i2}+ka_{j2} & \cdots & a_{in}+ka_{jn} \\ \vdots & \vdots & & \vdots \\ a_{j1} & a_{j2} & \cdots & a_{jn} \\ \vdots & \vdots & & \vdots \\ a_{n1} & a_{n2} & \cdots & a_{nn} \end{vmatrix} = \begin{vmatrix} a_{11} & a_{12} & \cdots & a_{1n} \\ \vdots & \vdots & & \vdots \\ a_{i1} & a_{i2} & \cdots & a_{in} \\ \vdots & \vdots & & \vdots \\ a_{j1} & a_{j2} & \cdots & a_{jn} \\ \vdots & \vdots & & \vdots \\ a_{n1} & a_{n2} & \cdots & a_{nn} \end{vmatrix}.$$

证明 由性质 4 及推论 2.4 易得. □

以 r_i(或 c_i) 表示行列式的第 i 行 (或列). 对换行列式 i, j 两行 (或列) 记作 $r_i \leftrightarrow r_j$(或 $c_i \leftrightarrow c_j$). 行列式第 i 行 (或列) 乘 k, 记作 $r_i \times k$ (或 $c_i \times k$). 行列式第 i 行 (或列) 提出公因子 k, 记作 $r_i \div k$ (或 $c_i \div k$). 以数 k 乘行列式第 j 行 (或列) 加到第 i 行 (或列) 上, 记作 $r_i + kr_j$(或 $c_i + kc_j$).

例 2.7 计算四阶行列式

$$D = \begin{vmatrix} 1 & 2 & 3 & 4 \\ 2 & 3 & 4 & 1 \\ 3 & 4 & 1 & 2 \\ 4 & 1 & 2 & 3 \end{vmatrix}.$$

解

$$D \xlongequal[r_3-3r_1]{r_2-2r_1} \begin{vmatrix} 1 & 2 & 3 & 4 \\ 0 & -1 & -2 & -7 \\ 0 & -2 & -8 & -10 \\ 4 & 1 & 2 & 3 \end{vmatrix} \xlongequal{r_4-4r_1} \begin{vmatrix} 1 & 2 & 3 & 4 \\ 0 & -1 & -2 & -7 \\ 0 & -2 & -8 & -10 \\ 0 & -7 & -10 & -13 \end{vmatrix}$$

$$\xlongequal[r_3\div 2]{r_2\div(-1)} -2\begin{vmatrix} 1 & 2 & 3 & 4 \\ 0 & 1 & 2 & 7 \\ 0 & -1 & -4 & -5 \\ 0 & -7 & -10 & -13 \end{vmatrix} \xlongequal[r_4+7r_2]{r_3+r_2} -2\begin{vmatrix} 1 & 2 & 3 & 4 \\ 0 & 1 & 2 & 7 \\ 0 & 0 & -2 & 2 \\ 0 & 0 & 4 & 36 \end{vmatrix}$$

$$\xlongequal{r_4+2r_3} -2\begin{vmatrix} 1 & 2 & 3 & 4 \\ 0 & 1 & 2 & 7 \\ 0 & 0 & -2 & 2 \\ 0 & 0 & 0 & 40 \end{vmatrix} = -2\times 1\times 1\times(-2)\times 40 = 160.$$

2.2.2 行列式按行 (或列) 展开

定义 2.3 在 n 阶行列式中, 将元素 a_{ij} 所在的行和列划去, 保持其余元素相对位置不变, 得到的 $n-1$ 阶行列式, 称为元素 a_{ij} 的余子式, 记为 M_{ij}, 称 $A_{ij} = (-1)^{i+j}M_{ij}$ 为元素 a_{ij}

的代数余子式.

例如, 在四阶行列式

$$\begin{vmatrix} a_{11} & a_{12} & a_{13} & a_{14} \\ a_{21} & a_{22} & a_{23} & a_{24} \\ a_{31} & a_{32} & a_{33} & a_{34} \\ a_{41} & a_{42} & a_{43} & a_{44} \end{vmatrix}$$

中, a_{23} 的余子式和代数余子式分别为

$$M_{23} = \begin{vmatrix} a_{11} & a_{12} & a_{14} \\ a_{31} & a_{32} & a_{34} \\ a_{41} & a_{42} & a_{44} \end{vmatrix},$$

$$A_{23} = (-1)^{2+3} M_{23} = -\begin{vmatrix} a_{11} & a_{12} & a_{14} \\ a_{31} & a_{32} & a_{34} \\ a_{41} & a_{42} & a_{44} \end{vmatrix}.$$

定理 2.2 n 阶行列式 D 等于它的任意一行 (或列) 元素与它们的代数余子式乘积之和, 即

$$D = a_{i1}A_{i1} + a_{i2}A_{i2} + \cdots + a_{in}A_{in} \qquad (i = 1, 2, \cdots, n)$$

或

$$D = a_{1j}A_{1j} + a_{2j}A_{2j} + \cdots + a_{nj}A_{nj} \qquad (j = 1, 2, \cdots, n).$$

证明 情形 1. 设行列式第一行除 a_{11} 外其余元素均为零, 即

$$D = \begin{vmatrix} a_{11} & 0 & \cdots & 0 \\ a_{21} & a_{22} & \cdots & a_{2n} \\ \vdots & \vdots & & \vdots \\ a_{n1} & a_{n2} & \cdots & a_{nn} \end{vmatrix}.$$

设 $p_2p_3\cdots p_n$ 为 2, 3, $\cdots$, n 的排列, 由行列式的定义, 有

$$\begin{aligned} D &= \sum_{p_2p_3\cdots p_n} (-1)^{\tau(1p_2p_3\cdots p_n)} a_{11}a_{2p_2}\cdots a_{np_n} \\ &= a_{11} \sum_{p_2p_3\cdots p_n} (-1)^{\tau(p_2p_3\cdots p_n)} a_{2p_2}\cdots a_{np_n} \\ &= a_{11}M_{11} = a_{11}A_{11}. \end{aligned}$$

情形 2. 设行列式第 i 行除 a_{ij} 外其余元素均为零, 即

$$D=\begin{vmatrix} a_{11} & a_{12} & \cdots & a_{1j} & \cdots & a_{1n} \\ \vdots & \vdots & & \vdots & & \vdots \\ a_{i-1,1} & a_{i-1,2} & \cdots & a_{i-1,j} & \cdots & a_{i-1,n} \\ 0 & 0 & \cdots & a_{ij} & \cdots & 0 \\ a_{i+1,1} & a_{i+1,2} & \cdots & a_{i+1,j} & \cdots & a_{i+1,n} \\ \vdots & \vdots & & \vdots & & \vdots \\ a_{n1} & a_{n2} & \cdots & a_{n,j} & \cdots & a_{nn} \end{vmatrix},$$

将行列式的第 i 行依次与第 $i-1$ 行, 第 $i-2$ 行, $\cdots$, 第 1 行交换, 再将第 j 列依次与第 $j-1$ 列, 第 $j-2$ 列, $\cdots$, 第 1 列交换, 由性质 2 及情形 1, 有

$$D=(-1)^{i-1}(-1)^{j-1}\begin{vmatrix} a_{ij} & 0 & 0 & \cdots & 0 \\ a_{1j} & a_{11} & a_{12} & \cdots & a_{1n} \\ \vdots & \vdots & \vdots & & \vdots \\ a_{i-1,j} & a_{i-1,1} & a_{i-1,2} & \cdots & a_{i-1,n} \\ a_{i+1,j} & a_{i+1,1} & a_{i+1,2} & \cdots & a_{i+1,n} \\ \vdots & \vdots & \vdots & & \vdots \\ a_{nj} & a_{n1} & a_{n2} & \cdots & a_{nn} \end{vmatrix}$$

$$=a_{ij}\times(-1)^{i+j-2}M_{ij}=a_{ij}(-1)^{i+j}M_{ij}=a_{ij}A_{ij}.$$

情形 3. 一般地, 将行列式改写成如下形式:

$$D=\begin{vmatrix} a_{11} & a_{12} & \cdots & a_{1n} \\ \vdots & \vdots & & \vdots \\ a_{i-1,1} & a_{i-1,2} & \cdots & a_{i-1,n} \\ a_{i1}+(0+0+\cdots+0) & 0+(a_{i2}+0+\cdots+0) & \cdots & 0+(0+0+\cdots+a_{in}) \\ a_{i+1,1} & a_{i+1,2} & \cdots & a_{i+1,n} \\ \vdots & \vdots & & \vdots \\ a_{n1} & a_{n2} & \cdots & a_{nn} \end{vmatrix},$$

由性质 4, 有

$$D=\begin{vmatrix} a_{11} & a_{12} & \cdots & a_{1n} \\ \vdots & \vdots & & \vdots \\ a_{i-1,1} & a_{i-1,2} & \cdots & a_{i-1,n} \\ a_{i1} & 0 & \cdots & 0 \\ a_{i+1,1} & a_{i+1,2} & \cdots & a_{i+1,n} \\ \vdots & \vdots & & \vdots \\ a_{n1} & a_{n2} & \cdots & a_{nn} \end{vmatrix}+$$

$$\begin{vmatrix} a_{11} & a_{12} & \cdots & a_{1n} \\ \vdots & \vdots & & \vdots \\ a_{i-1,1} & a_{i-1,2} & \cdots & a_{i-1,n} \\ (0+0+\cdots+0) & (a_{i2}+0+\cdots+0) & \cdots & (0+0+\cdots+a_{in}) \\ a_{i+1,1} & a_{i+1,2} & \cdots & a_{i+1,n} \\ \vdots & \vdots & & \vdots \\ a_{n1} & a_{n2} & \cdots & a_{nn} \end{vmatrix}.$$

对上式右端的第二个行列式继续拆项, 有

$$D=\begin{vmatrix} a_{11} & a_{12} & \cdots & a_{1n} \\ \vdots & \vdots & & \vdots \\ a_{i-1,1} & a_{i-1,2} & \cdots & a_{i-1,n} \\ a_{i1} & 0 & \cdots & 0 \\ a_{i+1,1} & a_{i+1,2} & \cdots & a_{i+1,n} \\ \vdots & \vdots & & \vdots \\ a_{n1} & a_{n2} & \cdots & a_{nn} \end{vmatrix}+\begin{vmatrix} a_{11} & a_{12} & \cdots & a_{1n} \\ \vdots & \vdots & & \vdots \\ a_{i-1,1} & a_{i-1,2} & \cdots & a_{i-1,n} \\ 0 & a_{i2} & \cdots & 0 \\ a_{i+1,1} & a_{i+1,2} & \cdots & a_{i+1,n} \\ \vdots & \vdots & & \vdots \\ a_{n1} & a_{n2} & \cdots & a_{nn} \end{vmatrix}+\cdots+$$

$$\begin{vmatrix} a_{11} & a_{12} & \cdots & a_{1n} \\ \vdots & \vdots & & \vdots \\ a_{i-1,1} & a_{i-1,2} & \cdots & a_{i-1,n} \\ 0 & 0 & \cdots & a_{in} \\ a_{i+1,1} & a_{i+1,2} & \cdots & a_{i+1,n} \\ \vdots & \vdots & & \vdots \\ a_{n1} & a_{n2} & \cdots & a_{nn} \end{vmatrix},$$

再由情形 2 可得

$$D=a_{i1}A_{i1}+a_{i2}A_{i2}+\cdots+a_{in}A_{in}. \qquad \square$$

同理可证该定理的结论对列的情形也成立.

例 2.8 计算三阶行列式

$$D=\begin{vmatrix}2 & -5 & 2\\ 0 & 0 & 3\\ -2 & 2 & 7\end{vmatrix}.$$

解 按第一行展开, 有

$$\begin{aligned}D =&2\times(-1)^{1+1}\begin{vmatrix}0 & 3\\ 2 & 7\end{vmatrix}+(-5)\times(-1)^{1+2}\begin{vmatrix}0 & 3\\ -2 & 7\end{vmatrix}+\\ &2\times(-1)^{1+3}\begin{vmatrix}0 & 0\\ -2 & 2\end{vmatrix}=18,\end{aligned}$$

按第二行展开, 有

$$D=3\times(-1)^{2+3}\begin{vmatrix}2 & -5\\ -2 & 2\end{vmatrix}=18.$$

定理 2.3 行列式某行 (或列) 元素与其他行 (或列) 元素所对应的代数余子式乘积之和为零, 即

$$a_{i1}A_{j1}+a_{i2}A_{j2}+\cdots+a_{in}A_{jn}=0 \qquad (i\neq j)$$

或

$$a_{1i}A_{1j}+a_{2i}A_{2j}+\cdots+a_{ni}A_{nj}=0 \qquad (i\neq j).$$

证明 这里只证列的情形.

设 $i\neq j$, 由推论 2.3, 有

$$\begin{matrix} & & \text{第 } i \text{ 列} & & \text{第 } j \text{ 列} & & \\ & & \downarrow & & \downarrow & & \end{matrix}$$
$$\begin{vmatrix}a_{11} & \cdots & a_{1i} & \cdots & a_{1i} & \cdots & a_{1n}\\ a_{21} & \cdots & a_{2i} & \cdots & a_{2i} & \cdots & a_{2n}\\ \vdots & & \vdots & & \vdots & & \vdots\\ a_{n1} & \cdots & a_{ni} & \cdots & a_{ni} & \cdots & a_{nn}\end{vmatrix}=0.$$

将行列式按第 j 列展开得

$$a_{1i}A_{1j}+a_{2i}A_{2j}+\cdots+a_{nj}A_{nj}=0. \qquad \square$$

由定理 2.2 及定理 2.3 可得如下推论:

推论 2.5 设 n 阶行列式为 D, 则

$$a_{i1}A_{j1}+a_{i2}A_{j2}+\cdots+a_{in}A_{jn}=\begin{cases}D, & \text{若 } i=j,\\ 0, & \text{若 } i\neq j\end{cases} \quad (i,j=1,2,\cdots,n)$$

或

$$a_{1i}A_{1j}+a_{2i}A_{2j}+\cdots+a_{ni}A_{nj}=\begin{cases}D, & \text{若 } i=j,\\ 0, & \text{若 } i\neq j\end{cases} \quad (i,j=1,2,\cdots,n).$$

2.3 行列式的计算

计算行列式有三种基本方法, 即定义法、化三角形法、按行 (或列) 展开法.

例 2.9 计算 n 阶行列式

$$\begin{vmatrix} 0 & 0 & \cdots & 0 & 1 & 0 \\ 0 & 0 & \cdots & 2 & 0 & 0 \\ \vdots & \vdots & & \vdots & \vdots & \vdots \\ n-1 & 0 & \cdots & 0 & 0 & 0 \\ 0 & 0 & \cdots & 0 & 0 & n \end{vmatrix}.$$

解 (方法一) 由行列式定义, 有

$$\begin{aligned}&\begin{vmatrix} 0 & 0 & \cdots & 0 & 1 & 0 \\ 0 & 0 & \cdots & 2 & 0 & 0 \\ \vdots & \vdots & & \vdots & \vdots & \vdots \\ n-1 & 0 & \cdots & 0 & 0 & 0 \\ 0 & 0 & \cdots & 0 & 0 & n \end{vmatrix}\\ =&(-1)^{\tau((n-1)(n-2)\cdots 21n)}1\times 2\times\cdots\times n\\ =&(-1)^{\frac{(n-2)(n-1)}{2}}n!.\end{aligned}$$

(方法二) 由行列式性质, 有

$$\begin{vmatrix} 0 & 0 & \cdots & 0 & 1 & 0 \\ 0 & 0 & \cdots & 2 & 0 & 0 \\ \vdots & \vdots & & \vdots & \vdots & \vdots \\ n-1 & 0 & \cdots & 0 & 0 & 0 \\ 0 & 0 & \cdots & 0 & 0 & n \end{vmatrix} \xlongequal[i=n,n-1,\cdots,2]{r_i\leftrightarrow r_{i-1}} (-1)^{(n-1)}\begin{vmatrix} & & & & n \\ & & & 1 & \\ & & 2 & & \\ & \iddots & & & \\ n-1 & & & & \end{vmatrix}$$

$$= (-1)^{(n-1)}(-1)^{\frac{n(n-1)}{2}}n! = (-1)^{\frac{(n-2)(n-1)}{2}}n!.$$

(方法三) 将行列式按最后一列展开, 有

$$\begin{vmatrix} 0 & 0 & \cdots & 0 & 1 & 0 \\ 0 & 0 & \cdots & 2 & 0 & 0 \\ \vdots & \vdots & & \vdots & \vdots & \vdots \\ n-1 & 0 & \cdots & 0 & 0 & 0 \\ 0 & 0 & \cdots & 0 & 0 & n \end{vmatrix} = n(-1)^{n+n}\begin{vmatrix} & & & 1 \\ & & 2 & \\ & \iddots & & \\ n-1 & & & \end{vmatrix}$$

$$= (-1)^{\frac{(n-2)(n-1)}{2}}n!.$$

例 2.10 计算三阶行列式

$$D=\begin{vmatrix}-ab & ac & ae\\ bd & -cd & de\\ bf & cf & -ef\end{vmatrix}.$$

解 提出公因子, 有

$$D=abcdef\begin{vmatrix}-1 & 1 & 1\\ 1 & -1 & 1\\ 1 & 1 & -1\end{vmatrix}\xlongequal[r_3+r_1]{r_2+r_1}abcdef\begin{vmatrix}-1 & 1 & 1\\ 0 & 0 & 2\\ 0 & 2 & 0\end{vmatrix}$$

$$\xlongequal{r_2\leftrightarrow r_3}-abcdef\begin{vmatrix}-1 & 1 & 1\\ 0 & 2 & 0\\ 0 & 0 & 2\end{vmatrix}=4abcdef.$$

例 2.11 设

$$D=\begin{vmatrix}1 & -1 & 1 & 2\\ 3 & 7 & 2 & -1\\ 2 & 1 & -1 & 1\\ -1 & 2 & 2 & 1\end{vmatrix},$$

求 $2A_{21}-3A_{22}+A_{23}-A_{24}$ 及 $M_{21}+M_{22}-2M_{23}-2M_{24}$, 其中 A_{ij}, M_{ij} 为元素 a_{ij} 的代数余子式及余子式.

解 设

$$D'=\begin{vmatrix}1 & -1 & 1 & 2\\ 2 & -3 & 1 & -1\\ 2 & 1 & -1 & 1\\ -1 & 2 & 2 & 1\end{vmatrix},$$

由于 D' 与 D 仅仅第二行元素不同, 因此, D' 第二行元素的代数余子式与 D 中第二行相应元素的代数余子式相同, 则

$$2A_{21}-3A_{22}+A_{23}-A_{24}=D'.$$

而

$$D'=\begin{vmatrix}1&-1&1&2\\2&-3&1&-1\\2&1&-1&1\\-1&2&2&1\end{vmatrix}\xlongequal[r_3-r_2]{r_4+r_1}\begin{vmatrix}1&-1&1&2\\2&-3&1&-1\\0&4&-2&2\\0&1&3&3\end{vmatrix}$$

$$\xlongequal{r_2-2r_1}\begin{vmatrix}1&-1&1&2\\0&-1&-1&-5\\0&4&-2&2\\0&1&3&3\end{vmatrix}\xlongequal[r_4+r_2]{r_3+4r_2}\begin{vmatrix}1&-1&1&2\\0&-1&-1&-5\\0&0&-6&-18\\0&0&2&-2\end{vmatrix}$$

$$\xlongequal{r_3\leftrightarrow r_4}-\begin{vmatrix}1&-1&1&2\\0&-1&-1&-5\\0&0&2&-2\\0&0&-6&-18\end{vmatrix}\xlongequal{r_4+3r_3}-\begin{vmatrix}1&-1&1&2\\0&-1&-1&-5\\0&0&2&-2\\0&0&0&-24\end{vmatrix}$$

$$=-48,$$

从而 $2A_{21}-3A_{22}+A_{23}-A_{24}=-48$. 由于

$$M_{21}+M_{22}-2M_{23}-2M_{24}=-A_{21}+A_{22}+2A_{23}-2A_{24},$$

记

$$D''=\begin{vmatrix}1&-1&1&2\\-1&1&2&-2\\2&1&-1&1\\-1&2&2&1\end{vmatrix},$$

则

$$M_{21}+M_{22}-2M_{23}-2M_{24}=D''.$$

而

$$D''=\begin{vmatrix}1&-1&1&2\\-1&1&2&-2\\2&1&-1&1\\-1&2&2&1\end{vmatrix}\xlongequal{r_2+r_1}\begin{vmatrix}1&-1&1&2\\0&0&3&0\\2&1&-1&1\\-1&2&2&1\end{vmatrix}$$

$$=3\times(-1)^{2+3}\begin{vmatrix}1&-1&2\\2&1&1\\-1&2&1\end{vmatrix}\xlongequal[r_3+r_1]{r_2-2r_1}-3\begin{vmatrix}1&-1&2\\0&3&-3\\0&1&3\end{vmatrix}$$

$$=-3\begin{vmatrix}3&-3\\1&3\end{vmatrix}=-3\times12=-36.$$

所以 $M_{21}+M_{22}-2M_{23}-2M_{24}=-36$.

例 2.12 证明范德蒙德 (Vandermonde) 行列式

$$D_n=\begin{vmatrix}1&1&\cdots&1\\x_1&x_2&\cdots&x_n\\x_1^2&x_2^2&\cdots&x_n^2\\\vdots&\vdots&&\vdots\\x_1^{n-1}&x_2^{n-1}&\cdots&x_n^{n-1}\end{vmatrix}=\prod_{1\leqslant j<i\leqslant n}(x_i-x_j),$$

其中 $\prod\limits_{1\leqslant j<i\leqslant n}(x_i-x_j)$ 表示所有满足 $j<i$ 的因子 (x_i-x_j) 的乘积.

证明 对阶数 n 使用数学归纳法.

当 $n=2$ 时, $D_2=\begin{vmatrix}1&1\\x_1&x_2\end{vmatrix}=x_2-x_1$, 结论成立.

假设结论对于 $n-1$ 成立. 由于

$$D_n\xlongequal[i=n,n-1,\cdots,2]{r_i-x_1r_{i-1}}\begin{vmatrix}1&1&\cdots&1&1\\0&x_2-x_1&\cdots&x_{n-1}-x_1&x_n-x_1\\0&x_2^2-x_2x_1&\cdots&x_{n-1}^2-x_{n-1}x_1&x_n^2-x_nx_1\\\vdots&\vdots&&\vdots&\vdots\\0&x_2^{n-2}-x_2^{n-3}x_1&\cdots&x_{n-1}^{n-2}-x_{n-1}^{n-3}x_1&x_n^{n-2}-x_n^{n-3}x_1\\0&x_2^{n-1}-x_2^{n-2}x_1&\cdots&x_{n-1}^{n-1}-x_{n-1}^{n-2}x_1&x_n^{n-1}-x_n^{n-2}x_1\end{vmatrix}$$

$$=\begin{vmatrix}x_2-x_1&\cdots&x_{n-1}-x_1&x_n-x_1\\x_2^2-x_2x_1&\cdots&x_{n-1}^2-x_{n-1}x_1&x_n^2-x_nx_1\\\vdots&&\vdots&\vdots\\x_2^{n-2}-x_2^{n-3}x_1&\cdots&x_{n-1}^{n-2}-x_{n-1}^{n-3}x_1&x_n^{n-2}-x_n^{n-3}x_1\\x_2^{n-1}-x_2^{n-2}x_1&\cdots&x_{n-1}^{n-1}-x_{n-1}^{n-2}x_1&x_n^{n-1}-x_n^{n-2}x_1\end{vmatrix}$$

$$=(x_2-x_1)(x_3-x_1)\cdots(x_n-x_1)\begin{vmatrix}1&\cdots&1&1\\x_2&\cdots&x_{n-1}&x_n\\x_2^2&\cdots&x_{n-1}^2&x_n^2\\\vdots&&\vdots&\vdots\\x_2^{n-2}&\cdots&x_{n-1}^{n-2}&x_n^{n-2}\end{vmatrix},$$

上式最右端的行列式为 $n-1$ 阶的范德蒙德行列式, 由归纳假设可得

$$\begin{aligned}D_n&=(x_2-x_1)(x_3-x_1)\cdots(x_n-x_1)\prod_{2\leqslant j<i\leqslant n}(x_i-x_j)\\&=\prod_{1\leqslant j<i\leqslant n}(x_i-x_j).\end{aligned}$$

□

例 2.13 计算 n 阶行列式

$$D_n=\begin{vmatrix}1+a_1 & a_1 & \cdots & a_1\\ a_2 & 1+a_2 & \cdots & a_2\\ \vdots & \vdots & & \vdots\\ a_n & a_n & \cdots & 1+a_n\end{vmatrix}.$$

解 (方法一) 注意到行列式各列元素的和相同 (列和相同), 有

$$D_n \xlongequal[i=2,3,\cdots,n]{r_1+r_i}\begin{vmatrix}1+\sum\limits_{i=1}^n a_i & 1+\sum\limits_{i=1}^n a_i & \cdots & 1+\sum\limits_{i=1}^n a_i\\ a_2 & 1+a_2 & \cdots & a_2\\ \vdots & \vdots & & \vdots\\ a_n & a_n & \cdots & 1+a_n\end{vmatrix}$$

$$=\left(1+\sum_{i=1}^n a_i\right)\begin{vmatrix}1 & 1 & \cdots & 1\\ a_2 & 1+a_2 & \cdots & a_2\\ \vdots & \vdots & & \vdots\\ a_n & a_n & \cdots & 1+a_n\end{vmatrix}$$

$$\xlongequal[i=2,3,\cdots,n]{r_i-a_ir_1}\left(1+\sum_{i=1}^n a_i\right)\begin{vmatrix}1 & 1 & 1 & \cdots & 1\\ 0 & 1 & 0 & \cdots & 0\\ 0 & 0 & 1 & \cdots & 0\\ \vdots & \vdots & \vdots & & \vdots\\ 0 & 0 & 0 & \cdots & 1\end{vmatrix}$$

$$=1+\sum_{i=1}^n a_i.$$

(方法二)

$$D_n \xlongequal[i=2,3,\cdots,n]{c_i-c_1}\begin{vmatrix}1+a_1 & -1 & -1 & \cdots & -1\\ a_2 & 1 & 0 & \cdots & 0\\ a_3 & 0 & 1 & \cdots & 0\\ \vdots & \vdots & \vdots & & \vdots\\ a_n & 0 & 0 & \cdots & 1\end{vmatrix}$$

$$\xlongequal[i=2,3,\cdots,n]{r_1+r_i}\begin{vmatrix}1+\sum\limits_{i=1}^n a_i & 0 & 0 & \cdots & 0\\ a_2 & 1 & 0 & \cdots & 0\\ a_3 & 0 & 1 & \cdots & 0\\ \vdots & \vdots & \vdots & & \vdots\\ a_n & 0 & 0 & \cdots & 1\end{vmatrix}$$

$$=1+\sum_{i=1}^n a_i.$$

(方法三) 加边法 (升阶法). 将 D_n 增加一行一列, 变为如下 $n+1$ 阶行列式:

$$D_n=\begin{vmatrix}1 & 1 & 1 & \cdots & 1\\ 0 & 1+a_1 & a_1 & \cdots & a_1\\ 0 & a_2 & 1+a_2 & \cdots & a_2\\ \vdots & \vdots & \vdots & & \vdots\\ 0 & a_n & a_n & \cdots & 1+a_n\end{vmatrix}$$

$$\xlongequal[i=1,2,\cdots,n]{r_{i+1}-a_ir_1}\begin{vmatrix}1 & 1 & 1 & \cdots & 1\\ -a_1 & 1 & 0 & \cdots & 0\\ -a_2 & 0 & 1 & \cdots & 0\\ \vdots & \vdots & \vdots & & \vdots\\ -a_n & 0 & 0 & \cdots & 1\end{vmatrix}$$

$$\xlongequal[i=2,3,\cdots,n+1]{c_1+a_{i-1}c_i}\begin{vmatrix}1+\sum\limits_{i=1}^{n}a_i & 1 & 1 & \cdots & 1\\ 0 & 1 & 0 & \cdots & 0\\ 0 & 0 & 1 & \cdots & 0\\ \vdots & \vdots & \vdots & & \vdots\\ 0 & 0 & 0 & \cdots & 1\end{vmatrix}$$

$$=1+\sum_{i=1}^{n}a_i.$$

(方法四) 数学归纳法.

当 $n=1$ 时, $D_1=|1+a_1|=1+a_1$. 当 $n=2$ 时, $D_2=\begin{vmatrix}1+a_1 & a_1\\ a_2 & 1+a_2\end{vmatrix}=1+\sum\limits_{i=1}^{2}a_i$.

猜想 $D_n=1+\sum\limits_{i=1}^{n}a_i$.

假设当 $n=k$ 时结论成立. 当 $n=k+1$ 时, 有

$$D_{k+1}=\begin{vmatrix}1+a_1 & a_1 & \cdots & a_1\\ a_2 & 1+a_2 & \cdots & a_2\\ \vdots & \vdots & & \vdots\\ a_{k+1} & a_{k+1} & \cdots & 1+a_{k+1}\end{vmatrix}$$

$$=\begin{vmatrix}1+a_1 & a_1 & \cdots & a_1 & a_1\\ a_2 & 1+a_2 & \cdots & a_2 & a_2\\ \vdots & \vdots & & \vdots & \vdots\\ a_k & a_k & \cdots & 1+a_k & a_k\\ a_{k+1} & a_{k+1} & \cdots & a_{k+1} & a_{k+1}\end{vmatrix}+\begin{vmatrix}1+a_1 & a_1 & \cdots & a_1 & 0\\ a_2 & 1+a_2 & \cdots & a_2 & 0\\ \vdots & \vdots & & \vdots & \vdots\\ a_k & a_k & \cdots & 1+a_k & 0\\ a_{k+1} & a_{k+1} & \cdots & a_{k+1} & 1\end{vmatrix}$$

$$=a_{k+1}+D_k=1+\sum_{i=1}^{k+1}a_i.$$

因此, $D_n = 1+\sum_{i=1}^{n} a_i$.

例 2.14 计算 n 阶行列式

$$D_n = \begin{vmatrix} x & -1 & 0 & \cdots & 0 & 0 \\ 0 & x & -1 & \cdots & 0 & 0 \\ 0 & 0 & x & \cdots & 0 & 0 \\ \vdots & \vdots & \vdots & & \vdots & \vdots \\ 0 & 0 & 0 & \cdots & x & -1 \\ a_n & a_{n-1} & a_{n-2} & \cdots & a_2 & x+a_1 \end{vmatrix}.$$

解

$$D_n \xlongequal[i=n,n-1,\cdots,2]{c_{i-1}+xc_i} \begin{vmatrix} 0 & -1 & \cdots & 0 & 0 \\ 0 & 0 & \cdots & 0 & 0 \\ 0 & 0 & \cdots & 0 & 0 \\ \vdots & \vdots & & \vdots & \vdots \\ 0 & 0 & \cdots & 0 & -1 \\ x^n+\sum_{i=1}^{n} a_i x^{n-i} & x^{n-1}+\sum_{i=1}^{n-1} a_i x^{n-1-i} & \cdots & x^2+a_1x+a_2 & x+a_1 \end{vmatrix}$$

$$= \left(x^n+\sum_{i=1}^{n} a_i x^{n-i}\right)\times(-1)^{n+1}\begin{vmatrix} -1 & & & \\ & -1 & & \\ & & \ddots & \\ & & & -1 \end{vmatrix}$$

$$= x^n+\sum_{i=1}^{n} a_i x^{n-i}.$$

例 2.15 设

$$\boldsymbol{D} = \begin{pmatrix} \boldsymbol{A} & \boldsymbol{O} \\ \boldsymbol{C} & \boldsymbol{B} \end{pmatrix},$$

其中 $\boldsymbol{A}$ 为 n 阶方阵, $\boldsymbol{B}$ 为 m 阶方阵, $\boldsymbol{C}$ 为 $m\times n$ 矩阵, $\boldsymbol{O}$ 为 $n\times m$ 零矩阵. 则

$$|\boldsymbol{D}| = |\boldsymbol{A}||\boldsymbol{B}|.$$

证明 首先用数学归纳法证明, 任意行列式可经有限次 $r_i+r_j\times k$ 运算化成上 (或下) 三角形行列式, 或经有限次 $c_i+c_j\times k$ 运算化成上 (或下) 三角形行列式.

设

$$D_n = \begin{vmatrix} a_{11} & a_{12} & \cdots & a_{1n} \\ a_{21} & a_{22} & \cdots & a_{2n} \\ \vdots & \vdots & & \vdots \\ a_{n1} & a_{n2} & \cdots & a_{nn} \end{vmatrix},$$

这里以化成上三角形行列式为例进行证明.

当 $n=2$ 时, 若 $a_{21}=0$, 结论显然成立. 若 $a_{21}\neq 0$ 且 $a_{11}\neq 0$, 有

$$D_2 \xlongequal{r_2-\frac{a_{21}}{a_{11}}r_1} \begin{vmatrix} a_{11} & a_{12} \\ 0 & a_{22}-\dfrac{a_{12}a_{21}}{a_{11}} \end{vmatrix},$$

结论成立; 若 $a_{21}\neq 0$, $a_{11}=0$, 有

$$D_2 \xlongequal{r_1+r_2} \begin{vmatrix} a_{21} & a_{12}+a_{22} \\ a_{21} & a_{22} \end{vmatrix} \xlongequal{r_2-r_1} \begin{vmatrix} a_{21} & a_{12}+a_{22} \\ 0 & -a_{12} \end{vmatrix},$$

结论成立. 故当 $n=2$ 时结论成立.

假设当 $n=k$ 时结论成立. 当 $n=k+1$ 时, 有

$$D_{k+1}=\begin{vmatrix} a_{11} & a_{12} & \cdots & a_{1,k+1} \\ a_{21} & a_{22} & \cdots & a_{2,k+1} \\ \vdots & \vdots & & \vdots \\ a_{k1} & a_{k2} & \cdots & a_{k,k+1} \\ a_{k+1,1} & a_{k+1,2} & \cdots & a_{k+1,k+1} \end{vmatrix}.$$

若 $a_{l1}=0$, $l=1,2,\cdots,k+1$. 考虑 D_{k+1} 右下角的 k 阶子式, 由归纳假设经过有限次 $r_i+r_j\times t$ 运算将其化为上三角形行列式, 因此可经过有限次 $r_{i+1}+r_{j+1}\times t$ 运算将 D_{k+1} 化为上三角形行列式.

若 a_{l1} 不全为零, $l=1,2,\cdots,k+1$. 注意到总可以经过 r_1+r_j 运算使得 $(1,1)$ 位置元素非零, 故不妨设 $a_{11}\neq 0$,

$$D_{k+1} \xlongequal[i=2,3,\cdots,k+1]{r_i-\frac{a_{i1}}{a_{11}}r_1} \begin{vmatrix} a_{11} & a_{12} & \cdots & a_{1,k+1} \\ 0 & * & \cdots & * \\ \vdots & \vdots & & \vdots \\ 0 & * & \cdots & * \end{vmatrix}.$$

对上述右端行列式右下角的 k 阶子式使用归纳假设, 经过有限次 $r_i+r_j\times t$ 运算将其化为上三角形行列式, 因此可经过有限次 $r_{i+1}+r_{j+1}\times t$ 运算将 D_{k+1} 化为上三角形行列式.

由归纳假设, 结论成立, 即任意行列式可经过有限次 $r_i+r_j\times t$ 运算化成上 (或下) 三角形行列式.

下面回到本题证明. 对 $|\boldsymbol{D}|$ 的前 n 行进行 $r_i+r_j\times t$ 运算, 将 $|\boldsymbol{A}|$ 部分化为下三角形行

列式. 对 $|\boldsymbol{D}|$ 的后 m 列进行 $c_i + c_j \times t$ 运算, 将 $|\boldsymbol{B}|$ 部分化为下三角形行列式. 从而

$$|\boldsymbol{D}| = \left|\begin{array}{cccccccc} p_{11} & & & & & & & \\ & p_{22} & & & & & & \\ * & & \ddots & & & & & \\ & & & p_{nn} & & & & \\ & & & & q_{11} & & & \\ & & & & & q_{22} & & \\ & & \boldsymbol{C} & & * & & \ddots & \\ & & & & & & & q_{mm} \end{array}\right| = p_{11}p_{22}\cdots p_{nn}q_{11}q_{22}\cdots q_{mm}.$$

另一方面, 显然

$$|\boldsymbol{A}| = p_{11}p_{22}\cdots p_{nn}, \quad |\boldsymbol{B}| = q_{11}q_{22}\cdots q_{mm},$$

从而 $|\boldsymbol{D}| = |\boldsymbol{A}||\boldsymbol{B}|$ 成立. □

n 阶方阵具有如下性质:

(1) $|\boldsymbol{A}^{\mathrm{T}}| = |\boldsymbol{A}|$, 其中 $\boldsymbol{A}^{\mathrm{T}}$ 为 $\boldsymbol{A}$ 的转置矩阵;

(2) $|k\boldsymbol{A}| = k^n|\boldsymbol{A}|$, $k \in \mathbf{R}$;

(3) $|\boldsymbol{A}\boldsymbol{B}| = |\boldsymbol{A}||\boldsymbol{B}|$.

证明 (1), (2) 结论显然. 下面证明 (3).

设

$$\boldsymbol{A} = \begin{pmatrix} a_{11} & a_{12} & \cdots & a_{1n} \\ a_{21} & a_{22} & \cdots & a_{2n} \\ \vdots & \vdots & & \vdots \\ a_{n1} & a_{n2} & \cdots & a_{nn} \end{pmatrix}, \quad \boldsymbol{B} = \begin{pmatrix} b_{11} & b_{12} & \cdots & b_{1n} \\ b_{21} & b_{22} & \cdots & b_{2n} \\ \vdots & \vdots & & \vdots \\ b_{n1} & b_{n2} & \cdots & b_{nn} \end{pmatrix}.$$

定义

$$\boldsymbol{D} = \begin{pmatrix} a_{11} & a_{12} & \cdots & a_{1n} & 0 & 0 & \cdots & 0 \\ a_{21} & a_{22} & \cdots & a_{2n} & 0 & 0 & \cdots & 0 \\ \vdots & \vdots & & \vdots & \vdots & \vdots & & \vdots \\ a_{n1} & a_{n2} & \cdots & a_{nn} & 0 & 0 & \cdots & 0 \\ -1 & 0 & \cdots & 0 & b_{11} & b_{12} & \cdots & b_{1n} \\ 0 & -1 & \cdots & 0 & b_{21} & b_{22} & \cdots & b_{2n} \\ \vdots & \vdots & & \vdots & \vdots & \vdots & & \vdots \\ 0 & 0 & \cdots & -1 & b_{n1} & b_{n2} & \cdots & b_{nn} \end{pmatrix}.$$

由例 2.15 知, $|\boldsymbol{D}| = |\boldsymbol{A}||\boldsymbol{B}|$.

另一方面, 依次将 $|\boldsymbol{D}|$ 的第 $n+1$ 行的 a_{11} 倍, 第 $n+2$ 行的 a_{12} 倍,……, 第 $2n$ 行的 a_{1n} 倍加至第 1 行. 再依次将 $|\boldsymbol{D}|$ 的第 $n+1$ 行的 a_{21} 倍, 第 $n+2$ 行的 a_{22} 倍, ……, 第 $2n$

行的 a_{2n} 倍加至第 2 行. 依次下去, 最后依次将 $|\boldsymbol{D}|$ 的第 $n+1$ 行的 a_{n1} 倍, 第 $n+2$ 行的 a_{n2} 倍, $\cdots\cdots$, 第 $2n$ 行的 a_{nn} 倍加至第 n 行, 则

$$|\boldsymbol{D}|=\begin{vmatrix}0&0&\cdots&0&\sum_{k=1}^{n}a_{1k}b_{k1}&\sum_{k=1}^{n}a_{1k}b_{k2}&\cdots&\sum_{k=1}^{n}a_{1k}b_{kn}\\0&0&\cdots&0&\sum_{k=1}^{n}a_{2k}b_{k1}&\sum_{k=1}^{n}a_{2k}b_{k2}&\cdots&\sum_{k=1}^{n}a_{2k}b_{kn}\\\vdots&\vdots&&\vdots&\vdots&\vdots&&\vdots\\0&0&\cdots&0&\sum_{k=1}^{n}a_{nk}b_{k1}&\sum_{k=1}^{n}a_{nk}b_{k2}&\cdots&\sum_{k=1}^{n}a_{nk}b_{kn}\\-1&0&\cdots&0&b_{11}&b_{12}&\cdots&b_{1n}\\0&-1&\cdots&0&b_{21}&b_{22}&\cdots&b_{2n}\\\vdots&\vdots&&\vdots&\vdots&\vdots&&\vdots\\0&0&\cdots&-1&b_{n1}&b_{n2}&\cdots&b_{nn}\end{vmatrix}.$$

该行列式的右上角恰为矩阵 $\boldsymbol{AB}$. 再依次进行第 1 列与第 $n+1$ 列, 第 2 列与第 $n+2$ 列, $\cdots\cdots$, 第 n 列与第 $2n$ 列交换, 有

$$|\boldsymbol{D}|=(-1)^n\begin{vmatrix}\boldsymbol{AB}&\boldsymbol{O}\\\boldsymbol{B}&-\boldsymbol{E}\end{vmatrix}.$$

再由例 2.15, 有

$$|\boldsymbol{D}|=(-1)^n|\boldsymbol{AB}|(-1)^n=|\boldsymbol{AB}|.$$

综上有 $|\boldsymbol{AB}|=|\boldsymbol{A}||\boldsymbol{B}|$. □

2.4 矩阵求逆

作为行列式的应用, 本节首先给出矩阵可逆的一个充要条件, 然后证明克拉默 (Cramer) 法则.

2.4.1 伴随矩阵与矩阵求逆

定义 2.4 设 $\boldsymbol{A}$ 为 n 阶方阵, A_{ij} 为元素 a_{ij} 的代数余子式, 称 n 阶方阵

$$\boldsymbol{A}^*=\begin{pmatrix}A_{11}&A_{21}&\cdots&A_{n1}\\A_{12}&A_{22}&\cdots&A_{n2}\\\vdots&\vdots&&\vdots\\A_{1n}&A_{2n}&\cdots&A_{nn}\end{pmatrix}$$

为 $\boldsymbol{A}$ 的伴随矩阵.

例 2.16 设

$$A=\begin{pmatrix}1&2&3\\3&2&1\\1&1&1\end{pmatrix},$$

求 A^*.

解 由

$$A_{11}=(-1)^{1+1}\begin{vmatrix}2&1\\1&1\end{vmatrix}=1,\quad A_{12}=(-1)^{1+2}\begin{vmatrix}3&1\\1&1\end{vmatrix}=-2,\quad A_{13}=(-1)^{1+3}\begin{vmatrix}3&2\\1&1\end{vmatrix}=1,$$

$$A_{21}=(-1)^{2+1}\begin{vmatrix}2&3\\1&1\end{vmatrix}=1,\quad A_{22}=(-1)^{2+2}\begin{vmatrix}1&3\\1&1\end{vmatrix}=-2,\quad A_{23}=(-1)^{2+3}\begin{vmatrix}1&2\\1&1\end{vmatrix}=1,$$

$$A_{31}=(-1)^{3+1}\begin{vmatrix}2&3\\2&1\end{vmatrix}=-4,\quad A_{32}=(-1)^{3+2}\begin{vmatrix}1&3\\3&1\end{vmatrix}=8,\quad A_{33}=(-1)^{3+3}\begin{vmatrix}1&2\\3&2\end{vmatrix}=-4.$$

故

$$A^*=\begin{pmatrix}1&1&-4\\-2&-2&8\\1&1&-4\end{pmatrix}.$$

定理 2.4 设 A 为 n 阶方阵, 则 $AA^*=A^*A=|A|E$.

证明 设

$$A=\begin{pmatrix}a_{11}&a_{12}&\cdots&a_{1n}\\a_{21}&a_{22}&\cdots&a_{2n}\\\vdots&\vdots&&\vdots\\a_{n1}&a_{n2}&\cdots&a_{nn}\end{pmatrix},$$

则

$$AA^*=\begin{pmatrix}a_{11}&a_{12}&\cdots&a_{1n}\\a_{21}&a_{22}&\cdots&a_{2n}\\\vdots&\vdots&&\vdots\\a_{n1}&a_{n2}&\cdots&a_{nn}\end{pmatrix}\begin{pmatrix}A_{11}&A_{21}&\cdots&A_{n1}\\A_{12}&A_{22}&\cdots&A_{n2}\\\vdots&\vdots&&\vdots\\A_{1n}&A_{2n}&\cdots&A_{nn}\end{pmatrix},$$

由推论 2.5, 有

$$AA^*=\begin{pmatrix}|A|&0&\cdots&0\\0&|A|&\cdots&0\\\vdots&\vdots&&\vdots\\0&0&\cdots&|A|\end{pmatrix}=|A|E.$$

同理可得

$$A^*A=|A|E.$$

□

定理 2.5 设 $\boldsymbol{A}$ 为 n 阶方阵, 则 $\boldsymbol{A}$ 可逆的充要条件为 $|\boldsymbol{A}| \neq 0$.

证明 设 $\boldsymbol{A}$ 可逆, 则存在方阵 $\boldsymbol{B}$ 使得 $\boldsymbol{AB}=\boldsymbol{E}$, 故 $|\boldsymbol{A}||\boldsymbol{B}|=1$, $|\boldsymbol{A}| \neq 0$.

反过来, 设 $|\boldsymbol{A}| \neq 0$, 由定理 2.4 得

$$\boldsymbol{A}\frac{1}{|\boldsymbol{A}|}\boldsymbol{A}^* = \frac{1}{|\boldsymbol{A}|}\boldsymbol{A}^*\boldsymbol{A} = \boldsymbol{E},$$

故 $\boldsymbol{A}$ 可逆. □

注 2.2 当 $|\boldsymbol{A}| \neq 0$ 时, $\boldsymbol{A}$ 可逆, 且 $\boldsymbol{A}^{-1} = \dfrac{1}{|\boldsymbol{A}|}\boldsymbol{A}^*$. 此时也称方阵 $\boldsymbol{A}$ 为非奇异矩阵, 否则称为奇异矩阵.

推论 2.6 设 $\boldsymbol{A}, \boldsymbol{B}$ 为 n 阶方阵, 若 $\boldsymbol{AB}=\boldsymbol{E}$ (或 $\boldsymbol{BA}=\boldsymbol{E}$), 则 $\boldsymbol{A}$ 可逆且 $\boldsymbol{A}^{-1}=\boldsymbol{B}$.

证明 设 $\boldsymbol{AB}=\boldsymbol{E}$, 则有 $|\boldsymbol{A}||\boldsymbol{B}|=1$, 从而 $|\boldsymbol{A}| \neq 0$. 由定理 2.5, $\boldsymbol{A}^{-1}$ 存在. 进一步,

$$\boldsymbol{B} = \boldsymbol{EB} = \boldsymbol{A}^{-1}\boldsymbol{AB} = \boldsymbol{A}^{-1}\boldsymbol{E} = \boldsymbol{A}^{-1}.$$

同理可证, 当 $\boldsymbol{BA}=\boldsymbol{E}$ 时, $\boldsymbol{A}$ 可逆且 $\boldsymbol{A}^{-1}=\boldsymbol{B}$. □

例 2.17 设

$$\boldsymbol{A} = \begin{pmatrix} a & b \\ c & d \end{pmatrix},$$

且 $ad-bc \neq 0$, 求 $\boldsymbol{A}$ 的逆矩阵.

解 由 $|\boldsymbol{A}| = ad-bc \neq 0$, 知 $\boldsymbol{A}$ 可逆, 且 $\boldsymbol{A}^{-1} = \dfrac{1}{|\boldsymbol{A}|}\boldsymbol{A}^*$. 由

$$A_{11} = (-1)^{1+1}|d| = d, \qquad A_{12} = (-1)^{1+2}|c| = -c,$$
$$A_{21} = (-1)^{2+1}|b| = -b, \qquad A_{22} = (-1)^{2+2}|a| = a.$$

故

$$\boldsymbol{A}^* = \begin{pmatrix} d & -b \\ -c & a \end{pmatrix}, \quad \boldsymbol{A}^{-1} = \frac{1}{|\boldsymbol{A}|}\boldsymbol{A}^* = \frac{1}{ad-bc}\begin{pmatrix} d & -b \\ -c & a \end{pmatrix}.$$

例 2.18 设方阵 $\boldsymbol{A}$ 满足 $\boldsymbol{A}^2-2\boldsymbol{A}-5\boldsymbol{E}=\boldsymbol{O}$, 证明 $\boldsymbol{A}$ 和 $\boldsymbol{A}+3\boldsymbol{E}$ 可逆, 并求它们的逆.

证明 由 $\boldsymbol{A}^2-2\boldsymbol{A}-5\boldsymbol{E}=\boldsymbol{O}$, 得 $\boldsymbol{A}(\boldsymbol{A}-2\boldsymbol{E})=5\boldsymbol{E}$, 故 $\boldsymbol{A}\left(\dfrac{1}{5}(\boldsymbol{A}-2\boldsymbol{E})\right)=\boldsymbol{E}$, $\boldsymbol{A}$ 可逆且 $\boldsymbol{A}^{-1}=\dfrac{1}{5}(\boldsymbol{A}-2\boldsymbol{E})$.

由 $\boldsymbol{A}^2-2\boldsymbol{A}-5\boldsymbol{E}=\boldsymbol{O}$, 得

$$\boldsymbol{A}(\boldsymbol{A}+3\boldsymbol{E})-5(\boldsymbol{A}+3\boldsymbol{E})=-10\boldsymbol{E},$$

所以

$$\left(-\frac{1}{10}(\boldsymbol{A}-5\boldsymbol{E})\right)(\boldsymbol{A}+3\boldsymbol{E})=\boldsymbol{E},$$

$\boldsymbol{A}+3\boldsymbol{E}$ 可逆且 $(\boldsymbol{A}+3\boldsymbol{E})^{-1}=-\dfrac{1}{10}(\boldsymbol{A}-5\boldsymbol{E})$. □

2.4.2 克拉默法则

2.1 节对于含 2 个未知量 2 个方程、3 个未知量 3 个方程的线性方程组, 在系数行列式不等于零时, 我们用二阶、三阶行列式给出了解的表示式. 现将其推广为含 n 个未知量 n 个方程的情形.

设含 n 个未知量 n 个方程的线性方程组为

$$\begin{cases} a_{11}x_1+\ a_{12}x_2+\cdots+a_{1n}x_n=b_1, \\ a_{21}x_1+\ a_{22}x_2+\cdots+a_{2n}x_n=b_2, \\ \qquad\cdots\cdots\cdots\cdots \\ a_{n1}x_1+\ a_{n2}x_2+\cdots+a_{nn}x_n=b_n. \end{cases} \tag{2.4.1}$$

定理 2.6 (克拉默法则)若线性方程组(2.4.1)的系数矩阵 $\boldsymbol{A}$ 的行列式

$$|\boldsymbol{A}|=\begin{vmatrix} a_{11} & a_{12} & \cdots & a_{1n} \\ a_{21} & a_{22} & \cdots & a_{2n} \\ \vdots & \vdots & & \vdots \\ a_{n1} & a_{n2} & \cdots & a_{nn} \end{vmatrix}\neq 0,$$

则方程组(2.4.1)有唯一解

$$x_1=\frac{|\boldsymbol{A}_1|}{|\boldsymbol{A}|},\ x_2=\frac{|\boldsymbol{A}_2|}{|\boldsymbol{A}|},\ \cdots,\ x_n=\frac{|\boldsymbol{A}_n|}{|\boldsymbol{A}|},$$

其中 $\boldsymbol{A}_i$ $(i=1,2,\cdots,n)$ 表示将矩阵 $\boldsymbol{A}$ 的第 i 列换成常数列 $(b_1,b_2,\cdots,b_n)^{\mathrm{T}}$ 的 n 阶方阵.

证明 设 $\boldsymbol{x}=(x_1,x_2,\cdots,x_n)^{\mathrm{T}}$, $\boldsymbol{b}=(b_1,b_2,\cdots,b_n)^{\mathrm{T}}$. 方程组(2.4.1)可表示为

$$\boldsymbol{Ax}=\boldsymbol{b}.$$

由 $|\boldsymbol{A}|\neq 0$, 知 $\boldsymbol{A}^{-1}$ 存在, 所以 $\boldsymbol{A}^{-1}\boldsymbol{Ax}=\boldsymbol{A}^{-1}\boldsymbol{b}$, 即

$$\begin{aligned} \boldsymbol{x}=\boldsymbol{A}^{-1}\boldsymbol{b}=\frac{1}{|\boldsymbol{A}|}\boldsymbol{A}^*\boldsymbol{b}&=\frac{1}{|\boldsymbol{A}|}\begin{pmatrix} A_{11} & A_{21} & \cdots & A_{n1} \\ A_{12} & A_{22} & \cdots & A_{n2} \\ \vdots & \vdots & & \vdots \\ A_{1n} & A_{2n} & \cdots & A_{nn} \end{pmatrix}\boldsymbol{b} \\ &=\frac{1}{|\boldsymbol{A}|}\begin{pmatrix} b_1A_{11}+b_2A_{21}+\cdots+b_nA_{n1} \\ b_1A_{12}+b_2A_{22}+\cdots+b_nA_{n2} \\ \vdots \\ b_1A_{1n}+b_2A_{2n}+\cdots+b_nA_{nn} \end{pmatrix}, \end{aligned}$$

所以

$$x_i=\frac{1}{|\boldsymbol{A}|}(b_1A_{1i}+b_2A_{2i}+\cdots+b_nA_{ni})=\frac{|\boldsymbol{A}_i|}{|\boldsymbol{A}|}\ (i=1,2,\cdots,n).$$

□

推论 2.7　若齐次线性方程组

$$\begin{cases} a_{11}x_1+\ a_{12}x_2+\cdots+a_{1n}x_n=0, \\ a_{21}x_1+\ a_{22}x_2+\cdots+a_{2n}x_n=0, \\ \cdots\cdots\cdots\cdots \\ a_{n1}x_1+\ a_{n2}x_2+\cdots+a_{nn}x_n=\ 0 \end{cases}$$

的系数行列式不等于零, 则方程组只有零解.

例 2.19　利用克拉默法则求解下列方程组

$$\begin{cases} x_1+x_2-\ x_3+\ x_4=2, \\ 2x_1\qquad\ +\ x_3+2x_4=1, \\ x_1+x_2-2x_3+3x_4=1, \\ -x_1+x_2-2x_3+\ x_4=2. \end{cases}$$

解　系数矩阵

$$\boldsymbol{A}=\begin{pmatrix} 1 & 1 & -1 & 1 \\ 2 & 0 & 1 & 2 \\ 1 & 1 & -2 & 3 \\ -1 & 1 & -2 & 1 \end{pmatrix},$$

$|\boldsymbol{A}|=4\neq 0$. 由克拉默法则, 线性方程组的唯一解如下:

$$x_1=\frac{|\boldsymbol{A}_1|}{|\boldsymbol{A}|}=\frac{1}{4}\begin{vmatrix} 2 & 1 & -1 & 1 \\ 1 & 0 & 1 & 2 \\ 1 & 1 & -2 & 3 \\ 2 & 1 & -2 & 1 \end{vmatrix}=-1,$$

$$x_2=\frac{|\boldsymbol{A}_2|}{|\boldsymbol{A}|}=\frac{1}{4}\begin{vmatrix} 1 & 2 & -1 & 1 \\ 2 & 1 & 1 & 2 \\ 1 & 1 & -2 & 3 \\ -1 & 2 & -2 & 1 \end{vmatrix}=\frac{9}{2},$$

$$x_3=\frac{|\boldsymbol{A}_3|}{|\boldsymbol{A}|}=\frac{1}{4}\begin{vmatrix} 1 & 1 & 2 & 1 \\ 2 & 0 & 1 & 2 \\ 1 & 1 & 1 & 3 \\ -1 & 1 & 2 & 1 \end{vmatrix}=2,$$

$$x_4=\frac{|\boldsymbol{A}_4|}{|\boldsymbol{A}|}=\frac{1}{4}\begin{vmatrix} 1 & 1 & -1 & 2 \\ 2 & 0 & 1 & 1 \\ 1 & 1 & -2 & 1 \\ -1 & 1 & -2 & 2 \end{vmatrix}=\frac{1}{2}.$$

2.5 矩阵的秩

任意矩阵 $\boldsymbol{A}$ 都可以经过初等变换化为标准形 $\boldsymbol{F}=\begin{pmatrix}\boldsymbol{E}_r & \boldsymbol{O}\\ \boldsymbol{O} & \boldsymbol{O}\end{pmatrix}$. 那么这里的 r 是否由 $\boldsymbol{A}$ 唯一确定? 为此引入矩阵的秩的概念.

2.5.1 矩阵的秩的定义

定义 2.5 在 $m\times n$ 矩阵 $\boldsymbol{A}$ 中, 任取 k 行 k 列 $(k\leqslant\min\{m,n\})$, 位于交叉位置上的 k^2 个元素保持相对位置不变构成一个 k 阶行列式, 该行列式称为 $\boldsymbol{A}$ 的一个 k 阶子式.

例如, 在矩阵 $\boldsymbol{A}=\begin{pmatrix}1&1&-1&2\\2&0&1&2\\-1&1&-2&1\end{pmatrix}$ 中取第 1, 2 行, 第 2, 3 列, 得到 2 阶子式 $\begin{vmatrix}1&-1\\0&1\end{vmatrix}=1$.

在 $m\times n$ 矩阵中 k 阶子式的个数为 $\mathrm{C}_m^k\mathrm{C}_n^k$.

定义 2.6 若矩阵 $\boldsymbol{A}$ 有一个 r 阶子式 D_r 不为零, 所有的 $r+1$ 阶子式 (若存在) 均为零, 则称矩阵 $\boldsymbol{A}$ 的秩为 r, 记为 $R(\boldsymbol{A})=r$.

注 2.3 规定零矩阵的秩为零. 若矩阵的所有 $r+1$ 阶子式都为零, 由行列式的性质可知, 矩阵的所有 $r+2$ 阶子式 (若存在) 也为零.

例 2.20 求矩阵

$$\boldsymbol{A}=\begin{pmatrix}3&-2&6&-3\\0&1&1&5\\3&0&8&7\end{pmatrix}$$

的秩.

解 $\boldsymbol{A}$ 中有一个二阶子式 $\begin{vmatrix}3&-2\\0&1\end{vmatrix}\neq 0$. $\boldsymbol{A}$ 的所有三阶子式

$$\begin{vmatrix}3&-2&6\\0&1&1\\3&0&8\end{vmatrix}=0,\quad \begin{vmatrix}3&-2&-3\\0&1&5\\3&0&7\end{vmatrix}=0,$$

$$\begin{vmatrix}-2&6&-3\\1&1&5\\0&8&7\end{vmatrix}=0,\quad \begin{vmatrix}3&6&-3\\0&1&5\\3&8&7\end{vmatrix}=0,$$

从而 $R(\boldsymbol{A})=2$.

例 2.21 求矩阵

$$B = \begin{pmatrix} 3 & -2 & 6 & -3 \\ 0 & 1 & 1 & 5 \\ 0 & 0 & 0 & 0 \end{pmatrix}$$

的秩.

解 这是一个行阶梯形矩阵, 容易看出它的所有三阶子式均为零, 且二阶子式 $\begin{vmatrix} 3 & -2 \\ 0 & 1 \end{vmatrix} \neq 0$, 所以 $R(\boldsymbol{B}) = 2$.

易知行阶梯形矩阵的秩恰好等于其非零行的个数. 自然的问题就是初等变换是否改变矩阵的秩? 我们有如下定理:

定理 2.7 初等变换不改变矩阵的秩.

证明 由于交换行 (或列) 或用非零数乘某行 (或列), 都不改变子式是否为零的事实, 因此对矩阵施行 $r_i \leftrightarrow r_j$(或 $c_i \leftrightarrow c_j$) 和 $r_i \times k$(或 $c_i \times k$, $k \neq 0$) 的变换都不改变矩阵的秩. 下面仅就施行 $r_i + kr_j$ 变换的情况进行证明. 设

$$\boldsymbol{A} = \begin{pmatrix} a_{11} & a_{12} & \cdots & a_{1n} \\ \vdots & \vdots & & \vdots \\ a_{i1} & a_{i2} & \cdots & a_{in} \\ \vdots & \vdots & & \vdots \\ a_{j1} & a_{j2} & \cdots & a_{jn} \\ \vdots & \vdots & & \vdots \\ a_{m1} & a_{m2} & \cdots & a_{mn} \end{pmatrix} \xrightarrow[\sim]{r_i+kr_j} \begin{pmatrix} a_{11} & a_{12} & \cdots & a_{1n} \\ \vdots & \vdots & & \vdots \\ a_{i1}+ka_{j1} & a_{i2}+ka_{j2} & \cdots & a_{in}+ka_{jn} \\ \vdots & \vdots & & \vdots \\ a_{j1} & a_{j2} & \cdots & a_{jn} \\ \vdots & \vdots & & \vdots \\ a_{m1} & a_{m2} & \cdots & a_{mn} \end{pmatrix} = \boldsymbol{B},$$

且 $R(\boldsymbol{A}) = r$, 先证 $R(\boldsymbol{B}) \leqslant R(\boldsymbol{A})$. 设 D_s 为 $\boldsymbol{B}$ 的任意阶数大于 r 的 s 阶子式, 则 D_s 有以下三种情形:

情形 1. D_s 不包含第 i 行. 此时 D_s 也是 $\boldsymbol{A}$ 的 s 阶子式, 因此 $D_s = 0$;

情形 2. D_s 既包含第 i 行也包含第 j 行. 由行列式的性质知, D_s 与 $\boldsymbol{A}$ 的某个 s 阶子式相等, 由于 $R(\boldsymbol{A}) = r < s$, $\boldsymbol{A}$ 的 s 阶子式都为零, 因此 $D_s = 0$;

情形 3. D_s 只包含第 i 行不包含第 j 行. 由行列式性质知

$$D_s = \begin{vmatrix} \vdots & & \vdots \\ a_{i1}+ka_{j1} & \cdots & a_{in}+ka_{jn} \\ \vdots & & \vdots \end{vmatrix} = \begin{vmatrix} \vdots & & \vdots \\ a_{i1} & \cdots & a_{in} \\ \vdots & & \vdots \end{vmatrix} + k \begin{vmatrix} \vdots & & \vdots \\ a_{j1} & \cdots & a_{jn} \\ \vdots & & \vdots \end{vmatrix},$$

右端的两个行列式都是 $\boldsymbol{A}$ 的 s 阶子式, 最多相差一个符号. 由于 $R(\boldsymbol{A}) = r < s$, 故这两个子式都等于零. 因此, $D_s = 0$. 这说明矩阵 $\boldsymbol{B}$ 中阶数大于 r 的子式都等于零, 因此 $R(\boldsymbol{B}) \leqslant R(\boldsymbol{A})$.

反过来, 矩阵 $\boldsymbol{B}$ 也可经初等行变换变为 $\boldsymbol{A}$, 从而 $R(\boldsymbol{A}) \leqslant R(\boldsymbol{B})$, 故 $R(\boldsymbol{A}) = R(\boldsymbol{B})$. 因为行列式与转置行列式相等, 所以对矩阵实施初等列变换也不改变矩阵的秩. □

注 2.4 由定理 2.7, 求矩阵的秩, 可以通过初等行变换将矩阵化为行阶梯形矩阵, 该阶梯形矩阵非零行的个数就是所求矩阵的秩.

注 2.5 矩阵的秩是初等变换下的不变量, 故矩阵的标准形由其唯一确定.

例 2.22 求矩阵

$$\boldsymbol{A}=\begin{pmatrix}1&0&1&2&-1\\0&1&2&-3&2\\0&1&4&-2&3\\2&3&10&-4&5\end{pmatrix}$$

的秩.

解 利用初等行变换将 $\boldsymbol{A}$ 化为行阶梯形矩阵,

$$\boldsymbol{A}=\begin{pmatrix}1&0&1&2&-1\\0&1&2&-3&2\\0&1&4&-2&3\\2&3&10&-4&5\end{pmatrix}\underset{\sim}{\xrightarrow{r_4-2r_1}}\begin{pmatrix}1&0&1&2&-1\\0&1&2&-3&2\\0&1&4&-2&3\\0&3&8&-8&7\end{pmatrix}$$

$$\underset{r_4-3r_2}{\overset{r_3-r_2}{\sim}}\begin{pmatrix}1&0&1&2&-1\\0&1&2&-3&2\\0&0&2&1&1\\0&0&2&1&1\end{pmatrix}\overset{r_4-r_3}{\sim}\begin{pmatrix}1&0&1&2&-1\\0&1&2&-3&2\\0&0&2&1&1\\0&0&0&0&0\end{pmatrix},$$

故 $R(\boldsymbol{A})=3$.

2.5.2 矩阵的秩的性质与求法

由矩阵的秩的定义, 容易得到:

定理 2.8 (1) $0\leqslant R(\boldsymbol{A}_{m\times n})\leqslant\min\{m,n\}$, 且 $R(\boldsymbol{A})=0$ 当且仅当 $\boldsymbol{A}=\boldsymbol{O}$;

(2) 若 $\boldsymbol{A}$ 中存在 s 阶子式不为零, 则 $R(\boldsymbol{A})\geqslant s$; 若 $\boldsymbol{A}$ 的所有 t 阶子式均为零, 则 $R(\boldsymbol{A})<t$;

(3) $R(\boldsymbol{A}^{\mathrm{T}})=R(\boldsymbol{A})$.

矩阵的秩还有如下性质:

定理 2.9 (1) 若 $\boldsymbol{A}\sim\boldsymbol{B}$, 则 $R(\boldsymbol{A})=R(\boldsymbol{B})$;

(2) 若 $\boldsymbol{P},\boldsymbol{Q}$ 可逆, 则 $R(\boldsymbol{PAQ})=R(\boldsymbol{A})$;

(3) $\max\{R(\boldsymbol{A}),\ R(\boldsymbol{B})\}\leqslant R(\boldsymbol{A},\boldsymbol{B})\leqslant R(\boldsymbol{A})+R(\boldsymbol{B})$. 特别地, 若 $\boldsymbol{B}=\boldsymbol{b}$ 为列矩阵, 则 $R(\boldsymbol{A})\leqslant R(\boldsymbol{A},\ \boldsymbol{b})\leqslant R(\boldsymbol{A})+1$;

(4) $R(\boldsymbol{A}+\boldsymbol{B})\leqslant R(\boldsymbol{A})+R(\boldsymbol{B})$;

(5) $R(\boldsymbol{AB})\leqslant\min\{R(\boldsymbol{A}),R(\boldsymbol{B})\}$;

(6) 若 $\boldsymbol{A}_{m\times n}\boldsymbol{B}_{n\times s}=\boldsymbol{O}_{m\times s}$, 则 $R(\boldsymbol{A})+R(\boldsymbol{B})\leqslant n$.

证明 注意到 (1) 与 (2) 等价, (1) 是定理 2.7 的直接推论. (5), (6) 将在第三章第四节给出证明, 下面证明 (3) 和 (4).

先证明 (3).

因为 $\boldsymbol{A}, \boldsymbol{B}$ 均为矩阵 $(\boldsymbol{A}, \boldsymbol{B})$ 的子块, $\boldsymbol{A}$ 与 $\boldsymbol{B}$ 的非零子式必为后者的非零子式, 故前一个不等式成立. 设 $R(\boldsymbol{A}) = s$, $R(\boldsymbol{B}) = t$, $\boldsymbol{A}^{\mathrm{T}}$, $\boldsymbol{B}^{\mathrm{T}}$的行阶梯形矩阵分别为 $\hat{\boldsymbol{A}}$, $\hat{\boldsymbol{B}}$, 则 $\hat{\boldsymbol{A}}$, $\hat{\boldsymbol{B}}$ 分别有 s, t 个非零行, 从而 $\begin{pmatrix} \hat{\boldsymbol{A}} \\ \hat{\boldsymbol{B}} \end{pmatrix}$ 仅有 $s+t$ 个非零行, 并且

$$\begin{pmatrix} \boldsymbol{A}^{\mathrm{T}} \\ \boldsymbol{B}^{\mathrm{T}} \end{pmatrix} \sim \begin{pmatrix} \hat{\boldsymbol{A}} \\ \hat{\boldsymbol{B}} \end{pmatrix}.$$

故

$$R(\boldsymbol{A}, \boldsymbol{B}) = R\begin{pmatrix} \boldsymbol{A}^{\mathrm{T}} \\ \boldsymbol{B}^{\mathrm{T}} \end{pmatrix} = R\begin{pmatrix} \hat{\boldsymbol{A}} \\ \hat{\boldsymbol{B}} \end{pmatrix} \leqslant s + t = R(\boldsymbol{A}) + R(\boldsymbol{B}),$$

从而 (3) 得证.

下面证明 (4). 显然 $(\boldsymbol{A}+\boldsymbol{B}, \boldsymbol{B}) \sim (\boldsymbol{A}, \boldsymbol{B})$, 故

$$R(\boldsymbol{A}+\boldsymbol{B}, \boldsymbol{B}) = R(\boldsymbol{A}, \boldsymbol{B}),$$

由结论 (3), 有

$$R(\boldsymbol{A}+\boldsymbol{B}) \leqslant R(\boldsymbol{A}, \boldsymbol{B}) \leqslant R(\boldsymbol{A}) + R(\boldsymbol{B}),$$

结论 (4) 得证. □

例 2.23 设矩阵

$$\boldsymbol{A} = \begin{pmatrix} 1 & 2 & -1 & 1 \\ 2 & 2 & \lambda & -1 \\ 5 & 6 & 3 & \mu \end{pmatrix},$$

已知 $R(\boldsymbol{A}) = 2$, 求 λ, μ.

解 对 $\boldsymbol{A}$ 进行初等行变换:

$$\boldsymbol{A} \underset{r_3-5r_1}{\overset{r_2-2r_1}{\sim}} \begin{pmatrix} 1 & 2 & -1 & 1 \\ 0 & -2 & \lambda+2 & -3 \\ 0 & -4 & 8 & \mu-5 \end{pmatrix} \overset{r_3-2r_2}{\sim} \begin{pmatrix} 1 & 2 & -1 & 1 \\ 0 & -2 & \lambda+2 & -3 \\ 0 & 0 & 4-2\lambda & \mu+1 \end{pmatrix}.$$

由于 $R(\boldsymbol{A}) = 2$, 故

$$4 - 2\lambda = 0, \mu + 1 = 0,$$

即 $\lambda = 2, \mu = -1$.

例 2.24 设 $\boldsymbol{A}$ 为 n 阶方阵且 $\boldsymbol{A}^2-\boldsymbol{E}=\boldsymbol{O}$. 证明

$$R(\boldsymbol{A}+\boldsymbol{E})+R(\boldsymbol{A}-\boldsymbol{E})=n.$$

证明 由 $\boldsymbol{A}^2-\boldsymbol{E}=\boldsymbol{O}$, 得 $(\boldsymbol{A}+\boldsymbol{E})(\boldsymbol{A}-\boldsymbol{E})=\boldsymbol{O}$. 所以

$$R(\boldsymbol{A}+\boldsymbol{E})+R(\boldsymbol{A}-\boldsymbol{E})\leqslant n.$$

另一方面, 由

$$2\boldsymbol{E}=(\boldsymbol{A}+\boldsymbol{E})+(\boldsymbol{E}-\boldsymbol{A}),$$

得

$$n=R(2\boldsymbol{E})\leqslant R(\boldsymbol{A}+\boldsymbol{E})+R(\boldsymbol{E}-\boldsymbol{A}),$$

而 $R(\boldsymbol{E}-\boldsymbol{A})=R(\boldsymbol{A}-\boldsymbol{E})$, 从而有

$$R(\boldsymbol{A}+\boldsymbol{E})+R(\boldsymbol{A}-\boldsymbol{E})\geqslant n.$$

综上得到

$$R(\boldsymbol{A}+\boldsymbol{E})+R(\boldsymbol{A}-\boldsymbol{E})=n.$$

□

2.6 应用实例与计算软件实践

2.6.1 行列式的几何意义

例 2.25 已知坐标系中四个点 $O(0,0,0)$, $A(a_1,a_2,a_3)$, $B(b_1,b_2,b_3)$, $C(c_1,c_2,c_3)$. 求以 OA,OB,OC 为邻边的平行六面体的体积 (如图 2.3).

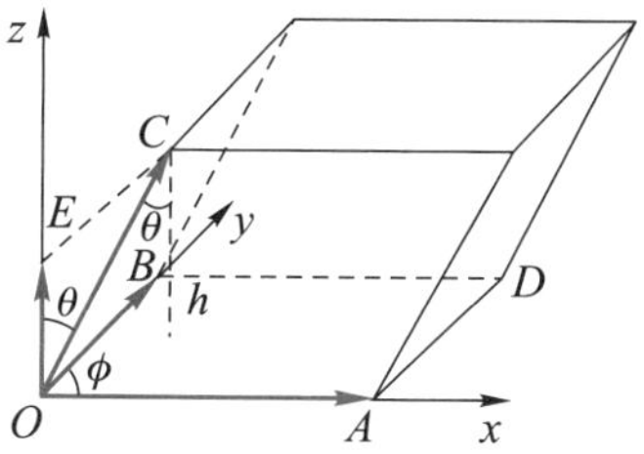

图 2.3

解 如图 2.3, 向量 $\overrightarrow{OA}=(a_1,\ a_2,\ a_3)$, $\overrightarrow{OB}=(b_1,\ b_2,\ b_3)$, $\overrightarrow{OC}=(c_1,\ c_2,\ c_3)$. 平行六面体的体积

$$V=S_{OADB}\times h=|\,\overrightarrow{OA}\,||\,\overrightarrow{OB}\,||\sin\phi|\times h,$$

其中 S_{OADB} 为平行四边形 $OADB$ 的面积, h 为平行六面体的高, ϕ 为向量 $\overrightarrow{OA}$, $\overrightarrow{OB}$ 的夹角.

以下证明以向量 $\overrightarrow{OA},\overrightarrow{OB},\overrightarrow{OC}$ 为行的行列式的绝对值等于 V. 记

$$\begin{vmatrix} a_1 & a_2 & a_3 \\ b_1 & b_2 & b_3 \\ c_1 & c_2 & c_3 \end{vmatrix} = T,$$

则

$$\begin{aligned} T &= c_1 \begin{vmatrix} a_2 & a_3 \\ b_2 & b_3 \end{vmatrix} - c_2 \begin{vmatrix} a_1 & a_3 \\ b_1 & b_3 \end{vmatrix} + c_3 \begin{vmatrix} a_1 & a_2 \\ b_1 & b_2 \end{vmatrix} \\ &= (c_1, c_2, c_3) \cdot \left(\begin{vmatrix} a_2 & a_3 \\ b_2 & b_3 \end{vmatrix}, - \begin{vmatrix} a_1 & a_3 \\ b_1 & b_3 \end{vmatrix}, \begin{vmatrix} a_1 & a_2 \\ b_1 & b_2 \end{vmatrix} \right). \end{aligned}$$

记 $\overrightarrow{OE}= \left(\begin{vmatrix} a_2 & a_3 \\ b_2 & b_3 \end{vmatrix}, - \begin{vmatrix} a_1 & a_3 \\ b_1 & b_3 \end{vmatrix}, \begin{vmatrix} a_1 & a_2 \\ b_1 & b_2 \end{vmatrix} \right)$, 其中 "·" 为向量点积. 易验证 $\overrightarrow{OE} \cdot \overrightarrow{OA}= 0$, $\overrightarrow{OE} \cdot \overrightarrow{OB}= 0$, 所以 $\overrightarrow{OE}$ 垂直于 $\overrightarrow{OA},\overrightarrow{OB}$ 所形成的平面, 进而知 $|\overrightarrow{OC}||\cos\theta| = h$, θ 为 $\overrightarrow{OC}$ 与 $\overrightarrow{OE}$ 的夹角.

$$|T| = |\overrightarrow{OC} \cdot \overrightarrow{OE}| = |\overrightarrow{OC}||\overrightarrow{OE}||\cos\theta|,$$

其中 $|\overrightarrow{OC}|$, $|\overrightarrow{OE}|$ 分别为向量 $\overrightarrow{OC}$, $\overrightarrow{OE}$ 的模长. 而

$$\begin{aligned} |\overrightarrow{OE}| &= \sqrt{(a_2b_3 - a_3b_2)^2 + (a_1b_3 - a_3b_1)^2 + (a_1b_2 - a_2b_1)^2} \\ &= \sqrt{(a_1^2 + a_2^2 + a_3^2)(b_1^2 + b_2^2 + b_3^2) - (a_1b_1 + a_2b_2 + a_3b_3)^2} \\ &= \sqrt{a_1^2 + a_2^2 + a_3^2}\sqrt{b_1^2 + b_2^2 + b_3^2}\sqrt{1 - \frac{(a_1b_1 + a_2b_2 + a_3b_3)^2}{(a_1^2 + a_2^2 + a_3^2)(b_1^2 + b_2^2 + b_3^2)}} \\ &= |\overrightarrow{OA}||\overrightarrow{OB}|\sqrt{1 - \left(\frac{\overrightarrow{OA} \cdot \overrightarrow{OB}}{|\overrightarrow{OA}||\overrightarrow{OB}|}\right)^2} \\ &= |\overrightarrow{OA}||\overrightarrow{OB}|\sqrt{1 - \cos^2\phi} \\ &= |\overrightarrow{OA}||\overrightarrow{OB}||\sin\phi| = S_{OADB}, \end{aligned}$$

故

$$|T| = S_{OADB} \times |\overrightarrow{OC}||\cos\theta| = S_{OADB} \times h = V.$$

结论 1 二阶行列式的几何意义: 二阶行列式的绝对值为以行列式的行为向量所张成的平行四边形的面积.

结论 2 三阶行列式的几何意义: 三阶行列式的绝对值为以行列式的行为向量所张成的平行六面体的体积.

2.6.2 电路问题

例 2.26 在如图 2.4 所示的电路图中, 电源电压 $U_0 = 15$ V, 各回路中流过的电流分别为 I_1, I_2, I_3, 各用电器电阻分别为 $R_1 = 2\ \Omega$, $R_2 = 2\ \Omega$, $R_3 = 6\ \Omega$, $R_4 = 3\ \Omega$, $R_5 = 10\ \Omega$, $R_6 = 4\ \Omega$, $R_7 = 6\ \Omega$. 求 I_1, I_2, I_3.

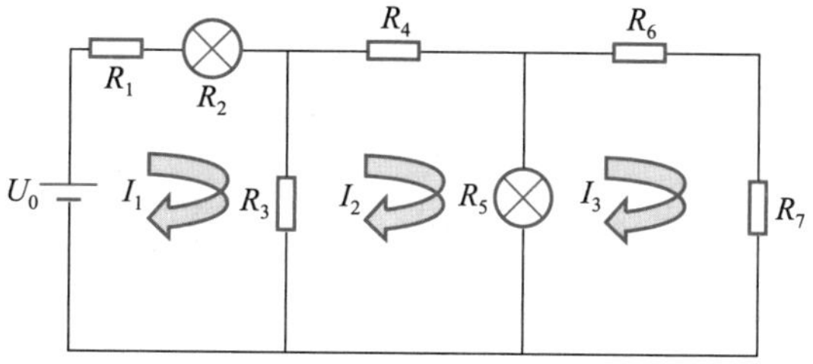

图 2.4

分析 根据基尔霍夫定律, 各节点处流入和流出的电流平衡, 各回路中电压平衡, 故可由平衡关系列方程.

解 由三个回路电压的平衡关系列方程组

$$\begin{cases} (R_1+R_2+R_3)I_1 - R_3I_2 = U_0, \\ -R_3I_1 + (R_3+R_4+R_5)I_2 - R_5I_3 = 0, \\ -R_5I_2 + (R_5+R_6+R_7)I_3 = 0, \end{cases}$$

由题意知

$$\begin{cases} 10I_1 - 6I_2 = 15, \\ -6I_1 + 19I_2 - 10I_3 = 0, \\ -10I_2 + 20I_3 = 0. \end{cases}$$

系数行列式

$$\begin{vmatrix} 10 & -6 & 0 \\ -6 & 19 & -10 \\ 0 & -10 & 20 \end{vmatrix} \neq 0.$$

由克拉默法则得

$$I_1 = \frac{\begin{vmatrix} 15 & -6 & 0 \\ 0 & 19 & -10 \\ 0 & -10 & 20 \end{vmatrix}}{\begin{vmatrix} 10 & -6 & 0 \\ -6 & 19 & -10 \\ 0 & -10 & 20 \end{vmatrix}} = 2.019\ 2,$$

$$I_2 = \frac{\begin{vmatrix} 10 & 15 & 0 \\ -6 & 0 & -10 \\ 0 & 0 & 20 \end{vmatrix}}{\begin{vmatrix} 10 & -6 & 0 \\ -6 & 19 & -10 \\ 0 & -10 & 20 \end{vmatrix}} = 0.865\ 4,$$

$$I_3 = \frac{\begin{vmatrix} 10 & -6 & 15 \\ -6 & 19 & 0 \\ 0 & -10 & 0 \end{vmatrix}}{\begin{vmatrix} 10 & -6 & 0 \\ -6 & 19 & -10 \\ 0 & -10 & 20 \end{vmatrix}} = 0.432\ 7.$$

注 2.6 在该问题求解中, 首先由平衡关系列出方程组, 再由克拉默法则求出结果.

2.6.3 行列式计算的 MATLAB 实践

本节通过具体实例介绍如何利用 MATLAB 计算方阵的行列式, 涉及命令见表 2.1.

表 2.1 行列式计算相关的命令

命令	功能说明
det(A)	计算方阵 $\boldsymbol{A}$ 的行列式
syms x	定义 x 为符号变量
simplify(f)	对表达式 f 化简
solve(f)	求方程 $f=0$ 的解

例 2.27 计算行列式 (1) $\begin{vmatrix} 2 & -5 & 1 & 2 & 1 \\ -3 & 7 & -1 & 4 & -1 \\ 5 & -9 & 2 & 7 & 2 \\ 4 & -6 & 1 & 2 & 1 \\ 3 & 0 & 2 & 1 & 4 \end{vmatrix}$; (2) $\begin{vmatrix} 1 & 1 & 1 & 1 \\ a & b & c & d \\ a^2 & b^2 & c^2 & d^2 \\ a^4 & b^4 & c^4 & d^4 \end{vmatrix}$.

解 在 MATLAB 命令窗口输入的命令及运行结果如下:

```
>> A
   =[2,-5,1,2,1;-3,7,-1,4,-1;5,-9,2,7,2;4,-6,1,2,1;3,0,2,1,4]
   %输入方阵A
A =
      2    -5     1     2     1
     -3     7    -1     4    -1
```

```
      5     -9     2     7     2
      4     -6     1     2     1
      3      0     2     1     4
>> det(A) %计算方阵A的行列式
ans =
  -18.0000
>> syms a b c d %定义变量a,b,c,d
>> B=[1,1,1,1;a,b,c,d;a^2,b^2,c^2,d^2;a^4,b^4,c^4,d^4]
    %输入方阵B
B =
[   1,   1,   1,   1]
[   a,   b,   c,   d]
[ a^2, b^2, c^2, d^2]
[ a^4, b^4, c^4, d^4]
>> f=det(B); %计算方阵B的行列式
>> simplify(f) %化简行列式值f
ans =
(a-b)*(a-c)*(a-d)*(b-c)*(b-d)*(c-d)*(a+b+c+d)
```

例 2.28 当 a 取何值时, 齐次线性方程组

$$\begin{cases} 2x_1 + x_2 + (a+1)x_3 + x_4 = 0, \\ 3x_1 - x_2 + (a-1)x_3 + x_4 = 0, \\ x_1 + (a-1)x_2 + 3x_3 + 2x_4 = 0, \\ (a+2)x_1 + 6x_3 + 2x_4 = 0 \end{cases}$$

有非零解?

解 方程组的系数矩阵 $\boldsymbol{A} = \begin{pmatrix} 2 & 1 & a+1 & 1 \\ 3 & -1 & a-1 & 1 \\ 1 & a-1 & 3 & 2 \\ a+2 & 0 & 6 & 2 \end{pmatrix}$. 当 $|\boldsymbol{A}| = 0$ 时, 齐次线性方程组有非零解.

在 MATLAB 命令窗口输入的命令及运行结果如下:

```
>> syms a %定义变量a
>> A=[2,1,a+1,1;3,-1,a-1,1;1,a-1,3,2;2+a,0,6,2];
%输入系数矩阵A
>> f=det(A) %计算系数矩阵A的行列式
f =
 -4*a^2+2*a +30
>> solve(f) %求解方程f=0
```

```
ans =
     3
  -5/2
```

由 MATLAB 运行结果可知, 当 $a=3$ 或 $a=-\dfrac{5}{2}$ 时, 齐次线性方程组有非零解.

数学史与数学家精神——行列式发展简史

习题二

基础题

1. 求下列排列的逆序数:

(1) 3527164; (2) 492365178;

(3) $n, n-1, n-2, \cdots 3, 2, 1$;

(4) $2, 4, 6, \cdots, 2n-2, 2n, 2n-1, 2n-3, \cdots, 5, 3, 1$.

2. 求下列行列式:

(1) $\begin{vmatrix} 201 & 100 & 302 \\ 401 & 200 & 599 \\ 598 & 300 & 901 \end{vmatrix}$; (2) $\begin{vmatrix} a & b & c \\ a^2 & b^2 & c^2 \\ b+c & c+a & a+b \end{vmatrix}$;

(3) $\begin{vmatrix} 0 & -1 & -1 & 2 \\ 1 & -1 & 0 & 2 \\ -1 & 2 & -1 & 0 \\ 2 & 1 & 1 & 0 \end{vmatrix}$; (4) $\begin{vmatrix} 1 & 1 & 1 & 1 \\ 1 & 1 & -1 & -1 \\ 1 & -1 & 1 & -1 \\ 1 & 1 & -1 & 1 \end{vmatrix}$.

3. 已知方阵 $\boldsymbol{A}=\begin{pmatrix} a & 1 & 1 \\ -2 & a & 1 \\ 1 & 1 & 1 \end{pmatrix}$ 不可逆, 求参数 a.

4. 设行列式

$$D=\begin{vmatrix} 1 & -2 & 2 & 3 \\ 1 & 1 & 3 & 2 \\ 1 & 0 & 2 & 1 \\ 2 & 3 & -1 & 1 \end{vmatrix},$$

证明 $A_{41}+3A_{43}+4A_{44}=A_{42}$, 这里 A_{ij} 为元素 a_{ij} 的代数余子式.

5. 使用克拉默法则求解线性方程组

$$\begin{cases} x_1 - x_2 + 2x_3 + x_4 = -2, \\ -2x_1 + x_2 + x_3 + x_4 = 3, \\ x_1 + x_2 + 3x_3 - x_4 = 0, \\ x_1 + x_2 - x_3 + 2x_4 = 0. \end{cases}$$

6. 证明:

(1) $\begin{vmatrix} ax+by & ay+bz & az+bx \\ ay+bz & az+bx & ax+by \\ az+bx & ax+by & ay+bz \end{vmatrix} = (a^3+b^3)\begin{vmatrix} x & y & z \\ y & z & x \\ z & x & y \end{vmatrix}$;

(2) $\begin{vmatrix} a^2 & (a+1)^2 & (a+2)^2 & (a+3)^2 \\ b^2 & (b+1)^2 & (b+2)^2 & (b+3)^2 \\ c^2 & (c+1)^2 & (c+2)^2 & (c+3)^2 \\ d^2 & (d+1)^2 & (d+2)^2 & (d+3)^2 \end{vmatrix} = 0.$

7. 计算下列行列式:

(1) $D_n = \begin{vmatrix} a_1 & 1 & 1 & \cdots & 1 \\ 1 & a_2 & 0 & \cdots & 0 \\ 1 & 0 & a_3 & \cdots & 0 \\ \vdots & \vdots & \vdots & & \vdots \\ 1 & 0 & 0 & \cdots & a_n \end{vmatrix}, \quad \prod_{i=1}^{n} a_i \neq 0;$

(2) $D_n = \begin{vmatrix} 1 & 1 & 1 & \cdots & 1 \\ 2 & 2^2 & 2^3 & \cdots & 2^n \\ 3 & 3^2 & 3^3 & \cdots & 3^n \\ \vdots & \vdots & \vdots & & \vdots \\ n & n^2 & n^3 & \cdots & n^n \end{vmatrix};$

(3) $D_n = \begin{vmatrix} x & a & \cdots & a \\ a & x & \cdots & a \\ \vdots & \vdots & & \vdots \\ a & a & \cdots & x \end{vmatrix};$

(4) $D_n = \begin{vmatrix} 1+a_1 & 1 & \cdots & 1 \\ 1 & 1+a_2 & \cdots & 1 \\ \vdots & \vdots & & \vdots \\ 1 & 1 & \cdots & 1+a_n \end{vmatrix}$, 其中$a_1a_2\cdots a_n \neq 0$.

8. 设矩阵 $\boldsymbol{A}$ 满足 $\boldsymbol{A}^2 - 2\boldsymbol{A} + 5\boldsymbol{E} = \boldsymbol{O}$. 证明 $\boldsymbol{A} - 3\boldsymbol{E}$ 可逆并求其逆矩阵.

9. 已知三阶方阵 $\boldsymbol{A}=\begin{pmatrix}a & 1 & 1\\ 1 & a & 1\\ 1 & 1 & a\end{pmatrix}$, 试讨论 $\boldsymbol{A}$ 的秩.

10. 设 $\boldsymbol{A}$ 为 n 阶方阵且满足 $\boldsymbol{A}^2=\boldsymbol{A}$, 证明 $R(\boldsymbol{A})+R(\boldsymbol{A}-\boldsymbol{E})=n$.

提高题

1. 计算 n 阶行列式

$$D_n=\begin{vmatrix}x_1 & a_2 & a_3 & \cdots & a_n\\ a_1 & x_2 & a_3 & \cdots & a_n\\ a_1 & a_2 & x_3 & \cdots & a_n\\ \vdots & \vdots & \vdots & & \vdots\\ a_1 & a_2 & a_3 & \cdots & x_n\end{vmatrix},$$

其中$x_i \neq a_i, i=1,2,\cdots,n$.

2. 计算 $2n$ 阶行列式

$$D_{2n}=\begin{vmatrix}a_n & & & & & b_n\\ & \ddots & & & \iddots & \\ & & a_1 & b_1 & & \\ & & c_1 & d_1 & & \\ & \iddots & & & \ddots & \\ c_n & & & & & d_n\end{vmatrix}.$$

3. 设 $\boldsymbol{A}$ 为 n 阶方阵, 证明 $|\boldsymbol{A}^*|=|\boldsymbol{A}|^{n-1}$, 其中 $\boldsymbol{A}^*$ 为 $\boldsymbol{A}$ 的伴随矩阵.

4. 设 $\boldsymbol{A}=(a_{ij})_{n\times n}$, 其中 $n\geqslant 2$, 证明

$$R(\boldsymbol{A}^*)=\begin{cases}n, R(\boldsymbol{A})=n,\\ 1, R(\boldsymbol{A})=n-1,\\ 0, R(\boldsymbol{A})\leqslant n-2.\end{cases}$$

5. 证明三条不同的直线

$$ax+by+c=0,\quad bx+cy+a=0,\quad cx+ay+b=0$$

相交于一点的充要条件为 $a+b+c=0$.

6. 设 $n(n\geqslant 3)$ 阶矩阵

$$\boldsymbol{A}=\begin{pmatrix}1 & a & a & \cdots & a\\ a & 1 & a & \cdots & a\\ a & a & 1 & \cdots & a\\ \vdots & \vdots & \vdots & & \vdots\\ a & a & a & \cdots & 1\end{pmatrix},$$

已知 $R(\boldsymbol{A})=n-1$, 求 a 的值.

7. 设 $\boldsymbol{\alpha},\boldsymbol{\beta}$ 为三维列向量, $\boldsymbol{A}=\boldsymbol{\alpha}\boldsymbol{\alpha}^{\mathrm{T}}+\boldsymbol{\beta}\boldsymbol{\beta}^{\mathrm{T}}$, 证明:

(1) $R(\boldsymbol{A})\leqslant 2$;

(2) 若 $\boldsymbol{\alpha}=k\boldsymbol{\beta}$, 则 $R(\boldsymbol{A})<2$.

8. 设 $\boldsymbol{A}$ 是 n 阶方阵, $\boldsymbol{A}\boldsymbol{A}^{\mathrm{T}}=\boldsymbol{E}$, $|\boldsymbol{A}|<0$, 求 $|\boldsymbol{A}+\boldsymbol{E}|$.

自 测 题 二

第三章　向量组与线性方程组

在第一章, 我们介绍了利用高斯消元法求解线性方程组, 这是一个最有效和最基本的方法. 但是, 对于一般的线性方程组, 如何判断其有解, 在有解的情况下, 解的结构如何, 并没有进行深入讨论. 本章将引入向量, 以向量和矩阵作为工具, 给出线性方程组有解的判定条件, 并在有解的情况下给出求解方法及解的表示.

3.0　引例: 楼层设计问题

一幢高层公寓使用模块建筑技术, 每层楼的建筑设计有 3 种设计方案可供选择: A 设计每层有 13 户, 包括 3 个三居室、6 个两居室和 4 个一居室; B 设计每层有 11 户, 包括 3 个三居室、4 个两居室和 4 个一居室; C 设计每层有 16 户, 包括 6 个三居室、6 个两居室和 4 个一居室.

设该高层公寓有 x_1 层采取 A 设计, 有 x_2 层采取 B 设计, 有 x_3 层采取 C 设计. 试问:

(1) 如何表示用 B 设计建造的三居室、两居室及一居室的数目?

(2) 如何表示该高层公寓所包含的三居室、两居室及一居室的数目?

(3) 是否有可能设计该高层公寓, 使恰有 120 个三居室、150 个两居室、112 个一居室?

通过这一章的学习, 我们可以利用向量和线性方程组的相关知识解决这个问题.

3.1　n 维向量空间

定义 3.1　由 n 个数 $a_1, a_2, \cdots, a_n$ 所组成的有序数组称为n 维向量, 这 n 个数称为该向量的 n 个分量, 第 i 个数 a_i 称为第 i 个分量.

n 维向量可以写成一行, 也可以写成一列, 分别称为行向量和列向量. 通常用 $\boldsymbol{\alpha}, \boldsymbol{\beta}, \boldsymbol{\gamma}, \cdots$ 来表示列向量, 相应地, 用 $\boldsymbol{\alpha}^{\mathrm{T}}, \boldsymbol{\beta}^{\mathrm{T}}, \boldsymbol{\gamma}^{\mathrm{T}}, \cdots$ 表示行向量. 如:

$$\boldsymbol{\alpha} = \begin{pmatrix} a_1 \\ a_2 \\ \vdots \\ a_n \end{pmatrix}, \quad \boldsymbol{\alpha}^{\mathrm{T}} = \begin{pmatrix} a_1, a_2, \cdots, a_n \end{pmatrix}.$$

由于行向量和列向量是互为转置的, 所以有时也记列向量 $\boldsymbol{\alpha} = (a_1, a_2, \cdots, a_n)^{\mathrm{T}}$.

在本书中, 如果没有特殊说明, 所讨论的向量都为列向量, 且只讨论分量为实数的向量.

通常所说的平面及空间中的向量是 n 维向量当 $n=2,3$ 时的情形. 在 $n>3$ 时, n 维向量没有直观的几何意义, 但我们仍然称它为向量.

定义 3.2 如果 n 维向量 $\boldsymbol{\alpha}=\begin{pmatrix}a_1\\a_2\\\vdots\\a_n\end{pmatrix}$ 与 $\boldsymbol{\beta}=\begin{pmatrix}b_1\\b_2\\\vdots\\b_n\end{pmatrix}$ 的对应分量都相等, 即 $a_i=b_i$ $(i=1,2,\cdots,n)$, 则称这两个 n 维向量相等, 记作 $\boldsymbol{\alpha}=\boldsymbol{\beta}$.

定义 3.3 n 维向量 $\boldsymbol{\alpha}=\begin{pmatrix}a_1\\a_2\\\vdots\\a_n\end{pmatrix}$, $\boldsymbol{\beta}=\begin{pmatrix}b_1\\b_2\\\vdots\\b_n\end{pmatrix}$ 的加法定义为

$$\boldsymbol{\alpha}+\boldsymbol{\beta}=\begin{pmatrix}a_1+b_1\\a_2+b_2\\\vdots\\a_n+b_n\end{pmatrix}.$$

由向量加法的定义, 容易推出如下运算律:

(1) $\boldsymbol{\alpha}+\boldsymbol{\beta}=\boldsymbol{\beta}+\boldsymbol{\alpha}$;

(2) $(\boldsymbol{\alpha}+\boldsymbol{\beta})+\boldsymbol{\gamma}=\boldsymbol{\alpha}+(\boldsymbol{\beta}+\boldsymbol{\gamma})$.

定义 3.4 分量全为 0 的向量 $\begin{pmatrix}0\\0\\\vdots\\0\end{pmatrix}$ 称为零向量, 记作 $\mathbf{0}$; 向量 $\begin{pmatrix}-a_1\\-a_2\\\vdots\\-a_n\end{pmatrix}$ 称为 $\boldsymbol{\alpha}=\begin{pmatrix}a_1\\a_2\\\vdots\\a_n\end{pmatrix}$ 的负向量, 记作 $-\boldsymbol{\alpha}$.

显然, 对所有的向量 $\boldsymbol{\alpha}$, 都有

(3) $\boldsymbol{\alpha}+\mathbf{0}=\boldsymbol{\alpha}$;

(4) $\boldsymbol{\alpha}+(-\boldsymbol{\alpha})=\mathbf{0}$.

由负向量, 可以定义向量的减法: $\boldsymbol{\alpha}-\boldsymbol{\beta}=\boldsymbol{\alpha}+(-\boldsymbol{\beta})$.

定义 3.5 设 k 为一个实数, 向量 $\boldsymbol{\alpha}=\begin{pmatrix}a_1\\a_2\\\vdots\\a_n\end{pmatrix}$, 称向量 $\begin{pmatrix}ka_1\\ka_2\\\vdots\\ka_n\end{pmatrix}$ 为数 k 与向量 $\boldsymbol{\alpha}$ 的数量乘法, 记作 $k\boldsymbol{\alpha}$.

由数量乘法的定义知, 如下运算律成立:

(5) $1\boldsymbol{\alpha}=\boldsymbol{\alpha}$;

(6) $k(\boldsymbol{\alpha}+\boldsymbol{\beta})=k\boldsymbol{\alpha}+k\boldsymbol{\beta}$;

(7) $(k+l)\boldsymbol{\alpha}=k\boldsymbol{\alpha}+l\boldsymbol{\alpha}$;

(8) $k(l\boldsymbol{\alpha})=(kl)\boldsymbol{\alpha}$.

定义 3.6 实数集 $\mathbf{R}$ 上所有 n 维向量构成的集合, 且在其上定义了加法和数量乘法运算, 称为n 维实向量空间, 记作 $\mathbf{R}^n$.

n 维向量空间 $\mathbf{R}^n$ 满足运算律 (1)—(8). 容易证明, $\mathbf{R}^n$ 中的加法和数量乘法运算还具有以下性质:

1. $0\boldsymbol{\alpha}=\mathbf{0}$;
2. $k\mathbf{0}=\mathbf{0}$;
3. 若 $k\boldsymbol{\alpha}=\mathbf{0}$, 则有 $k=0$ 或者 $\boldsymbol{\alpha}=\mathbf{0}$.

定义 3.7 设 W 为 $\mathbf{R}^n$ 的非空子集, 若

(1) 对任意的 $\boldsymbol{\alpha},\boldsymbol{\beta}\in W$, 有 $\boldsymbol{\alpha}+\boldsymbol{\beta}\in W$;

(2) 对任意的实数 k, 任意的 $\boldsymbol{\alpha}\in W$, 有 $k\boldsymbol{\alpha}\in W$,

则称 W 为 $\mathbf{R}^n$ 的子空间.

若 $\mathbf{R}^n$ 的一个非空子集满足上述条件 (1) 与 (2), 则称这个集合对向量的加法和数量乘法运算是封闭的.

例 3.1 集合 $W=\{\boldsymbol{x}=(0,x_2,x_3,\cdots,x_n)^{\mathrm{T}}\mid x_2,x_3,\cdots,x_n\in\mathbf{R}\}$ 是 $\mathbf{R}^n$ 的子空间.

证明 显然 W 是 $\mathbf{R}^n$ 的非空子集, 对任意的 $\boldsymbol{\alpha}=(0,a_2,a_3,\cdots,a_n)^{\mathrm{T}}$, $\boldsymbol{\beta}=(0,b_2,b_3,\cdots,b_n)^{\mathrm{T}}\in W$, 任意的 $k\in\mathbf{R}$, 有

$$\begin{aligned}\boldsymbol{\alpha}+\boldsymbol{\beta}=(0,a_2+b_2,a_3+b_3,\cdots,a_n+b_n)^{\mathrm{T}}\in W,\\ k\boldsymbol{\alpha}=(0,ka_2,ka_3,\cdots,ka_n)^{\mathrm{T}}\in W,\end{aligned}$$

所以 W 是 $\mathbf{R}^n$ 的一个子空间. □

例 3.2 n 元齐次线性方程组的解集

$$S=\{\boldsymbol{x}\mid \boldsymbol{A}\boldsymbol{x}=\mathbf{0}\}$$

是 $\mathbf{R}^n$ 的一个子空间, 称为齐次线性方程组 $\boldsymbol{A}\boldsymbol{x}=\mathbf{0}$ 的解空间.

证明 因为 $\mathbf{0}\in S$, 所以 S 是 $\mathbf{R}^n$ 的非空子集, 对任意的 $\boldsymbol{\alpha},\boldsymbol{\beta}\in S$, 任意的 $k\in\mathbf{R}$, 有

$$\boldsymbol{A}(\boldsymbol{\alpha}+\boldsymbol{\beta})=\boldsymbol{A}\boldsymbol{\alpha}+\boldsymbol{A}\boldsymbol{\beta}=\mathbf{0}+\mathbf{0}=\mathbf{0},$$

于是, $\boldsymbol{\alpha}+\boldsymbol{\beta}\in S$. 由于

$$\boldsymbol{A}(k\boldsymbol{\alpha})=k\boldsymbol{A}\boldsymbol{\alpha}=k\mathbf{0}=\mathbf{0},$$

因此, $k\boldsymbol{\alpha}\in S$.

综上所述, S 是 $\mathbf{R}^n$ 的一个子空间. □

3.2 向量组及其线性相关性

这一节, 我们来讨论向量之间的线性关系.

3.2.1 向量组及其线性组合

若干个同维数的列向量 (或同维数的行向量) 所组成的集合称为向量组. 例如, $\boldsymbol{\alpha}_1 = (-1,1,2)^{\mathrm{T}}, \boldsymbol{\alpha}_2 = (3,1,-1)^{\mathrm{T}}, \boldsymbol{\alpha}_3 = (0,0,1)^{\mathrm{T}}$ 是由三个 3 维列向量构成的向量组. 一个矩阵的所有列向量 (或行向量) 构成一个向量组.

下面我们讨论只含有有限个向量的向量组, 其结果也可以推广到含有无限个向量的向量组.

定义 3.8 给定向量组 $\boldsymbol{\alpha}_1, \boldsymbol{\alpha}_2, \cdots, \boldsymbol{\alpha}_s$, 对任意一组数 $k_1, k_2, \cdots, k_s$, 下式

$$k_1\boldsymbol{\alpha}_1 + k_2\boldsymbol{\alpha}_2 + \cdots + k_s\boldsymbol{\alpha}_s$$

称为向量组 $\boldsymbol{\alpha}_1, \boldsymbol{\alpha}_2, \cdots, \boldsymbol{\alpha}_s$ 的一个线性组合, $k_1, k_2, \cdots, k_s$ 称为这个线性组合的系数.

定义 3.9 给定向量组 $\boldsymbol{\alpha}_1, \boldsymbol{\alpha}_2, \cdots, \boldsymbol{\alpha}_s$ 和向量 $\boldsymbol{\alpha}$, 如果存在一组数 $\lambda_1, \lambda_2, \cdots, \lambda_s$, 使得

$$\boldsymbol{\alpha} = \lambda_1\boldsymbol{\alpha}_1 + \lambda_2\boldsymbol{\alpha}_2 + \cdots + \lambda_s\boldsymbol{\alpha}_s,$$

则称向量 $\boldsymbol{\alpha}$ 可由向量组 $\boldsymbol{\alpha}_1, \boldsymbol{\alpha}_2, \cdots, \boldsymbol{\alpha}_s$线性表示.

例如, 向量组 $\boldsymbol{\alpha}_1 = (1,1,-1)^{\mathrm{T}}, \boldsymbol{\alpha}_2 = (2,-3,2)^{\mathrm{T}}$, 向量 $\boldsymbol{\alpha} = (3,-2,1)^{\mathrm{T}}$, 则有 $\boldsymbol{\alpha} = \boldsymbol{\alpha}_1 + \boldsymbol{\alpha}_2$, 即向量 $\boldsymbol{\alpha}$ 可由向量组 $\boldsymbol{\alpha}_1, \boldsymbol{\alpha}_2$ 线性表示.

又如, 任意一个 n 维向量 $\boldsymbol{\alpha} = (a_1, a_2, \cdots, a_n)^{\mathrm{T}}$ 都可由向量组 $\boldsymbol{\varepsilon}_1 = (1,0,\cdots,0)^{\mathrm{T}}$, $\boldsymbol{\varepsilon}_2 = (0,1,\cdots,0)^{\mathrm{T}}, \cdots, \boldsymbol{\varepsilon}_n = (0,0,\cdots,1)^{\mathrm{T}}$ 线性表示. 事实上,

$$\boldsymbol{\alpha} = a_1\boldsymbol{\varepsilon}_1 + a_2\boldsymbol{\varepsilon}_2 + \cdots a_n\boldsymbol{\varepsilon}_n.$$

向量组 $\boldsymbol{\varepsilon}_1, \boldsymbol{\varepsilon}_2, \cdots, \boldsymbol{\varepsilon}_n$ 称为n 维单位坐标向量组.

例 3.3 设 $\boldsymbol{\alpha}_1 = \begin{pmatrix} 1 \\ 0 \\ 0 \\ 3 \end{pmatrix}, \boldsymbol{\alpha}_2 = \begin{pmatrix} 1 \\ 1 \\ -1 \\ 2 \end{pmatrix}, \boldsymbol{\alpha}_3 = \begin{pmatrix} 1 \\ 2 \\ -2 \\ 1 \end{pmatrix}, \boldsymbol{\beta} = \begin{pmatrix} 0 \\ 1 \\ -1 \\ -1 \end{pmatrix}$, 问 $\boldsymbol{\beta}$ 是否可以由向量组 $\boldsymbol{\alpha}_1, \boldsymbol{\alpha}_2, \boldsymbol{\alpha}_3$ 线性表示? 如果可以, 请写出表达式.

解 设 $\boldsymbol{\beta} = x_1\boldsymbol{\alpha}_1 + x_2\boldsymbol{\alpha}_2 + x_3\boldsymbol{\alpha}_3$, 则问题转化为非齐次线性方程组

$$\begin{cases} x_1 + x_2 + x_3 = 0, \\ x_2 + 2x_3 = 1, \\ -x_2 - 2x_3 = -1, \\ 3x_1 + 2x_2 + x_3 = -1 \end{cases}$$

是否有解? 对方程组的增广矩阵施行初等行变换:

$$\bar{\boldsymbol{A}}=\left(\begin{array}{ccc:c}1&1&1&0\\0&1&2&1\\0&-1&-2&-1\\3&2&1&-1\end{array}\right)\xrightarrow{r_4-3r_1}\left(\begin{array}{ccc:c}1&1&1&0\\0&1&2&1\\0&-1&-2&-1\\0&-1&-2&-1\end{array}\right)$$

$$\xrightarrow[r_4+r_2]{r_3+r_2}\left(\begin{array}{ccc:c}1&1&1&0\\0&1&2&1\\0&0&0&0\\0&0&0&0\end{array}\right)\xrightarrow{r_1-r_2}\left(\begin{array}{ccc:c}1&0&-1&-1\\0&1&2&1\\0&0&0&0\\0&0&0&0\end{array}\right),$$

得同解方程组

$$\begin{cases}x_1\quad\ \ -\ x_3=-1,\\ \qquad x_2+2x_3=\ \ 1.\end{cases}$$

令 $x_3=c$, 解得原方程组的所有解为

$$\begin{pmatrix}x_1\\x_2\\x_3\end{pmatrix}=\begin{pmatrix}c-1\\-2c+1\\c\end{pmatrix}.$$

从而 $\boldsymbol{\beta}$ 可以由向量组 $\boldsymbol{\alpha}_1,\boldsymbol{\alpha}_2,\boldsymbol{\alpha}_3$ 线性表示, 且

$$\boldsymbol{\beta}=(c-1)\boldsymbol{\alpha}_1+(-2c+1)\boldsymbol{\alpha}_2+c\boldsymbol{\alpha}_3,$$

其中 c 为任意常数.

定义 3.10 如果向量组 $\boldsymbol{\alpha}_1,\boldsymbol{\alpha}_2,\cdots,\boldsymbol{\alpha}_t$ 中的每一个向量 $\boldsymbol{\alpha}_i(i=1,2,\cdots,t)$ 都可以由向量组 $\boldsymbol{\beta}_1,\boldsymbol{\beta}_2,\cdots,\boldsymbol{\beta}_s$ 线性表示, 则称向量组 $\boldsymbol{\alpha}_1,\boldsymbol{\alpha}_2,\cdots,\boldsymbol{\alpha}_t$ 可以由向量组 $\boldsymbol{\beta}_1,\boldsymbol{\beta}_2,\cdots,\boldsymbol{\beta}_s$ 线性表示, 如果两个向量组可以互相线性表示, 则称这两个向量组等价.

例如, 设

$$\boldsymbol{\alpha}_1=\begin{pmatrix}1\\1\\1\end{pmatrix},\quad \boldsymbol{\alpha}_2=\begin{pmatrix}1\\2\\0\end{pmatrix},$$

$$\boldsymbol{\beta}_1=\begin{pmatrix}1\\0\\2\end{pmatrix},\quad \boldsymbol{\beta}_2=\begin{pmatrix}0\\1\\-1\end{pmatrix},$$

则向量组 $\boldsymbol{\alpha}_1,\boldsymbol{\alpha}_2$ 与向量组 $\boldsymbol{\beta}_1,\boldsymbol{\beta}_2$ 是等价的.

由向量组等价的定义可得, 向量组的等价具有以下性质:

(1) 自反性 每一个向量组都与它自身等价;

(2) 对称性　如果向量组 $\boldsymbol{\alpha}_1,\boldsymbol{\alpha}_2,\cdots,\boldsymbol{\alpha}_t$ 与 $\boldsymbol{\beta}_1,\boldsymbol{\beta}_2,\cdots,\boldsymbol{\beta}_s$ 等价, 则向量组 $\boldsymbol{\beta}_1,\boldsymbol{\beta}_2,\cdots,\boldsymbol{\beta}_s$ 也与 $\boldsymbol{\alpha}_1,\boldsymbol{\alpha}_2,\cdots,\boldsymbol{\alpha}_t$ 等价;

(3) 传递性　如果向量组 $\boldsymbol{\alpha}_1,\boldsymbol{\alpha}_2,\cdots,\boldsymbol{\alpha}_t$ 与 $\boldsymbol{\beta}_1,\boldsymbol{\beta}_2,\cdots,\boldsymbol{\beta}_s$ 等价, $\boldsymbol{\beta}_1,\boldsymbol{\beta}_2,\cdots,\boldsymbol{\beta}_s$ 与 $\boldsymbol{\gamma}_1,\boldsymbol{\gamma}_2,\cdots,\boldsymbol{\gamma}_p$ 等价, 则 $\boldsymbol{\alpha}_1,\boldsymbol{\alpha}_2,\cdots,\boldsymbol{\alpha}_t$ 与 $\boldsymbol{\gamma}_1,\boldsymbol{\gamma}_2,\cdots,\boldsymbol{\gamma}_p$ 也等价.

设矩阵 $\boldsymbol{A}$ 与 $\boldsymbol{B}$ 行等价, 则 $\boldsymbol{B}$ 的每个行向量都是 $\boldsymbol{A}$ 的行向量组的线性组合, 即 $\boldsymbol{B}$ 的行向量组能由 $\boldsymbol{A}$ 的行向量组线性表示, 由于初等变换是可逆的, 矩阵 $\boldsymbol{B}$ 与 $\boldsymbol{A}$ 也行等价, 从而 $\boldsymbol{A}$ 的行向量组也可由 $\boldsymbol{B}$ 的行向量组线性表示. 于是 $\boldsymbol{A}$ 的行向量组与 $\boldsymbol{B}$ 的行向量组等价.

同理, 若矩阵 $\boldsymbol{A}$ 与矩阵 $\boldsymbol{B}$ 列等价, 则 $\boldsymbol{A}$ 的列向量组与 $\boldsymbol{B}$ 的列向量组等价.

3.2.2 向量组的线性相关性

如图 3.1 所示, 三维空间中的向量 $\boldsymbol{\alpha}_4$ 可以表示为 $\boldsymbol{\alpha}_4=\boldsymbol{\alpha}_1+\boldsymbol{\alpha}_2$, 于是 $\boldsymbol{\alpha}_1,\boldsymbol{\alpha}_2,\boldsymbol{\alpha}_4$ 共面, 从而它们张成的平行六面体退化成一个面, 体积为 0, 此时 $\boldsymbol{\alpha}_1,\boldsymbol{\alpha}_2,\boldsymbol{\alpha}_4$ 线性相关. $\boldsymbol{\alpha}_1,\boldsymbol{\alpha}_2,\boldsymbol{\alpha}_3$ 这三个向量, 任意一个都不能由其他两个向量线性表示, 说明它们是异面的, 从而这三个向量张成的平行六面体的体积不为 0, 此时 $\boldsymbol{\alpha}_1,\boldsymbol{\alpha}_2,\boldsymbol{\alpha}_3$ 线性无关. 我们把向量之间的这种关系进行推广, 就是本小节要讨论的向量组的线性相关性问题.

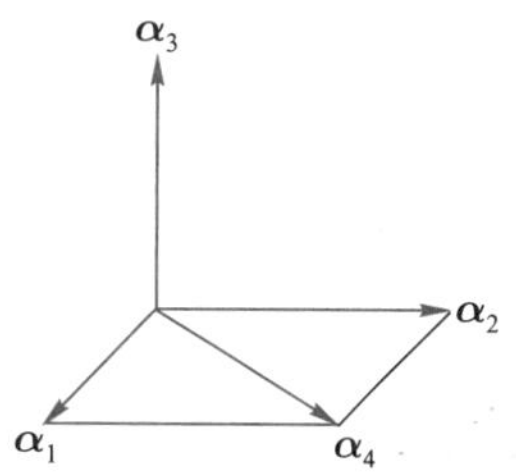

图 3.1

定义 3.11　给定向量组 $\boldsymbol{\alpha}_1,\boldsymbol{\alpha}_2,\cdots,\boldsymbol{\alpha}_s$, 如果存在不全为零的数 $k_1,k_2,\cdots,k_s$, 使得

$$k_1\boldsymbol{\alpha}_1+k_2\boldsymbol{\alpha}_2+\cdots+k_s\boldsymbol{\alpha}_s=\mathbf{0},$$

则称向量组 $\boldsymbol{\alpha}_1,\boldsymbol{\alpha}_2,\cdots,\boldsymbol{\alpha}_s$线性相关, 否则称向量组 $\boldsymbol{\alpha}_1,\boldsymbol{\alpha}_2,\cdots,\boldsymbol{\alpha}_s$线性无关.

例如, 向量组 $\boldsymbol{\alpha}_1=(1,1,-1)^{\mathrm{T}},\boldsymbol{\alpha}_2=(2,-3,2)^{\mathrm{T}}$, $\boldsymbol{\alpha}_3=(3,-2,1)^{\mathrm{T}}$, 则 $\boldsymbol{\alpha}_1+\boldsymbol{\alpha}_2-\boldsymbol{\alpha}_3=\mathbf{0}$, 而 $1,1,-1$ 不全为零, 故向量组 $\boldsymbol{\alpha}_1,\boldsymbol{\alpha}_2,\boldsymbol{\alpha}_3$ 线性相关.

向量组 $\boldsymbol{\alpha}_1,\boldsymbol{\alpha}_2,\cdots,\boldsymbol{\alpha}_s$ 线性相关, 则向量组中至少有一个向量可以由其余 $s-1$ 个向量线性表示. 事实上, 存在不全为零的数 $k_1,k_2,\cdots,k_s$, 使得

$$k_1\boldsymbol{\alpha}_1+k_2\boldsymbol{\alpha}_2+\cdots+k_s\boldsymbol{\alpha}_s=\mathbf{0},$$

不妨设 $k_1\neq 0$, 于是有

$$\boldsymbol{\alpha}_1=-\frac{k_2}{k_1}\boldsymbol{\alpha}_2-\frac{k_3}{k_1}\boldsymbol{\alpha}_3-\cdots-\frac{k_s}{k_1}\boldsymbol{\alpha}_s,$$

即 $\boldsymbol{\alpha}_1$ 可由 $\boldsymbol{\alpha}_2,\boldsymbol{\alpha}_3,\cdots,\boldsymbol{\alpha}_s$ 线性表示.

由向量组线性相关和线性无关的定义, 可得下面的结论.

定理 3.1　(1) 如果一个向量组的一部分线性相关, 那么这个向量组也线性相关;

(2) 如果一个向量组线性无关, 那么它的任何一个部分组也线性无关;

(3) 若一个向量组中含有零向量, 则该向量组线性相关;

(4) 只含有一个向量的向量组 $\{\boldsymbol{\alpha}\}$ 线性相关当且仅当 $\boldsymbol{\alpha}=\mathbf{0}$.

证明 (1) 给定向量组 $\boldsymbol{\alpha}_1,\boldsymbol{\alpha}_2,\cdots,\boldsymbol{\alpha}_r$, 不妨设 $\boldsymbol{\alpha}_1,\boldsymbol{\alpha}_2,\cdots,\boldsymbol{\alpha}_s(s\leqslant r)$ 为其中的一部分且线性相关, 即存在不全为零的数 $k_1,k_2,\cdots,k_s$, 使得

$$k_1\boldsymbol{\alpha}_1+k_2\boldsymbol{\alpha}_2+\cdots+k_s\boldsymbol{\alpha}_s=\mathbf{0}.$$

则

$$k_1\boldsymbol{\alpha}_1+k_2\boldsymbol{\alpha}_2+\cdots+k_s\boldsymbol{\alpha}_s+0\alpha_{s+1}+\cdots+0\boldsymbol{\alpha}_r=\mathbf{0},$$

从而 $\boldsymbol{\alpha}_1,\boldsymbol{\alpha}_2,\cdots,\boldsymbol{\alpha}_r$ 线性相关.

(2) 由 (1) 显然可得.

(3) 设向量组为 $\boldsymbol{\alpha}_1,\boldsymbol{\alpha}_2,\cdots,\boldsymbol{\alpha}_{i-1},\mathbf{0},\boldsymbol{\alpha}_{i+1},\cdots,\boldsymbol{\alpha}_r$, 则

$$0\boldsymbol{\alpha}_1+0\boldsymbol{\alpha}_2+\cdots+0\boldsymbol{\alpha}_{i-1}+1\cdot\mathbf{0}+0\boldsymbol{\alpha}_{i+1}+\cdots+0\boldsymbol{\alpha}_r=\mathbf{0}.$$

而 $0,0,\cdots,0,1,0,\cdots,0$ 不全为零, 所以 $\boldsymbol{\alpha}_1,\boldsymbol{\alpha}_2,\cdots,\boldsymbol{\alpha}_{i-1},\mathbf{0},\boldsymbol{\alpha}_{i+1},\cdots,\boldsymbol{\alpha}_r$ 线性相关.

(4) 必要性: 设向量组 $\{\boldsymbol{\alpha}\}$ 线性相关, 则存在不为零的数 k, 使得

$$k\boldsymbol{\alpha}=\mathbf{0},$$

故 $\boldsymbol{\alpha}=\mathbf{0}$.

充分性: 若 $\boldsymbol{\alpha}=\mathbf{0}$, 则 $1\cdot\boldsymbol{\alpha}=\mathbf{0}$, 故 $\{\boldsymbol{\alpha}\}$ 线性相关. □

由上述定理 3.1 中的 (4) 可知, 向量组 $\{\boldsymbol{\alpha}\}$ 线性无关当且仅当 $\boldsymbol{\alpha}\neq\mathbf{0}$.

例 3.4 证明 n 维单位坐标向量组 $\boldsymbol{\varepsilon}_1,\boldsymbol{\varepsilon}_2,\cdots,\boldsymbol{\varepsilon}_n$ 线性无关.

证明 设

$$k_1\boldsymbol{\varepsilon}_1+k_2\boldsymbol{\varepsilon}_2+\cdots+k_n\boldsymbol{\varepsilon}_n=\mathbf{0},$$

即

$$k_1(1,0,\cdots,0)^{\mathrm{T}}+k_2(0,1,\cdots,0)^{\mathrm{T}}+\cdots+k_n(0,0,\cdots,1)^{\mathrm{T}}=(0,0,\cdots,0)^{\mathrm{T}},$$

从而

$$(k_1,k_2,\cdots,k_n)^{\mathrm{T}}=(0,0,\cdots,0)^{\mathrm{T}}.$$

可以推出 $k_1=k_2=\cdots=k_n=0$, 所以 $\boldsymbol{\varepsilon}_1,\boldsymbol{\varepsilon}_2,\cdots,\boldsymbol{\varepsilon}_n$ 线性无关. □

由向量组线性相关的定义可知, 讨论向量组的线性相关性可以归结为解齐次线性方程组的问题.

例 3.5 判断向量组 $\boldsymbol{\alpha}_1=\begin{pmatrix}2\\-1\\3\\1\end{pmatrix}$, $\boldsymbol{\alpha}_2=\begin{pmatrix}4\\-2\\5\\4\end{pmatrix}$, $\boldsymbol{\alpha}_3=\begin{pmatrix}2\\-1\\4\\-1\end{pmatrix}$ 是否线性相关?

解 令 $x_1\boldsymbol{\alpha}_1+x_2\boldsymbol{\alpha}_2+x_3\boldsymbol{\alpha}_3=\mathbf{0}$, 则

$$\begin{cases} 2x_1+4x_2+2x_3=0, \\ -x_1-2x_2-\ \ x_3=0, \\ 3x_1+5x_2+4x_3=0, \\ \ \ x_1+4x_2-\ \ x_3=0. \end{cases} \tag{3.2.1}$$

对系数矩阵施行初等行变换:

$$\boldsymbol{A}=\begin{pmatrix} 2 & 4 & 2 \\ -1 & -2 & -1 \\ 3 & 5 & 4 \\ 1 & 4 & -1 \end{pmatrix} \underset{r_2\times(-1)}{\underrightarrow{r_1\times\frac{1}{2}}} \begin{pmatrix} 1 & 2 & 1 \\ 1 & 2 & 1 \\ 3 & 5 & 4 \\ 1 & 4 & -1 \end{pmatrix} \underset{r_4-r_1}{\underrightarrow{\substack{r_2-r_1\\ r_3-3r_1}}} \begin{pmatrix} 1 & 2 & 1 \\ 0 & 0 & 0 \\ 0 & -1 & 1 \\ 0 & 2 & -2 \end{pmatrix}$$

$$\underset{r_2\leftrightarrow r_3}{\underrightarrow{\substack{r_4+2r_3\\ r_3\times(-1)}}} \begin{pmatrix} 1 & 2 & 1 \\ 0 & 1 & -1 \\ 0 & 0 & 0 \\ 0 & 0 & 0 \end{pmatrix} \underrightarrow{r_1-2r_2} \begin{pmatrix} 1 & 0 & 3 \\ 0 & 1 & -1 \\ 0 & 0 & 0 \\ 0 & 0 & 0 \end{pmatrix},$$

得同解方程组

$$\begin{cases} x_1 \qquad +3x_3=0, \\ \qquad x_2-\ \ x_3=0, \end{cases}$$

其中 x_3 为自由未知量, 方程组 (3.2.1) 有非零解. 从而存在不全为零的 x_1,x_2,x_3, 使得 $x_1\boldsymbol{\alpha}_1+x_2\boldsymbol{\alpha}_2+x_3\boldsymbol{\alpha}_3=\mathbf{0}$, 所以向量组 $\boldsymbol{\alpha}_1,\boldsymbol{\alpha}_2,\boldsymbol{\alpha}_3$ 线性相关.

定理 3.2 如果向量组 $\boldsymbol{\alpha}_i=\begin{pmatrix} a_{i1} \\ a_{i2} \\ \vdots \\ a_{in} \end{pmatrix}$ $(i=1,2,\cdots,s)$ 线性无关, 那么在每一个向量上添一个分量所得到的 $n+1$ 维向量组 $\boldsymbol{\beta}_i=\begin{pmatrix} a_{i1} \\ a_{i2} \\ \vdots \\ a_{in} \\ a_{i,n+1} \end{pmatrix}$ $(i=1,2,\cdots,s)$ 也线性无关.

证明 由 $\boldsymbol{\alpha}_1,\boldsymbol{\alpha}_2,\cdots,\boldsymbol{\alpha}_s$ 线性无关, 知

$$x_1\boldsymbol{\alpha}_1+x_2\boldsymbol{\alpha}_2+\cdots+x_s\boldsymbol{\alpha}_s=\mathbf{0}$$

只有零解, 即齐次线性方程组

$$\begin{cases} a_{11}x_1+\ a_{21}x_2+\cdots+a_{s1}x_s=0, \\ a_{12}x_1+\ a_{22}x_2+\cdots+a_{s2}x_s=0, \\ \qquad\cdots\cdots\cdots\cdots \\ a_{1n}x_1+\ a_{2n}x_2+\cdots+a_{sn}x_s=\ 0 \end{cases} \tag{3.2.2}$$

只有零解.

令

$$x_1\boldsymbol{\beta}_1+x_2\boldsymbol{\beta}_2+\cdots+x_s\boldsymbol{\beta}_s=\mathbf{0},$$

则对应的齐次线性方程组为

$$\begin{cases} a_{11}x_1+\quad a_{21}x_2+\cdots+\quad a_{s1}x_s=0,\\ a_{12}x_1+\quad a_{22}x_2+\cdots+\quad a_{s2}x_s=0,\\ \qquad\cdots\cdots\cdots\cdots\\ a_{1n}x_1+\quad a_{2n}x_2+\cdots+\quad a_{sn}x_s=0,\\ a_{1,n+1}x_1+a_{2,n+1}x_2+\cdots+a_{s,n+1}x_s=0. \end{cases} \tag{3.2.3}$$

显然, 方程组 (3.2.3) 的解都是方程组 (3.2.2) 的解, 而方程组 (3.2.2) 只有零解, 故方程组 (3.2.3) 也只有零解, 所以向量组 $\boldsymbol{\beta}_1,\boldsymbol{\beta}_2,\cdots,\boldsymbol{\beta}_s$ 线性无关. □

定理 3.3 设向量组 $\boldsymbol{\alpha}_1,\boldsymbol{\alpha}_2,\cdots,\boldsymbol{\alpha}_s$ 线性无关, 而向量组 $\boldsymbol{\alpha}_1,\boldsymbol{\alpha}_2,\cdots,\boldsymbol{\alpha}_s,\boldsymbol{\beta}$ 线性相关, 则 $\boldsymbol{\beta}$ 可由 $\boldsymbol{\alpha}_1,\boldsymbol{\alpha}_2,\cdots,\boldsymbol{\alpha}_s$ 线性表示;

证明 因 $\boldsymbol{\alpha}_1,\boldsymbol{\alpha}_2,\cdots,\boldsymbol{\alpha}_s,\boldsymbol{\beta}$ 线性相关, 故存在不全为零的数 $k_1,k_2,\cdots,k_s,k$, 使得

$$k_1\boldsymbol{\alpha}_1+k_2\boldsymbol{\alpha}_2+\cdots+k_s\boldsymbol{\alpha}_s+k\boldsymbol{\beta}=\mathbf{0}.$$

若 $k=0$, 则有

$$k_1\boldsymbol{\alpha}_1+k_2\boldsymbol{\alpha}_2+\cdots+k_s\boldsymbol{\alpha}_s=\mathbf{0},$$

而 $\boldsymbol{\alpha}_1,\boldsymbol{\alpha}_2,\cdots,\boldsymbol{\alpha}_s$ 线性无关, 故 $k_1=k_2=\cdots=k_s=0$, 与 $\boldsymbol{\alpha}_1,\boldsymbol{\alpha}_2,\cdots,\boldsymbol{\alpha}_s,\boldsymbol{\beta}$ 线性相关矛盾, 从而 $k\neq 0$, 于是

$$\boldsymbol{\beta}=-\frac{k_1}{k}\boldsymbol{\alpha}_1-\frac{k_2}{k}\boldsymbol{\alpha}_2-\cdots-\frac{k_s}{k}\boldsymbol{\alpha}_s.$$

即 $\boldsymbol{\beta}$ 可由 $\boldsymbol{\alpha}_1,\boldsymbol{\alpha}_2,\cdots,\boldsymbol{\alpha}_s$ 线性表示. □

定理 3.4 设向量组 $\boldsymbol{\alpha}_1,\boldsymbol{\alpha}_2,\cdots,\boldsymbol{\alpha}_r$ 与 $\boldsymbol{\beta}_1,\boldsymbol{\beta}_2,\cdots,\boldsymbol{\beta}_s$ 满足:

(1) 向量组 $\boldsymbol{\alpha}_1,\boldsymbol{\alpha}_2,\cdots,\boldsymbol{\alpha}_r$ 可由向量组 $\boldsymbol{\beta}_1,\boldsymbol{\beta}_2,\cdots,\boldsymbol{\beta}_s$ 线性表示;

(2) $r>s$,

则向量组 $\boldsymbol{\alpha}_1,\boldsymbol{\alpha}_2,\cdots,\boldsymbol{\alpha}_r$ 线性相关.

证明 由 (1) 可知, 存在 $t_{ij}(i=1,2,\cdots,s;j=1,2,\cdots,r)$, 使得

$$\boldsymbol{\alpha}_1=t_{11}\boldsymbol{\beta}_1+t_{21}\boldsymbol{\beta}_2+\cdots+t_{s1}\boldsymbol{\beta}_s,$$

$$\boldsymbol{\alpha}_2=t_{12}\boldsymbol{\beta}_1+t_{22}\boldsymbol{\beta}_2+\cdots+t_{s2}\boldsymbol{\beta}_s,$$

$$\cdots\cdots\cdots\cdots$$

$$\boldsymbol{\alpha}_r=t_{1r}\boldsymbol{\beta}_1+t_{2r}\boldsymbol{\beta}_2+\cdots+t_{sr}\boldsymbol{\beta}_s.$$

令

$$x_1\boldsymbol{\alpha}_1+x_2\boldsymbol{\alpha}_2+\cdots+x_r\boldsymbol{\alpha}_r=\mathbf{0},$$

只需说明存在不全为零的 $x_1,x_2,\cdots,x_r$, 使得上式成立. 我们考虑线性组合

$$\begin{aligned}&x_1\boldsymbol{\alpha}_1+x_2\boldsymbol{\alpha}_2+\cdots+x_r\boldsymbol{\alpha}_r\\=&x_1(t_{11}\boldsymbol{\beta}_1+t_{21}\boldsymbol{\beta}_2+\cdots+t_{s1}\boldsymbol{\beta}_s)+x_2(t_{12}\boldsymbol{\beta}_1+t_{22}\boldsymbol{\beta}_2+\cdots+t_{s2}\boldsymbol{\beta}_s)+\cdots+\\&x_r(t_{1r}\boldsymbol{\beta}_1+t_{2r}\boldsymbol{\beta}_2+\cdots+t_{sr}\boldsymbol{\beta}_s)\\=&(t_{11}x_1+t_{12}x_2+\cdots+t_{1r}x_r)\boldsymbol{\beta}_1+(t_{21}x_1+t_{22}x_2+\cdots+t_{2r}x_r)\boldsymbol{\beta}_2+\cdots+\\&(t_{s1}x_1+t_{s2}x_2+\cdots+t_{sr}x_r)\boldsymbol{\beta}_s.\end{aligned}\tag{3.2.4}$$

在齐次线性方程组

$$\begin{cases}t_{11}x_1+\ t_{12}x_2+\cdots+t_{1r}x_r=0,\\t_{21}x_1+\ t_{22}x_2+\cdots+t_{2r}x_r=0,\\\qquad\cdots\cdots\cdots\cdots\\t_{s1}x_1+\ t_{s2}x_2+\cdots+t_{sr}x_r=\ 0\end{cases}$$

中, 由条件 $r>s$ 知, 该方程组有非零解, 所以存在不全为零的 $x_1,x_2,\cdots,x_r$, 使得等式 (3.2.4) 最右端的线性组合中 $\boldsymbol{\beta}_1,\boldsymbol{\beta}_2,\cdots,\boldsymbol{\beta}_s$ 的系数全为零, 从而存在不全为零的 $x_1,x_2,\cdots,x_r$, 使得

$$x_1\boldsymbol{\alpha}_1+x_2\boldsymbol{\alpha}_2+\cdots+x_r\boldsymbol{\alpha}_r=\mathbf{0}.$$

综上所述, 向量组 $\boldsymbol{\alpha}_1,\boldsymbol{\alpha}_2,\cdots,\boldsymbol{\alpha}_r$ 线性相关. □

推论 3.1 如果向量组 $\boldsymbol{\alpha}_1,\boldsymbol{\alpha}_2,\cdots,\boldsymbol{\alpha}_r$ 可以由向量组 $\boldsymbol{\beta}_1,\boldsymbol{\beta}_2,\cdots,\boldsymbol{\beta}_s$ 线性表示, 且 $\boldsymbol{\alpha}_1,\boldsymbol{\alpha}_2,\cdots,\boldsymbol{\alpha}_r$ 线性无关, 那么 $r\leqslant s$.

推论 3.2 任意 $n+1$ 个 n 维向量线性相关.

证明 设 $\boldsymbol{\alpha}_1,\boldsymbol{\alpha}_2,\cdots,\boldsymbol{\alpha}_{n+1}$ 为 $n+1$ 个 n 维向量构成的向量组, 则向量组 $\boldsymbol{\alpha}_1,\boldsymbol{\alpha}_2,\cdots,\boldsymbol{\alpha}_{n+1}$ 可由单位坐标向量组 $\boldsymbol{\varepsilon}_1,\boldsymbol{\varepsilon}_2,\cdots,\boldsymbol{\varepsilon}_n$ 线性表示. 又 $n+1>n$, 由定理 3.4 知, 向量组 $\boldsymbol{\alpha}_1,\boldsymbol{\alpha}_2,\cdots,\boldsymbol{\alpha}_{n+1}$ 线性相关. □

推论 3.3 两个等价的线性无关的向量组必含有相同个数的向量.

证明 设 $\boldsymbol{\alpha}_1,\boldsymbol{\alpha}_2,\cdots,\boldsymbol{\alpha}_r$ 与 $\boldsymbol{\beta}_1,\boldsymbol{\beta}_2,\cdots,\boldsymbol{\beta}_s$ 为两个等价的线性无关的向量组, 则 $\boldsymbol{\alpha}_1,\boldsymbol{\alpha}_2,\cdots,\boldsymbol{\alpha}_r$ 可由 $\boldsymbol{\beta}_1,\boldsymbol{\beta}_2,\cdots,\boldsymbol{\beta}_s$ 线性表示, 而 $\boldsymbol{\alpha}_1,\boldsymbol{\alpha}_2,\cdots,\boldsymbol{\alpha}_r$ 线性无关, 由推论 3.1, $r\leqslant s$, 同理可知 $s\leqslant r$, 所以 $r=s$. □

3.2.3 向量组的秩

在第二章, 我们介绍了矩阵的秩的概念, 这一小节将引入向量组的秩的概念, 并讨论矩阵的秩与向量组的秩的关系.

定义 3.12 给定向量组 $\boldsymbol{\alpha}_1,\boldsymbol{\alpha}_2,\cdots,\boldsymbol{\alpha}_s$, 若在其中存在 r 个向量 $\boldsymbol{\alpha}_{i_1},\boldsymbol{\alpha}_{i_2},\cdots,\boldsymbol{\alpha}_{i_r}$, 满足:

(1) $\boldsymbol{\alpha}_{i_1},\boldsymbol{\alpha}_{i_2},\cdots,\boldsymbol{\alpha}_{i_r}$ 线性无关;

(2) 任意的 $\boldsymbol{\alpha}_j\ (1\leqslant j\leqslant s)$ 可由 $\boldsymbol{\alpha}_{i_1},\boldsymbol{\alpha}_{i_2},\cdots,\boldsymbol{\alpha}_{i_r}$ 线性表示, 则称 $\boldsymbol{\alpha}_{i_1},\boldsymbol{\alpha}_{i_2},\cdots,\boldsymbol{\alpha}_{i_r}$ 为向量组 $\boldsymbol{\alpha}_1,\boldsymbol{\alpha}_2,\cdots,\boldsymbol{\alpha}_s$ 的一个极大线性无关组.

由定理 3.3 知, 若 $\boldsymbol{\alpha}_{i_1},\boldsymbol{\alpha}_{i_2},\cdots,\boldsymbol{\alpha}_{i_r}$ 线性无关, 且对任意的 $\boldsymbol{\alpha}_j\ (j\neq i_1,i_2,\cdots,i_r)$, $\boldsymbol{\alpha}_{i_1}$, $\boldsymbol{\alpha}_{i_2},\cdots,\boldsymbol{\alpha}_{i_r},\boldsymbol{\alpha}_j$ 线性相关, 则 $\boldsymbol{\alpha}_{i_1},\boldsymbol{\alpha}_{i_2},\cdots,\boldsymbol{\alpha}_{i_r}$ 是向量组 $\boldsymbol{\alpha}_1,\boldsymbol{\alpha}_2,\cdots,\boldsymbol{\alpha}_s$ 的一个极大线性无关组.

例如, 在向量组 $\boldsymbol{\alpha}_1=\begin{pmatrix}1\\0\end{pmatrix}$, $\boldsymbol{\alpha}_2=\begin{pmatrix}1\\2\end{pmatrix}$, $\boldsymbol{\alpha}_3=\begin{pmatrix}2\\3\end{pmatrix}$中, $\boldsymbol{\alpha}_1,\boldsymbol{\alpha}_2$ 是线性无关的, 而 $\boldsymbol{\alpha}_3=\dfrac{1}{2}\boldsymbol{\alpha}_1+\dfrac{3}{2}\boldsymbol{\alpha}_2$, 即添加 $\boldsymbol{\alpha}_3$ 后向量组 $\boldsymbol{\alpha}_1,\boldsymbol{\alpha}_2,\boldsymbol{\alpha}_3$ 线性相关, 所以 $\boldsymbol{\alpha}_1,\boldsymbol{\alpha}_2$ 是向量组 $\boldsymbol{\alpha}_1,\boldsymbol{\alpha}_2,\boldsymbol{\alpha}_3$ 的极大线性无关组; 又 $\boldsymbol{\alpha}_2,\boldsymbol{\alpha}_3$ 线性无关, 由上面知 $\boldsymbol{\alpha}_2,\boldsymbol{\alpha}_3,\boldsymbol{\alpha}_1$ 线性相关, 故 $\boldsymbol{\alpha}_2,\boldsymbol{\alpha}_3$ 也是向量组 $\boldsymbol{\alpha}_1,\boldsymbol{\alpha}_2,\boldsymbol{\alpha}_3$ 的极大线性无关组, 所以一个向量组的极大线性无关组一般来说是不唯一的.

注 3.1 (1) 只含有零向量的向量组没有极大线性无关组;

(2) 若一个向量组线性无关, 则它的极大线性无关组是其本身, 且极大线性无关组是唯一的.

定理 3.5 向量组的极大线性无关组具有以下性质:

(1) 向量组的任意一个极大线性无关组与向量组本身等价;

(2) 向量组的任意两个极大线性无关组是等价的;

(3) 向量组的极大线性无关组均含有相同个数的向量.

证明 (1) 设 $\boldsymbol{\alpha}_1,\boldsymbol{\alpha}_2,\cdots,\boldsymbol{\alpha}_s$ 为一个向量组, $\boldsymbol{\alpha}_{i_1},\boldsymbol{\alpha}_{i_2},\cdots,\boldsymbol{\alpha}_{i_r}$ 为其极大线性无关组, 由定义 3.12 可知, 任意的 $\boldsymbol{\alpha}_j\ (1\leqslant j\leqslant s)$ 可由 $\boldsymbol{\alpha}_{i_1},\boldsymbol{\alpha}_{i_2},\cdots,\boldsymbol{\alpha}_{i_r}$ 线性表示. 所以向量组 $\boldsymbol{\alpha}_1,\boldsymbol{\alpha}_2,\cdots,\boldsymbol{\alpha}_s$ 可由向量组 $\boldsymbol{\alpha}_{i_1},\boldsymbol{\alpha}_{i_2},\cdots,\boldsymbol{\alpha}_{i_r}$ 线性表示, 显然向量组 $\boldsymbol{\alpha}_{i_1},\boldsymbol{\alpha}_{i_2},\cdots,\boldsymbol{\alpha}_{i_r}$ 可由向量组 $\boldsymbol{\alpha}_1,\boldsymbol{\alpha}_2,\cdots,\boldsymbol{\alpha}_s$ 线性表示, 故两个向量组等价.

(2) 由向量组的等价具有传递性易知.

(3) 由推论 3.3 可知结论成立. □

因为向量组的极大线性无关组所含向量的个数是唯一确定的, 所以我们给出下面的向量组的秩的定义.

定义 3.13 向量组 $\boldsymbol{\alpha}_1,\boldsymbol{\alpha}_2,\cdots,\boldsymbol{\alpha}_s$ 的极大线性无关组中所含有向量的个数 r 称为该向量组的秩.

例如, 向量组 $\boldsymbol{\alpha}_1=\begin{pmatrix}1\\0\end{pmatrix}$, $\boldsymbol{\alpha}_2=\begin{pmatrix}2\\0\end{pmatrix}$, $\boldsymbol{\alpha}_3=\begin{pmatrix}0\\0\end{pmatrix}$ 的极大线性无关组中含有一个向量 $\boldsymbol{\alpha}_1$(或 $\boldsymbol{\alpha}_2$), 该向量组的秩为 1.

注 3.2 只包含零向量的向量组的秩规定为 0.

下面讨论向量组的秩与矩阵的秩的关系, 为此, 先给出下面的定理.

定理 3.6 设矩阵 $\boldsymbol{A}=(\boldsymbol{\alpha}_1,\boldsymbol{\alpha}_2,\cdots,\boldsymbol{\alpha}_n)$, 经初等行变换化为矩阵 $\boldsymbol{B}=(\boldsymbol{\beta}_1,\boldsymbol{\beta}_2,\cdots,\boldsymbol{\beta}_n)$, 则对 $\boldsymbol{\alpha}_1,\boldsymbol{\alpha}_2,\cdots,\boldsymbol{\alpha}_n$ 的任意部分组 $\boldsymbol{\alpha}_{i_1},\boldsymbol{\alpha}_{i_2},\cdots,\boldsymbol{\alpha}_{i_r}(r\leqslant n)$,

$$k_{i_1}\boldsymbol{\alpha}_{i_1}+k_{i_2}\boldsymbol{\alpha}_{i_2}+\cdots+k_{i_r}\boldsymbol{\alpha}_{i_r}=\mathbf{0}$$

当且仅当

$$k_{i_1}\boldsymbol{\beta}_{i_1}+k_{i_2}\boldsymbol{\beta}_{i_2}+\cdots+k_{i_r}\boldsymbol{\beta}_{i_r}=\mathbf{0},$$

其中 $k_{i_j}\in\mathbf{R}$.

证明 设 $\boldsymbol{P}$ 是 n 阶可逆矩阵, 满足 $\boldsymbol{PA}=\boldsymbol{B}$, 则

$$\boldsymbol{P}(\boldsymbol{\alpha}_1,\boldsymbol{\alpha}_2,\cdots,\boldsymbol{\alpha}_n)=(\boldsymbol{\beta}_1,\boldsymbol{\beta}_2,\cdots,\boldsymbol{\beta}_n).$$

于是

$$\begin{aligned}\boldsymbol{P}(k_{i_1}\boldsymbol{\alpha}_{i_1}+k_{i_2}\boldsymbol{\alpha}_{i_2}+\cdots+k_{i_r}\boldsymbol{\alpha}_{i_r})=&\boldsymbol{P}(\boldsymbol{\alpha}_{i_1},\boldsymbol{\alpha}_{i_2},\cdots,\boldsymbol{\alpha}_{i_r})\begin{pmatrix}k_{i_1}\\k_{i_2}\\\vdots\\k_{i_r}\end{pmatrix}\\=&(\boldsymbol{\beta}_{i_1},\boldsymbol{\beta}_{i_2},\cdots,\boldsymbol{\beta}_{i_r})\begin{pmatrix}k_{i_1}\\k_{i_2}\\\vdots\\k_{i_r}\end{pmatrix}.\end{aligned}$$

从而 $k_{i_1}\boldsymbol{\alpha}_{i_1}+k_{i_2}\boldsymbol{\alpha}_{i_2}+\cdots+k_{i_r}\boldsymbol{\alpha}_{i_r}=\mathbf{0}$ 当且仅当 $k_{i_1}\boldsymbol{\beta}_{i_1}+k_{i_2}\boldsymbol{\beta}_{i_2}+\cdots+k_{i_r}\boldsymbol{\beta}_{i_r}=\mathbf{0}$. □

定理 3.7 矩阵的秩等于它的行向量组的秩, 也等于它的列向量组的秩.

证明 设 $\boldsymbol{A}$ 为 $m\times n$ 矩阵, $R(\boldsymbol{A})=r$, 记 $\boldsymbol{A}=(\boldsymbol{\alpha}_1,\boldsymbol{\alpha}_2,\cdots,\boldsymbol{\alpha}_n)$, 其中 $\boldsymbol{\alpha}_1,\boldsymbol{\alpha}_2,\cdots,\boldsymbol{\alpha}_n$ 为 $\boldsymbol{A}$ 的列向量组. 对 $\boldsymbol{A}$ 施行初等行变换化为行阶梯形矩阵 $\boldsymbol{B}$, 记矩阵 $\boldsymbol{B}$ 的列向量为 $\boldsymbol{\beta}_1,\boldsymbol{\beta}_2,\cdots,\boldsymbol{\beta}_n$. 由 $R(\boldsymbol{A})=r$ 可知, 行阶梯形矩阵必然只有 r 个非零行, 不妨记为

$$\boldsymbol{A}=(\boldsymbol{\alpha}_1,\boldsymbol{\alpha}_2,\cdots,\boldsymbol{\alpha}_n)\sim\begin{pmatrix}c_{11}&\cdots&c_{1r}&\cdots&c_{1n}\\\vdots&&\vdots&&\vdots\\0&\cdots&c_{rr}&\cdots&c_{rn}\\0&\cdots&0&\cdots&0\\\vdots&&\vdots&&\vdots\\0&\cdots&0&\cdots&0\end{pmatrix},$$

其中 $c_{ii}\neq0(i=1,2,\cdots,r)$, 则 $c_{ii}(i=1,2,\cdots,r)$ 所在的列向量 $\boldsymbol{\beta}_1,\boldsymbol{\beta}_2,\cdots,\boldsymbol{\beta}_r$ 构成矩阵 $\boldsymbol{B}$ 的列向量组 $\boldsymbol{\beta}_1,\boldsymbol{\beta}_2,\cdots,\boldsymbol{\beta}_n$ 的一个极大线性无关组. 由定理 3.6 知, $c_{ii}(i=1,2,\cdots,r)$ 所在列对应的向量组 $\boldsymbol{\alpha}_1,\boldsymbol{\alpha}_2,\cdots,\boldsymbol{\alpha}_r$ 构成向量组 $\boldsymbol{\alpha}_1,\boldsymbol{\alpha}_2,\cdots,\boldsymbol{\alpha}_n$ 的一个极大线性无关组, 因而向量组 $\boldsymbol{\alpha}_1,\boldsymbol{\alpha}_2,\cdots,\boldsymbol{\alpha}_n$ 的秩为 r, 所以 $R(\boldsymbol{A})$ 等于 $\boldsymbol{A}$ 的列向量组 $\boldsymbol{\alpha}_1,\boldsymbol{\alpha}_2,\cdots,\boldsymbol{\alpha}_n$ 的秩. 将此结论应用于 $\boldsymbol{A}^{\mathrm{T}}$, 可得 $R(\boldsymbol{A}^{\mathrm{T}})$ 等于 $\boldsymbol{A}^{\mathrm{T}}$ 的列向量组的秩, 又 $R(\boldsymbol{A})=R(\boldsymbol{A}^{\mathrm{T}})$, 从而 $R(\boldsymbol{A})$ 等于 $\boldsymbol{A}$ 的行向量组的秩, 故结论成立. □

由极大线性无关组的定义及定理 3.7 可知, 若矩阵 $\boldsymbol{A}$ 的秩等于其列数, 则矩阵 $\boldsymbol{A}$ 的列向量组线性无关, 若矩阵 $\boldsymbol{A}$ 的秩小于其列数, 则矩阵 $\boldsymbol{A}$ 的列向量组线性相关. 因此我们可以利用矩阵的秩讨论向量组的线性相关性问题.

如, 例 3.5 可以用如下方法求解:

令 $\boldsymbol{A}=(\boldsymbol{\alpha}_1,\boldsymbol{\alpha}_2,\boldsymbol{\alpha}_3)$, 对 $\boldsymbol{A}$ 施行初等行变换:

$$\boldsymbol{A}=\begin{pmatrix}2&4&2\\-1&-2&-1\\3&5&4\\1&4&-1\end{pmatrix}\underset{r_2\times(-1)}{\overset{r_1\times\frac{1}{2}}{\sim}}\begin{pmatrix}1&2&1\\1&2&1\\3&5&4\\1&4&-1\end{pmatrix}\underset{r_4-r_1}{\overset{\substack{r_2-r_1\\r_3-3r_1}}{\sim}}\begin{pmatrix}1&2&1\\0&0&0\\0&-1&1\\0&2&-2\end{pmatrix}$$

$$\underset{r_2\leftrightarrow r_3}{\overset{\substack{r_4+2r_3\\r_3\times(-1)}}{\sim}}\begin{pmatrix}1&2&1\\0&1&-1\\0&0&0\\0&0&0\end{pmatrix}\overset{r_1-2r_2}{\sim}\begin{pmatrix}1&0&3\\0&1&-1\\0&0&0\\0&0&0\end{pmatrix},$$

从而 $R(\boldsymbol{A})=2<3$, 故向量组 $\boldsymbol{\alpha}_1,\boldsymbol{\alpha}_2,\boldsymbol{\alpha}_3$ 线性相关.

由定理 3.7 及其证明可知, 矩阵 $\boldsymbol{A}$ 的一个最高阶非零子式所在的 r 列为 $\boldsymbol{A}$ 的列向量组的一个极大线性无关组, 所在的 r 行为 $\boldsymbol{A}$ 的行向量组的一个极大线性无关组. 于是我们得到了求向量组的极大线性无关组的方法, 总结如下:

(1) 写出向量组对应的矩阵 $\boldsymbol{A}=(\boldsymbol{\alpha}_1,\boldsymbol{\alpha}_2,\cdots,\boldsymbol{\alpha}_n)$;

(2) 对 $\boldsymbol{A}$ 施行初等行变换化为行阶梯形矩阵;

(3) 行阶梯形矩阵非零行非零首元所在的列对应的 $\boldsymbol{A}$ 的列向量构成的向量组就是向量组 $\boldsymbol{\alpha}_1,\boldsymbol{\alpha}_2,\cdots,\boldsymbol{\alpha}_n$ 的一个极大线性无关组;

(4) 如果要将不属于极大线性无关组的向量用极大线性无关组线性表示, 可继续对上述行阶梯形矩阵进行初等行变换化为行最简形 $\boldsymbol{B}$, 记 $\boldsymbol{B}=(\boldsymbol{\beta}_1,\boldsymbol{\beta}_2,\cdots,\boldsymbol{\beta}_n)$, 向量组 $\boldsymbol{\beta}_1,\boldsymbol{\beta}_2,\cdots,\boldsymbol{\beta}_n$ 与向量组 $\boldsymbol{\alpha}_1,\boldsymbol{\alpha}_2,\cdots,\boldsymbol{\alpha}_n$ 有相同的线性关系. 则可得到线性表示的表达式.

例 3.6 设向量组 $\boldsymbol{\alpha}_1=(1,-1,2,3)^{\mathrm{T}},\boldsymbol{\alpha}_2=(0,2,5,8)^{\mathrm{T}},\boldsymbol{\alpha}_3=(2,2,0,-1)^{\mathrm{T}},\boldsymbol{\alpha}_4=(-1,7,-1,-2)^{\mathrm{T}}$, 求它的一个极大线性无关组, 并把其余向量用极大线性无关组线性表示.

解 令 $\boldsymbol{A}=(\boldsymbol{\alpha}_1,\boldsymbol{\alpha}_2,\boldsymbol{\alpha}_3,\boldsymbol{\alpha}_4)$, 对 $\boldsymbol{A}$ 施行初等行变换:

$$\boldsymbol{A}=(\boldsymbol{\alpha}_1,\boldsymbol{\alpha}_2,\boldsymbol{\alpha}_3,\boldsymbol{\alpha}_4)=\begin{pmatrix}1&0&2&-1\\-1&2&2&7\\2&5&0&-1\\3&8&-1&-2\end{pmatrix}\underset{r_4-3r_1}{\overset{\substack{r_2+r_1\\r_3-2r_1}}{\sim}}\begin{pmatrix}1&0&2&-1\\0&2&4&6\\0&5&-4&1\\0&8&-7&1\end{pmatrix}$$

$$\overset{r_2\times\frac{1}{2}}{\sim}\begin{pmatrix}1&0&2&-1\\0&1&2&3\\0&5&-4&1\\0&8&-7&1\end{pmatrix}\underset{r_4-8r_2}{\overset{r_3-5r_2}{\sim}}\begin{pmatrix}1&0&2&-1\\0&1&2&3\\0&0&-14&-14\\0&0&-23&-23\end{pmatrix}\underset{r_4+23r_3}{\overset{r_3\times(-\frac{1}{14})}{\sim}}\begin{pmatrix}1&0&2&-1\\0&1&2&3\\0&0&1&1\\0&0&0&0\end{pmatrix}$$

$$\xrightarrow[r_1-2r_3]{r_2-2r_3}\begin{pmatrix} 1 & 0 & 0 & -3 \\ 0 & 1 & 0 & 1 \\ 0 & 0 & 1 & 1 \\ 0 & 0 & 0 & 0 \end{pmatrix} = \boldsymbol{B}.$$

于是, $\boldsymbol{\alpha}_1, \boldsymbol{\alpha}_2, \boldsymbol{\alpha}_3$ 为极大线性无关组. 记 $\boldsymbol{B} = (\boldsymbol{\beta}_1, \boldsymbol{\beta}_2, \boldsymbol{\beta}_3, \boldsymbol{\beta}_4)$, 则

$$\boldsymbol{\beta}_4 = -3\boldsymbol{\beta}_1 + \boldsymbol{\beta}_2 + \boldsymbol{\beta}_3,$$

从而

$$\boldsymbol{\alpha}_4 = -3\boldsymbol{\alpha}_1 + \boldsymbol{\alpha}_2 + \boldsymbol{\alpha}_3.$$

由矩阵的秩的定义及定理 3.7, 容易证明下面的结论.

推论 3.4 设 $\boldsymbol{A}$ 为 n 阶方阵, 下面结论是等价的:

(1) $|\boldsymbol{A}| \neq 0$;

(2) $R(\boldsymbol{A}) = n$;

(3) $\boldsymbol{A}$ 的列 (或行) 向量组线性无关.

3.3 向量空间的基与维数

上一节介绍了向量组的极大线性无关组与秩的概念, 讨论的是含有有限个向量的向量组, 这一节将在含有无限个向量的向量组中讨论相同的问题.

定义 3.14 设 V 是一个向量空间, $\boldsymbol{\alpha}_1, \boldsymbol{\alpha}_2, \cdots, \boldsymbol{\alpha}_r$ 为 V 中的向量, 若满足:

(1) $\boldsymbol{\alpha}_1, \boldsymbol{\alpha}_2, \cdots, \boldsymbol{\alpha}_r$ 线性无关;

(2) V 中的任意向量 $\boldsymbol{\alpha}$ 可以由 $\boldsymbol{\alpha}_1, \boldsymbol{\alpha}_2, \cdots, \boldsymbol{\alpha}_r$ 线性表示,

则称 $\boldsymbol{\alpha}_1, \boldsymbol{\alpha}_2, \cdots, \boldsymbol{\alpha}_r$ 为向量空间 V 的一组基, 此时称 r 为向量空间 V 的维数, 记为 $\dim V = r$.

注 3.3 (1) 由基的定义可知, 向量空间 V 的基即为 V 中所有向量构成的向量组的极大线性无关组;

(2) 对于 $V = \{\boldsymbol{0}\}$, 记 $\dim V = 0$;

(3) 若向量空间 V 的一组基为 $\boldsymbol{\alpha}_1, \boldsymbol{\alpha}_2, \cdots, \boldsymbol{\alpha}_r$, 则

$$V = \{k_1\boldsymbol{\alpha}_1 + k_2\boldsymbol{\alpha}_2 + \cdots + k_r\boldsymbol{\alpha}_r \mid k_i \in \mathbf{R}, i = 1, 2, \cdots, r\}.$$

例 3.7 对于 n 维向量空间 $\mathbf{R}^n, \boldsymbol{\varepsilon}_1 = (1, 0, \cdots, 0)^{\mathrm{T}}, \boldsymbol{\varepsilon}_2 = (0, 1, \cdots, 0)^{\mathrm{T}}, \cdots, \boldsymbol{\varepsilon}_n = (0, 0, \cdots, 1)^{\mathrm{T}}$ 为 $\mathbf{R}^n$ 的一组基, $\dim\mathbf{R}^n = n$.

例 3.8 在例 3.1 中, $W = \{\boldsymbol{x} = (0, x_2, \cdots, x_n)^{\mathrm{T}} | \ x_2, \cdots, x_n \in \mathbf{R}\}$, W 的一组基为 $(0, 1, 0, \cdots, 0)^{\mathrm{T}}, (0, 0, 1, \cdots, 0)^{\mathrm{T}}, \cdots, (0, 0, 0, \cdots, 1)^{\mathrm{T}}$, $\dim W = n - 1$.

定义 3.15 设 V 为 r 维向量空间, $\boldsymbol{\alpha}_1,\boldsymbol{\alpha}_2,\cdots,\boldsymbol{\alpha}_r$ 为 V 的一组基, 对 V 中任意向量 $\boldsymbol{\alpha}$, 存在 $x_1,x_2,\cdots,x_r\in\mathbf{R}$, 使得 $\boldsymbol{\alpha}=x_1\boldsymbol{\alpha}_1+x_2\boldsymbol{\alpha}_2+\cdots+x_r\boldsymbol{\alpha}_r$, 称 $(x_1,x_2,\cdots,x_r)^{\mathrm{T}}$ 为 $\boldsymbol{\alpha}$ 在基 $\boldsymbol{\alpha}_1,\boldsymbol{\alpha}_2,\cdots,\boldsymbol{\alpha}_r$ 下的坐标.

由基 $\boldsymbol{\alpha}_1,\boldsymbol{\alpha}_2,\cdots,\boldsymbol{\alpha}_r$ 线性无关可知, 任意向量 $\boldsymbol{\alpha}$ 在这组基下的坐标是唯一的.

例如, $\boldsymbol{\varepsilon}_1=(1,0,\cdots,0)^{\mathrm{T}},\boldsymbol{\varepsilon}_2=(0,1,\cdots,0)^{\mathrm{T}},\cdots,\boldsymbol{\varepsilon}_n=(0,0,\cdots,1)^{\mathrm{T}}$ 为 $\mathbf{R}^n$ 的一组基, 对任意的 $\boldsymbol{\alpha}=(a_1,a_2,\cdots,a_n)^{\mathrm{T}}\in\mathbf{R}^n$, 有

$$\boldsymbol{\alpha}=a_1\boldsymbol{\varepsilon}_1+a_2\boldsymbol{\varepsilon}_2+\cdots+a_n\boldsymbol{\varepsilon}_n,$$

则 $(a_1,a_2,\cdots,a_n)^{\mathrm{T}}$ 为 $\boldsymbol{\alpha}=(a_1,a_2,\cdots,a_n)^{\mathrm{T}}$ 在基 $\boldsymbol{\varepsilon}_1,\boldsymbol{\varepsilon}_2,\cdots,\boldsymbol{\varepsilon}_n$ 下的坐标.

例 3.9 设 $\boldsymbol{\alpha}_1=(2,2,-1)^{\mathrm{T}},\boldsymbol{\alpha}_2=(2,-1,2)^{\mathrm{T}},\boldsymbol{\alpha}_3=(-1,2,2)^{\mathrm{T}},\boldsymbol{\beta}=(1,0,-4)^{\mathrm{T}}$,

(1) 证明: $\boldsymbol{\alpha}_1,\boldsymbol{\alpha}_2,\boldsymbol{\alpha}_3$ 是向量空间 $\mathbf{R}^3$ 的一组基;

(2) 求向量 $\boldsymbol{\beta}$ 在基 $\boldsymbol{\alpha}_1,\boldsymbol{\alpha}_2,\boldsymbol{\alpha}_3$ 下的坐标.

证明 (1) 令 $\boldsymbol{A}=(\boldsymbol{\alpha}_1,\boldsymbol{\alpha}_2,\boldsymbol{\alpha}_3)=\begin{pmatrix}2&2&-1\\2&-1&2\\-1&2&2\end{pmatrix}$, 因为 $|\ \boldsymbol{A}\ |=-27\neq0$, 所以 $R(\boldsymbol{A})=3$, 故向量组 $\boldsymbol{\alpha}_1,\boldsymbol{\alpha}_2,\boldsymbol{\alpha}_3$ 的秩为 3, 从而 $\boldsymbol{\alpha}_1,\boldsymbol{\alpha}_2,\boldsymbol{\alpha}_3$ 线性无关. 又对 $\mathbf{R}^3$ 中任意向量 $\boldsymbol{\alpha}$, 有 $\boldsymbol{\alpha},\boldsymbol{\alpha}_1,\boldsymbol{\alpha}_2,\boldsymbol{\alpha}_3$ 为四个 3 维向量, 所以 $\boldsymbol{\alpha},\boldsymbol{\alpha}_1,\boldsymbol{\alpha}_2,\boldsymbol{\alpha}_3$ 线性相关, 从而 $\boldsymbol{\alpha}$ 可由 $\boldsymbol{\alpha}_1,\boldsymbol{\alpha}_2,\boldsymbol{\alpha}_3$ 线性表示. 综上, $\boldsymbol{\alpha}_1,\boldsymbol{\alpha}_2,\boldsymbol{\alpha}_3$ 为 $\mathbf{R}^3$ 的一组基.

(2) 令

$$\boldsymbol{\beta}=x_1\boldsymbol{\alpha}_1+x_2\boldsymbol{\alpha}_2+x_3\boldsymbol{\alpha}_3,$$

则

$$\begin{cases}2x_1+2x_2-x_3=1,\\2x_1-x_2+2x_3=0,\\-x_1+2x_2+2x_3=-4.\end{cases}$$

对增广矩阵施行初等行变换,

$$\bar{\boldsymbol{A}}=\left(\begin{array}{ccc:c}2&2&-1&1\\2&-1&2&0\\-1&2&2&-4\end{array}\right)\xrightarrow{r_1\leftrightarrow r_3}\left(\begin{array}{ccc:c}-1&2&2&-4\\2&-1&2&0\\2&2&-1&1\end{array}\right)\xrightarrow[r_3+2r_1]{r_2+2r_1}\left(\begin{array}{ccc:c}-1&2&2&-4\\0&3&6&-8\\0&6&3&-7\end{array}\right)$$

$$\xrightarrow[r_2\times\frac{1}{3}]{r_3-2r_2}\left(\begin{array}{ccc:c}-1&2&2&-4\\0&1&2&-\dfrac{8}{3}\\0&0&-9&9\end{array}\right)\xrightarrow[\substack{r_2-2r_3\\r_1-2r_3}]{r_3\times(-\frac{1}{9})}\left(\begin{array}{ccc:c}-1&2&0&-2\\0&1&0&-\dfrac{2}{3}\\0&0&1&-1\end{array}\right)\xrightarrow[r_1\times(-1)]{r_1-2r_2}\left(\begin{array}{ccc:c}1&0&0&\dfrac{2}{3}\\0&1&0&-\dfrac{2}{3}\\0&0&1&-1\end{array}\right)$$

解得

$$\begin{cases}x_1=\dfrac{2}{3},\\x_2=-\dfrac{2}{3},\\x_3=-1.\end{cases}$$

于是 $\boldsymbol{\beta}$ 在基 $\boldsymbol{\alpha}_1,\boldsymbol{\alpha}_2,\boldsymbol{\alpha}_3$ 下的坐标为 $\left(\frac{2}{3},-\frac{2}{3},-1\right)^{\mathrm{T}}$. □

由例 3.9 可知, 在一个向量空间 V 中, 它的基一般来说是不唯一的. 下面我们来讨论一个向量空间 V 中的两组不同的基之间的关系.

定义 3.16 设 V 为 r 维向量空间, $\boldsymbol{\alpha}_1,\boldsymbol{\alpha}_2,\cdots,\boldsymbol{\alpha}_r$ 和 $\boldsymbol{\beta}_1,\boldsymbol{\beta}_2,\cdots,\boldsymbol{\beta}_r$ 分别为 V 的两组基, 令

$$\boldsymbol{\beta}_1 = p_{11}\boldsymbol{\alpha}_1 + p_{21}\boldsymbol{\alpha}_2 + \cdots + p_{r1}\boldsymbol{\alpha}_r,$$

$$\boldsymbol{\beta}_2 = p_{12}\boldsymbol{\alpha}_1 + p_{22}\boldsymbol{\alpha}_2 + \cdots + p_{r2}\boldsymbol{\alpha}_r,$$

$$\cdots\cdots\cdots\cdots$$

$$\boldsymbol{\beta}_r = p_{1r}\boldsymbol{\alpha}_1 + p_{2r}\boldsymbol{\alpha}_2 + \cdots + p_{rr}\boldsymbol{\alpha}_r,$$

则

$$(\boldsymbol{\beta}_1,\boldsymbol{\beta}_2,\cdots,\boldsymbol{\beta}_r) = (\boldsymbol{\alpha}_1,\boldsymbol{\alpha}_2,\cdots,\boldsymbol{\alpha}_r)\boldsymbol{P}, \tag{3.3.1}$$

其中,

$$\boldsymbol{P} = \begin{pmatrix} p_{11} & p_{12} & \cdots & p_{1r} \\ p_{21} & p_{22} & \cdots & p_{2r} \\ \vdots & \vdots & & \vdots \\ p_{r1} & p_{r2} & \cdots & p_{rr} \end{pmatrix}.$$

称矩阵 $\boldsymbol{P}$ 为由基 $\boldsymbol{\alpha}_1,\boldsymbol{\alpha}_2,\cdots,\boldsymbol{\alpha}_r$ 到基 $\boldsymbol{\beta}_1,\boldsymbol{\beta}_2,\cdots,\boldsymbol{\beta}_r$ 的过渡矩阵, 称式 (3.3.1) 为基变换公式.

注 3.4 过渡矩阵 $\boldsymbol{P}$ 是可逆的. 事实上, 设

$$(\boldsymbol{\beta}_1,\boldsymbol{\beta}_2,\cdots,\boldsymbol{\beta}_r) = (\boldsymbol{\alpha}_1,\boldsymbol{\alpha}_2,\cdots,\boldsymbol{\alpha}_r)\boldsymbol{P},$$

$$(\boldsymbol{\alpha}_1,\boldsymbol{\alpha}_2,\cdots,\boldsymbol{\alpha}_r) = (\boldsymbol{\beta}_1,\boldsymbol{\beta}_2,\cdots,\boldsymbol{\beta}_r)\boldsymbol{Q},$$

则

$$(\boldsymbol{\alpha}_1,\boldsymbol{\alpha}_2,\cdots,\boldsymbol{\alpha}_r) = (\boldsymbol{\alpha}_1,\boldsymbol{\alpha}_2,\cdots,\boldsymbol{\alpha}_r)\boldsymbol{PQ},$$

即 $\boldsymbol{PQ}=\boldsymbol{E}$, 因此过渡矩阵 $\boldsymbol{P}$ 是可逆的.

注 3.5 若由基 $\boldsymbol{\alpha}_1,\boldsymbol{\alpha}_2,\cdots,\boldsymbol{\alpha}_r$ 到基 $\boldsymbol{\beta}_1,\boldsymbol{\beta}_2,\cdots,\boldsymbol{\beta}_r$ 的过渡矩阵为 $\boldsymbol{P}$, 则由基 $\boldsymbol{\beta}_1,\boldsymbol{\beta}_2,\cdots,\boldsymbol{\beta}_r$ 到基 $\boldsymbol{\alpha}_1,\boldsymbol{\alpha}_2,\cdots,\boldsymbol{\alpha}_r$ 的过渡矩阵为 $\boldsymbol{P}^{-1}$.

下面我们来讨论一个向量在不同基下的坐标的关系.

定理 3.8 设 V 为 r 维向量空间, $\boldsymbol{\alpha}$ 在基 $\boldsymbol{\alpha}_1,\boldsymbol{\alpha}_2,\cdots,\boldsymbol{\alpha}_r$ 下的坐标为 $(x_1,x_2,\cdots,x_r)^{\mathrm{T}}$, 在基 $\boldsymbol{\beta}_1,\boldsymbol{\beta}_2,\cdots,\boldsymbol{\beta}_r$ 下的坐标为 $(y_1,y_2,\cdots,y_r)^{\mathrm{T}}$. 由基 $\boldsymbol{\alpha}_1,\boldsymbol{\alpha}_2,\cdots,\boldsymbol{\alpha}_r$ 到基 $\boldsymbol{\beta}_1,\boldsymbol{\beta}_2,\cdots,\boldsymbol{\beta}_r$ 的过渡矩阵为 $\boldsymbol{P}$, 则有如下的坐标变换公式:

$$\begin{pmatrix}x_1\\x_2\\\vdots\\x_r\end{pmatrix}=\boldsymbol{P}\begin{pmatrix}y_1\\y_2\\\vdots\\y_r\end{pmatrix} \text{或} \begin{pmatrix}y_1\\y_2\\\vdots\\y_r\end{pmatrix}=\boldsymbol{P}^{-1}\begin{pmatrix}x_1\\x_2\\\vdots\\x_r\end{pmatrix}. \tag{3.3.2}$$

证明 因为

$$(\boldsymbol{\alpha}_1,\boldsymbol{\alpha}_2,\cdots,\boldsymbol{\alpha}_r)\begin{pmatrix}x_1\\x_2\\\vdots\\x_r\end{pmatrix}=\boldsymbol{\alpha}=(\boldsymbol{\beta}_1,\boldsymbol{\beta}_2,\cdots,\boldsymbol{\beta}_r)\begin{pmatrix}y_1\\y_2\\\vdots\\y_r\end{pmatrix}=(\boldsymbol{\alpha}_1,\boldsymbol{\alpha}_2,\cdots,\boldsymbol{\alpha}_r)\boldsymbol{P}\begin{pmatrix}y_1\\y_2\\\vdots\\y_r\end{pmatrix},$$

由于 $\boldsymbol{\alpha}_1,\boldsymbol{\alpha}_2,\cdots,\boldsymbol{\alpha}_r$ 线性无关, 因此有式 (3.3.2) 成立. □

例 3.10 已知向量空间 $\mathbf{R}^3$ 的两组基分别为 $\boldsymbol{\alpha}_1=(1,1,1)^{\mathrm{T}},\boldsymbol{\alpha}_2=(0,1,1)^{\mathrm{T}},\boldsymbol{\alpha}_3=(0,0,1)^{\mathrm{T}}$ 与 $\boldsymbol{\beta}_1=(1,0,1)^{\mathrm{T}},\boldsymbol{\beta}_2=(0,1,-1)^{\mathrm{T}},\boldsymbol{\beta}_3=(1,2,0)^{\mathrm{T}}$.

(1) 求由基 $\boldsymbol{\alpha}_1,\boldsymbol{\alpha}_2,\boldsymbol{\alpha}_3$ 到基 $\boldsymbol{\beta}_1,\boldsymbol{\beta}_2,\boldsymbol{\beta}_3$ 的过渡矩阵;

(2) 已知向量 $\boldsymbol{\alpha}$ 在基 $\boldsymbol{\alpha}_1,\boldsymbol{\alpha}_2,\boldsymbol{\alpha}_3$ 下的坐标为 $(1,-2,-1)^{\mathrm{T}}$, 求 $\boldsymbol{\alpha}$ 在基 $\boldsymbol{\beta}_1,\boldsymbol{\beta}_2,\boldsymbol{\beta}_3$ 下的坐标.

解 取 $\mathbf{R}^3$ 的一组基 $\boldsymbol{\varepsilon}_1=(1,0,0)^{\mathrm{T}},\boldsymbol{\varepsilon}_2=(0,1,0)^{\mathrm{T}},\boldsymbol{\varepsilon}_3=(0,0,1)^{\mathrm{T}}$, 则有

$$(\boldsymbol{\alpha}_1,\boldsymbol{\alpha}_2,\boldsymbol{\alpha}_3)=(\boldsymbol{\varepsilon}_1,\boldsymbol{\varepsilon}_2,\boldsymbol{\varepsilon}_3)\boldsymbol{P},$$

其中

$$\boldsymbol{P}=\begin{pmatrix}1&0&0\\1&1&0\\1&1&1\end{pmatrix}.$$

也有

$$(\boldsymbol{\beta}_1,\boldsymbol{\beta}_2,\boldsymbol{\beta}_3)=(\boldsymbol{\varepsilon}_1,\boldsymbol{\varepsilon}_2,\boldsymbol{\varepsilon}_3)\boldsymbol{Q},$$

其中

$$\boldsymbol{Q}=\begin{pmatrix}1&0&1\\0&1&2\\1&-1&0\end{pmatrix}.$$

从而

$$(\boldsymbol{\varepsilon}_1,\boldsymbol{\varepsilon}_2,\boldsymbol{\varepsilon}_3)=(\boldsymbol{\alpha}_1,\boldsymbol{\alpha}_2,\boldsymbol{\alpha}_3)\boldsymbol{P}^{-1},$$

故

$$(\boldsymbol{\beta}_1,\boldsymbol{\beta}_2,\boldsymbol{\beta}_3)=(\boldsymbol{\alpha}_1,\boldsymbol{\alpha}_2,\boldsymbol{\alpha}_3)\boldsymbol{P}^{-1}\boldsymbol{Q},$$

即由基 $\boldsymbol{\alpha}_1,\boldsymbol{\alpha}_2,\boldsymbol{\alpha}_3$ 到基 $\boldsymbol{\beta}_1,\boldsymbol{\beta}_2,\boldsymbol{\beta}_3$ 的过渡矩阵为

$$\boldsymbol{P}^{-1}\boldsymbol{Q}=\begin{pmatrix}1&0&1\\-1&1&1\\1&-2&-2\end{pmatrix}.$$

由坐标变换公式, 向量 $\boldsymbol{\alpha}$ 在基 $\boldsymbol{\beta}_1,\boldsymbol{\beta}_2,\boldsymbol{\beta}_3$ 下的坐标为

$$\begin{pmatrix}y_1\\y_2\\y_3\end{pmatrix}=(\boldsymbol{P}^{-1}\boldsymbol{Q})^{-1}\begin{pmatrix}1\\-2\\-1\end{pmatrix}=\begin{pmatrix}1&0&1\\-1&1&1\\1&-2&-2\end{pmatrix}^{-1}\begin{pmatrix}1\\-2\\-1\end{pmatrix}=\begin{pmatrix}5\\7\\-4\end{pmatrix}.$$

3.4 线性方程组的解

3.4.1 线性方程组有解判定定理

本小节以向量和矩阵作为工具, 讨论线性方程组的求解问题.

设线性方程组的一般形式为

$$\begin{cases}a_{11}x_1+a_{12}x_2+\cdots+a_{1n}x_n=b_1,\\a_{21}x_1+a_{22}x_2+\cdots+a_{2n}x_n=b_2,\\\cdots\cdots\cdots\cdots\\a_{m1}x_1+a_{m2}x_2+\cdots+a_{mn}x_n=b_m,\end{cases}\tag{3.4.1}$$

令 $\boldsymbol{\alpha}_1=\begin{pmatrix}a_{11}\\a_{21}\\\vdots\\a_{m1}\end{pmatrix}$, $\boldsymbol{\alpha}_2=\begin{pmatrix}a_{12}\\a_{22}\\\vdots\\a_{m2}\end{pmatrix}$, $\cdots$, $\boldsymbol{\alpha}_n=\begin{pmatrix}a_{1n}\\a_{2n}\\\vdots\\a_{mn}\end{pmatrix}$, $\boldsymbol{b}=\begin{pmatrix}b_1\\b_2\\\vdots\\b_m\end{pmatrix}$, 则线性方程组 (3.4.1) 等价于

$$x_1\boldsymbol{\alpha}_1+x_2\boldsymbol{\alpha}_2+\cdots+x_n\boldsymbol{\alpha}_n=\boldsymbol{b}.$$

从而线性方程组 (3.4.1) 有解的充要条件为向量 $\boldsymbol{b}$ 可以由向量组 $\boldsymbol{\alpha}_1,\boldsymbol{\alpha}_2,\cdots,\boldsymbol{\alpha}_n$ 线性表示, 从而可得线性方程组 (3.4.1) 有解的条件.

定理 3.9 线性方程组 (3.4.1) 有解的充要条件为它的系数矩阵的秩等于增广矩阵的秩. 若记线性方程组 (3.4.1) 为 $\boldsymbol{A}\boldsymbol{x}=\boldsymbol{b}$, 则它有解的充要条件为 $R(\boldsymbol{A})=R(\bar{\boldsymbol{A}})$.

证明 必要性: 线性方程组 (3.4.1) 有解, 即向量 $\boldsymbol{b}$ 可由向量组 $\boldsymbol{\alpha}_1,\boldsymbol{\alpha}_2,\cdots,\boldsymbol{\alpha}_n$ 线性表示, 则向量组 $\boldsymbol{b},\boldsymbol{\alpha}_1,\boldsymbol{\alpha}_2,\cdots,\boldsymbol{\alpha}_n$ 可由向量组 $\boldsymbol{\alpha}_1,\boldsymbol{\alpha}_2,\cdots,\boldsymbol{\alpha}_n$ 线性表示. 显然向量组 $\boldsymbol{\alpha}_1,\boldsymbol{\alpha}_2,\cdots,\boldsymbol{\alpha}_n$ 可由向量组 $\boldsymbol{b},\boldsymbol{\alpha}_1,\boldsymbol{\alpha}_2,\cdots,\boldsymbol{\alpha}_n$ 线性表示, 故向量组 $\boldsymbol{b},\boldsymbol{\alpha}_1,\boldsymbol{\alpha}_2,\cdots,\boldsymbol{\alpha}_n$ 与向量组 $\boldsymbol{\alpha}_1,\boldsymbol{\alpha}_2,\cdots,\boldsymbol{\alpha}_n$ 等价. 因而它们有相同的秩. 这两个向量组分别是矩阵 $\boldsymbol{A}$ 与 $\bar{\boldsymbol{A}}$ 的列向量组, 因此有 $R(\boldsymbol{A})=R(\bar{\boldsymbol{A}})$.

充分性: 设 $R(\boldsymbol{A}) = R(\bar{\boldsymbol{A}})$, 则向量组 $\boldsymbol{\alpha}_1, \boldsymbol{\alpha}_2, \cdots, \boldsymbol{\alpha}_n$ 与向量组 $\boldsymbol{b}, \boldsymbol{\alpha}_1, \boldsymbol{\alpha}_2, \cdots, \boldsymbol{\alpha}_n$ 有相同的秩. 令它们的秩为 r, 不妨设 $\boldsymbol{\alpha}_1, \boldsymbol{\alpha}_2, \cdots, \boldsymbol{\alpha}_r$ 为 $\boldsymbol{\alpha}_1, \boldsymbol{\alpha}_2, \cdots, \boldsymbol{\alpha}_n$ 的极大线性无关组, 则 $\boldsymbol{\alpha}_1, \boldsymbol{\alpha}_2, \cdots, \boldsymbol{\alpha}_r$ 也是向量组 $\boldsymbol{b}, \boldsymbol{\alpha}_1, \boldsymbol{\alpha}_2, \cdots, \boldsymbol{\alpha}_n$ 的极大线性无关组. 否则, 若 $\boldsymbol{\alpha}_1, \boldsymbol{\alpha}_2, \cdots, \boldsymbol{\alpha}_r$ 不是向量组 $\boldsymbol{b}, \boldsymbol{\alpha}_1, \boldsymbol{\alpha}_2, \cdots, \boldsymbol{\alpha}_n$ 的极大线性无关组, 因为 $\boldsymbol{\alpha}_1, \boldsymbol{\alpha}_2, \cdots, \boldsymbol{\alpha}_r$ 线性无关, 所以向量组 $\boldsymbol{b}, \boldsymbol{\alpha}_1, \boldsymbol{\alpha}_2, \cdots, \boldsymbol{\alpha}_n$ 的秩大于 r, 与条件矛盾. 从而 $\boldsymbol{b}$ 可以由 $\boldsymbol{\alpha}_1, \boldsymbol{\alpha}_2, \cdots, \boldsymbol{\alpha}_r$ 线性表示, 从而 $\boldsymbol{b}$ 也可以由向量组 $\boldsymbol{\alpha}_1, \boldsymbol{\alpha}_2, \cdots, \boldsymbol{\alpha}_n$ 线性表示, 即线性方程组 (3.4.1) 有解. □

推论 3.5　矩阵方程 $\boldsymbol{AX} = \boldsymbol{B}$ 有解的充要条件为 $R(\boldsymbol{A}) = R(\boldsymbol{A}, \boldsymbol{B})$.

证明　设 $\boldsymbol{A}$ 为 $m \times n$ 矩阵, $\boldsymbol{B}$ 为 $m \times l$ 矩阵, 则 $\boldsymbol{X}$ 为 $n \times l$ 矩阵. 令

$$\boldsymbol{X} = (\boldsymbol{x}_1, \boldsymbol{x}_2, \cdots, \boldsymbol{x}_l), \quad \boldsymbol{B} = (\boldsymbol{\beta}_1, \boldsymbol{\beta}_2, \cdots, \boldsymbol{\beta}_l),$$

则矩阵方程 $\boldsymbol{AX} = \boldsymbol{B}$ 等价于 l 个线性方程组

$$\boldsymbol{A}\boldsymbol{x}_i = \boldsymbol{\beta}_i \quad (i = 1, 2, \cdots, l).$$

设 $R(\boldsymbol{A}) = r$, 且 $\boldsymbol{A}$ 的行最简形矩阵为 $\tilde{\boldsymbol{A}}$, 则 $\tilde{\boldsymbol{A}}$ 有 r 个非零行, 且 $\tilde{\boldsymbol{A}}$ 的后 $m - r$ 行全为零. 于是

$$(\boldsymbol{A}, \boldsymbol{B}) = (\boldsymbol{A}, \boldsymbol{\beta}_1, \boldsymbol{\beta}_2, \cdots, \boldsymbol{\beta}_l) \sim (\tilde{\boldsymbol{A}}, \tilde{\boldsymbol{\beta}}_1, \tilde{\boldsymbol{\beta}}_2, \cdots, \tilde{\boldsymbol{\beta}}_l),$$

从而

$$(\boldsymbol{A}, \boldsymbol{\beta}_i) \sim (\tilde{\boldsymbol{A}}, \tilde{\boldsymbol{\beta}}_{\boldsymbol{i}}) \quad (i = 1, 2, \cdots, l).$$

由定理 3.9 可得 $\boldsymbol{AX} = \boldsymbol{B}$ 有解 $\Leftrightarrow \boldsymbol{A}\boldsymbol{x}_i = \boldsymbol{\beta}_i \ (i = 1, 2, \cdots, l)$ 有解 $\Leftrightarrow R(\boldsymbol{A}, \boldsymbol{\beta}_i) = R(\boldsymbol{A}) \ (i = 1, 2, \cdots, l) \Leftrightarrow \tilde{\boldsymbol{\beta}}_{\boldsymbol{i}} \ (i = 1, 2, \cdots, l)$ 的后 $m - r$ 行全为零 $\Leftrightarrow (\tilde{\boldsymbol{\beta}}_1, \tilde{\boldsymbol{\beta}}_2, \cdots, \tilde{\boldsymbol{\beta}}_l)$ 的后 $m - r$ 行全为零行 $\Leftrightarrow R(\boldsymbol{A}, \boldsymbol{B}) = r = R(\boldsymbol{A})$. □

下面证明第二章矩阵的秩的性质 (5): $R(\boldsymbol{AB}) \leqslant \min\{R(\boldsymbol{A}), R(\boldsymbol{B})\}$.

事实上, 设 $\boldsymbol{AB} = \boldsymbol{C}$, 则矩阵方程 $\boldsymbol{AX} = \boldsymbol{C}$ 有解 $\boldsymbol{X} = \boldsymbol{B}$, 由推论 3.5, $R(\boldsymbol{A}) = R(\boldsymbol{A}, \boldsymbol{C})$, 而 $R(\boldsymbol{C}) \leqslant R(\boldsymbol{A}, \boldsymbol{C})$, 因此, $R(\boldsymbol{C}) \leqslant R(\boldsymbol{A})$. 又 $\boldsymbol{B}^{\mathrm{T}}\boldsymbol{A}^{\mathrm{T}} = \boldsymbol{C}^{\mathrm{T}}$, 同理可知, $R(\boldsymbol{C}^{\mathrm{T}}) \leqslant R(\boldsymbol{B}^{\mathrm{T}})$, 即 $R(\boldsymbol{C}) \leqslant R(\boldsymbol{B})$. 综上所述, $R(\boldsymbol{C}) \leqslant \min\{R(\boldsymbol{A}), R(\boldsymbol{B})\}$, 即 $R(\boldsymbol{AB}) \leqslant \min\{R(\boldsymbol{A}), R(\boldsymbol{B})\}$.

定理 3.10　若线性方程组 (3.4.1) 满足 $R(\boldsymbol{A}) = R(\bar{\boldsymbol{A}}) = r$, 则其有解, 且

(1) 当 $R(\boldsymbol{A}) = R(\bar{\boldsymbol{A}}) = r = n$ 时, 方程组 (3.4.1) 有唯一解;

(2) 当 $R(\boldsymbol{A}) = R(\bar{\boldsymbol{A}}) = r < n$ 时, 方程组 (3.4.1) 有无穷多解.

证明　不妨设方程组 (3.4.1) 的增广矩阵 $\bar{\boldsymbol{A}}$ 经过初等行变换化为行阶梯形

$$\bar{\boldsymbol{A}} \sim \left(\begin{array}{cccccc|c} c_{11} & c_{12} & \cdots & c_{1r} & \cdots & c_{1n} & d_1 \\ 0 & c_{22} & \cdots & c_{2r} & \cdots & c_{2n} & d_2 \\ \vdots & \vdots & & \vdots & & \vdots & \vdots \\ 0 & 0 & \cdots & c_{rr} & \cdots & c_{rn} & d_r \\ 0 & 0 & \cdots & 0 & \cdots & 0 & 0 \\ 0 & 0 & \cdots & 0 & \cdots & 0 & 0 \\ \vdots & \vdots & & \vdots & & \vdots & \vdots \\ 0 & 0 & \cdots & 0 & \cdots & 0 & 0 \end{array}\right),$$

其中 $c_{ii} \neq 0(i=1,2,\cdots,r)$, 此时 $R(\boldsymbol{A})=R(\bar{\boldsymbol{A}})=r$, 原方程组与方程组

$$\begin{cases} c_{11}x_1 + c_{12}x_2 + \cdots + c_{1r}x_r + \cdots + c_{1n}x_n = d_1, & (1) \\ \qquad\quad c_{22}x_2 + \cdots + c_{2r}x_r + \cdots + c_{2n}x_n = d_2, & (2) \\ \qquad \cdots\cdots\cdots\cdots & \\ \qquad\qquad\qquad c_{rr}x_r + \cdots + c_{rn}x_n = d_r & (r) \end{cases}$$

同解.

(1) 当 $r=n$ 时, 第 n 个方程为 $c_{nn}x_n=d_n, c_{nn}\neq 0$, 故 $x_n=\dfrac{d_n}{c_{nn}}$, 代入第 $n-1$ 个方程可解得 x_{n-1}, 依次回代求出原线性方程组的唯一解.

(2) 当 $r<n$ 时, 原方程组与

$$\begin{cases} c_{11}x_1 + c_{12}x_2 + \cdots + c_{1r}x_r = d_1 - c_{1,r+1}x_{r+1} - \cdots - c_{1n}x_n, \\ \qquad\quad c_{22}x_2 + \cdots + c_{2r}x_r = d_2 - c_{2,r+1}x_{r+1} - \cdots - c_{2n}x_n, \\ \qquad \cdots\cdots\cdots\cdots \\ \qquad\qquad\qquad c_{rr}x_r = d_r - c_{r,r+1}x_{r+1} - \cdots - c_{rn}x_n \end{cases}$$

同解, 其中 $x_{r+1}, x_{r+2}, \cdots, x_n$ 为自由未知量, 该方程组的系数行列式不为 0, 每取一组自由未知量的值, 由克拉默法则可求出该方程组的一个解. 由于自由未知量的取值是任意的, 故原线性方程组有无穷多解. □

例 3.11 试讨论当 λ 取何值时下面方程组有唯一解、无解、无穷多解, 并在有解时求出其解:

$$\begin{cases} \lambda x_1 + x_2 + x_3 = 1, \\ x_1 + \lambda x_2 + x_3 = \lambda, \\ x_1 + x_2 + \lambda x_3 = \lambda^2. \end{cases}$$

解

$$|\boldsymbol{A}| = \begin{vmatrix} \lambda & 1 & 1 \\ 1 & \lambda & 1 \\ 1 & 1 & \lambda \end{vmatrix} = (\lambda+2)(\lambda-1)^2.$$

(1) 当 $\lambda \neq -2$ 且 $\lambda \neq 1$ 时, $R(\boldsymbol{A})=R(\bar{\boldsymbol{A}})=3$, 方程组有唯一解. 由克拉默法则, 解得

$x_1=-\dfrac{\lambda+1}{\lambda+2},x_2=\dfrac{1}{\lambda+2},x_3=\dfrac{(\lambda+1)^2}{\lambda+2}.$

(2) 当 $\lambda=-2$ 时, 对方程组的增广矩阵施行初等行变换:

$$\bar{\boldsymbol{A}}=\left(\begin{array}{ccc:c}-2&1&1&1\\1&-2&1&-2\\1&1&-2&4\end{array}\right)\underset{r_3-r_1}{\overset{r_1\leftrightarrow r_2}{\underset{\sim}{r_2+2r_1}}}\left(\begin{array}{ccc:c}1&-2&1&-2\\0&-3&3&-3\\0&3&-3&6\end{array}\right)$$
$$\underset{r_3-r_2}{\overset{r_2\times(-\frac{1}{3})}{\underset{\sim}{r_3\times\frac{1}{3}}}}\left(\begin{array}{ccc:c}1&-2&1&-2\\0&1&-1&1\\0&0&0&1\end{array}\right)\underset{r_2-r_3}{\overset{r_1+2r_2}{\sim}}\left(\begin{array}{ccc:c}1&0&-1&0\\0&1&-1&0\\0&0&0&1\end{array}\right).$$

知 $R(\bar{\boldsymbol{A}})=3>R(\boldsymbol{A})=2$, 故原方程组无解.

(3) 当 $\lambda=1$ 时, 对方程组的增广矩阵施行初等行变换:

$$\bar{\boldsymbol{A}}=\left(\begin{array}{ccc:c}1&1&1&1\\1&1&1&1\\1&1&1&1\end{array}\right)\underset{r_3-r_1}{\overset{r_2-r_1}{\sim}}\left(\begin{array}{ccc:c}1&1&1&1\\0&0&0&0\\0&0&0&0\end{array}\right).$$

此时, $R(\boldsymbol{A})=R(\bar{\boldsymbol{A}})=1<3$, 故原方程组有无穷多解, 写出同解方程组为

$$x_1+x_2+x_3=1.$$

令 $x_2=c_1,x_3=c_2$, 解得

$$\begin{cases}x_1=1-\ c_1-c_2,\\x_2=\qquad c_1,\\x_3=\qquad\qquad c_2.\end{cases}$$

方程组的解为

$$\boldsymbol{x}=c_1\begin{pmatrix}-1\\1\\0\end{pmatrix}+c_2\begin{pmatrix}-1\\0\\1\end{pmatrix}+\begin{pmatrix}1\\0\\0\end{pmatrix},$$

其中 c_1,c_2 为任意常数.

推论 3.6　对于齐次线性方程组 $\boldsymbol{Ax}=\boldsymbol{0}$, 其中 $\boldsymbol{A}$ 为 $m\times n$ 矩阵, $\boldsymbol{x}$ 为 n 维列向量, 有下列结论成立:

(1) 当 $R(\boldsymbol{A})=n$ 时, 方程组只有零解;

(2) 当 $R(\boldsymbol{A})<n$ 时, 方程组有非零解.

3.4.2　线性方程组解的结构

通过高斯消元法解线性方程组, 发现对于有无穷多解的线性方程组, 其解总可以表达为一些向量的线性组合的形式. 这一小节, 我们来讨论线性方程组解的结构.

先来讨论齐次线性方程组解的结构. 设 $\boldsymbol{A}$ 为 $m\times n$ 矩阵, 由例 3.2 可知, 集合

$$W=\{\boldsymbol{x}\in\mathbf{R}^n\mid\boldsymbol{A}\boldsymbol{x}=\boldsymbol{0}\}$$

构成一个向量空间, 称其为齐次线性方程组 $\boldsymbol{A}\boldsymbol{x}=\boldsymbol{0}$ 的解空间. 下面我们来寻求解空间的基.

定义 3.17 对于齐次线性方程组 $\boldsymbol{A}\boldsymbol{x}=\boldsymbol{0}$, 若存在一组解向量 $\boldsymbol{\xi}_1,\boldsymbol{\xi}_2,\cdots,\boldsymbol{\xi}_t$, 满足:

(1) $\boldsymbol{\xi}_1,\boldsymbol{\xi}_2,\cdots,\boldsymbol{\xi}_t$ 线性无关,

(2) $\boldsymbol{A}\boldsymbol{x}=\boldsymbol{0}$ 的任一解都可由 $\boldsymbol{\xi}_1,\boldsymbol{\xi}_2,\cdots,\boldsymbol{\xi}_t$ 线性表示,

则称 $\boldsymbol{\xi}_1,\boldsymbol{\xi}_2,\cdots,\boldsymbol{\xi}_t$ 为 $\boldsymbol{A}\boldsymbol{x}=\boldsymbol{0}$ 的基础解系.

定理 3.11 若 n 元齐次线性方程组 $\boldsymbol{A}\boldsymbol{x}=\boldsymbol{0}$ 的系数矩阵的秩 $R(\boldsymbol{A})=r<n$, 则方程组有基础解系, 且基础解系含 $n-r$ 个向量.

证明 因为 $R(\boldsymbol{A})=r<n$, 不妨设齐次线性方程组

$$\begin{cases}a_{11}x_1+a_{12}x_2+\cdots+a_{1n}x_n=0,\\a_{21}x_1+a_{22}x_2+\cdots+a_{2n}x_n=0,\\\cdots\cdots\cdots\cdots\\a_{m1}x_1+a_{m2}x_2+\cdots+a_{mn}x_n=0\end{cases}$$

的系数矩阵 $\boldsymbol{A}$ 经过初等行变换化为行阶梯形

$$\boldsymbol{A}\sim\begin{pmatrix}c_{11}&c_{12}&\cdots&c_{1r}&\cdots&c_{1n}\\0&c_{22}&\cdots&c_{2r}&\cdots&c_{2n}\\\vdots&\vdots&&\vdots&&\vdots\\0&0&\cdots&c_{rr}&\cdots&c_{rn}\\0&0&\cdots&0&\cdots&0\\0&0&\cdots&0&\cdots&0\\\vdots&\vdots&&\vdots&&\vdots\\0&0&\cdots&0&\cdots&0\end{pmatrix},$$

其中 $c_{ii}\neq0\ (i=1,2,\cdots,r)$, 则原方程组的同解方程组为

$$\begin{cases}c_{11}x_1+c_{12}x_2+\cdots+c_{1r}x_r+\cdots+c_{1n}x_n=0,\\\qquad c_{22}x_2+\cdots+c_{2r}x_r+\cdots+c_{2n}x_n=0,\\\cdots\cdots\cdots\cdots\\\qquad\qquad c_{rr}x_r+\cdots+c_{rn}x_n=0,\end{cases}\tag{3.4.2}$$

其中 $c_{ii}\neq0\ (i=1,2,\cdots,r)$. 取 $x_{r+1},x_{r+2},\cdots,x_n$ 为自由未知量, 方程组 (3.4.2) 转化为

$$\begin{cases}c_{11}x_1+c_{12}x_2+\cdots+c_{1r}x_r=-c_{1,r+1}x_{r+1}-\cdots-c_{1n}x_n,\\\qquad c_{22}x_2+\cdots+c_{2r}x_r=-c_{2,r+1}x_{r+1}-\cdots-c_{2n}x_n,\\\cdots\cdots\cdots\cdots\\\qquad\qquad c_{rr}x_r=-c_{r,r+1}x_{r+1}-\cdots-c_{rn}x_n,\end{cases}\tag{3.4.3}$$

其中 $c_{ii} \neq 0\ (i=1,2,\cdots,r)$.

$(x_{r+1},x_{r+2},\cdots,x_n)$ 分别取 $(1,0,\cdots,0),(0,1,\cdots,0),\cdots,(0,0,\cdots,1)$, 可得 $\boldsymbol{Ax}=\mathbf{0}$ 的 $n-r$ 个解, 设为

$$\begin{aligned}\boldsymbol{\xi}_1 &= (d_{11},d_{12},\cdots,d_{1r},1,0,\cdots,0)^{\mathrm{T}},\\ \boldsymbol{\xi}_2 &= (d_{21},d_{22},\cdots,d_{2r},0,1,\cdots,0)^{\mathrm{T}},\\ &\cdots\cdots\cdots\cdots\\ \boldsymbol{\xi}_{n-r} &= (d_{n-r,1},d_{n-r,2},\cdots,d_{n-r,r},0,0,\cdots,1)^{\mathrm{T}}.\end{aligned}$$

下面说明 $\boldsymbol{\xi}_1,\boldsymbol{\xi}_2,\cdots,\boldsymbol{\xi}_{n-r}$ 是 $\boldsymbol{Ax}=\mathbf{0}$ 的基础解系. 显然, $\boldsymbol{\xi}_1,\boldsymbol{\xi}_2,\cdots,\boldsymbol{\xi}_{n-r}$ 线性无关. 设

$$\boldsymbol{\xi}=(d_1,d_2,\cdots,d_r,d_{r+1},d_{r+2}\cdots,d_n)^{\mathrm{T}}$$

为 $\boldsymbol{Ax}=\mathbf{0}$ 的任一解, 由于 $\boldsymbol{\xi}_1,\boldsymbol{\xi}_2,\cdots,\boldsymbol{\xi}_{n-r}$ 是 $\boldsymbol{Ax}=\mathbf{0}$ 的解, 故

$$\boldsymbol{\xi}-d_{r+1}\boldsymbol{\xi}_1-d_{r+2}\boldsymbol{\xi}_2-\cdots-d_n\boldsymbol{\xi}_{n-r}=(l_1,l_2,\cdots,l_r,0,\cdots,0)^{\mathrm{T}}$$

也为 $\boldsymbol{Ax}=\mathbf{0}$ 的解, 把 $x_{r+1}=0,\cdots,x_n=0$ 代入方程组 (3.4.3), 可得 $l_1=l_2=\cdots=l_r=0$, 从而

$$\boldsymbol{\xi}=d_{r+1}\boldsymbol{\xi}_1+d_{r+2}\boldsymbol{\xi}_2+\cdots+d_n\boldsymbol{\xi}_{n-r}.$$

即 $\boldsymbol{\xi}$ 可由 $\boldsymbol{\xi}_1,\boldsymbol{\xi}_2,\cdots,\boldsymbol{\xi}_{n-r}$ 线性表示.

综上所述, $\boldsymbol{\xi}_1,\boldsymbol{\xi}_2,\cdots,\boldsymbol{\xi}_{n-r}$ 是 $\boldsymbol{Ax}=\mathbf{0}$ 的基础解系, 其中 $r=R(\boldsymbol{A})$. □

注 3.6 若 $\boldsymbol{\xi}_1,\boldsymbol{\xi}_2,\cdots,\boldsymbol{\xi}_{n-r}$ 是 $\boldsymbol{Ax}=\mathbf{0}$ 的基础解系, 则称 $c_1\boldsymbol{\xi}_1+c_2\boldsymbol{\xi}_2+\cdots+c_{n-r}\boldsymbol{\xi}_{n-r}$($c_1$, $c_2,\cdots,c_{n-r}$ 为任意常数) 为齐次线性方程组 $\boldsymbol{Ax}=\mathbf{0}$ 的通解.

由定理 3.11 的证明过程, 可得求齐次线性方程组 $\boldsymbol{Ax}=\mathbf{0}$ 的基础解系的步骤.

例 3.12 求齐次线性方程组

$$\begin{cases}x_1-x_2-\ \ x_3+\ \ x_4=0,\\ x_1-x_2+\ \ x_3-3x_4=0,\\ x_1-x_2-2x_3+3x_4\ =0\end{cases}$$

的基础解系, 并求其通解.

解 对系数矩阵施行初等行变换:

$$\boldsymbol{A}=\begin{pmatrix}1&-1&-1&1\\1&-1&1&-3\\1&-1&-2&3\end{pmatrix}\xrightarrow[r_3-r_1]{r_2-r_1}\begin{pmatrix}1&-1&-1&1\\0&0&2&-4\\0&0&-1&2\end{pmatrix}$$

$$\xrightarrow[\substack{r_3+r_2\\r_1+r_2}]{r_2\times\frac{1}{2}}\begin{pmatrix}1&-1&0&-1\\0&0&1&-2\\0&0&0&0\end{pmatrix}.$$

由 $R(\boldsymbol{A})=2, n=4$, 知方程组有无穷多解, 同解方程组为

$$\begin{cases} x_1 - x_2 \quad - \ x_4 = 0, \\ \qquad\qquad x_3 - 2x_4 = 0. \end{cases}$$

令 $x_2=1, x_4=0$, 解得 $\boldsymbol{\xi}_1=(1,1,0,0)^{\mathrm{T}}$. 令 $x_2=0, x_4=1$, 解得 $\boldsymbol{\xi}_2=(1,0,2,1)^{\mathrm{T}}$. 于是 $\boldsymbol{\xi}_1, \boldsymbol{\xi}_2$ 为方程组的基础解系. 故原方程组的通解为

$$\boldsymbol{x}=c_1\boldsymbol{\xi}_1+c_2\boldsymbol{\xi}_2=c_1\begin{pmatrix}1\\1\\0\\0\end{pmatrix}+c_2\begin{pmatrix}1\\0\\2\\1\end{pmatrix},$$

其中 c_1, c_2 为任意常数.

下面证明第二章矩阵的秩的性质 (6): 若 $\boldsymbol{A}_{m\times n}\boldsymbol{B}_{n\times s}=\boldsymbol{O}_{m\times s}$, 则 $R(\boldsymbol{A})+R(\boldsymbol{B})\leqslant n$.

事实上, 记 $\boldsymbol{B}=(\boldsymbol{\beta}_1,\boldsymbol{\beta}_2,\cdots,\boldsymbol{\beta}_s)$, 则 $\boldsymbol{A}(\boldsymbol{\beta}_1,\boldsymbol{\beta}_2,\cdots,\boldsymbol{\beta}_s)=\boldsymbol{O}$. 由分块矩阵的乘法可得 $(\boldsymbol{A}\boldsymbol{\beta}_1,\boldsymbol{A}\boldsymbol{\beta}_2,\cdots,\boldsymbol{A}\boldsymbol{\beta}_s)=(\mathbf{0},\mathbf{0},\cdots,\mathbf{0})$, 即 $\boldsymbol{A}\boldsymbol{\beta}_i=\mathbf{0}, i=1,2,\cdots,s$. 从而, 矩阵 $\boldsymbol{B}$ 的列向量组 $\boldsymbol{\beta}_1,\boldsymbol{\beta}_2,\cdots,\boldsymbol{\beta}_s$ 是齐次线性方程组 $\boldsymbol{Ax}=\mathbf{0}$ 的解向量, 于是向量组 $\boldsymbol{\beta}_1,\boldsymbol{\beta}_2,\cdots,\boldsymbol{\beta}_s$ 的秩即 $R(\boldsymbol{B})$ 不超过 $\boldsymbol{Ax}=\mathbf{0}$ 的基础解系所含向量的个数, 而 $\boldsymbol{Ax}=\mathbf{0}$ 的基础解系含有 $n-R(\boldsymbol{A})$ 个向量, 故 $R(\boldsymbol{B})\leqslant n-R(\boldsymbol{A})$, 即 $R(\boldsymbol{A})+R(\boldsymbol{B})\leqslant n$.

下面, 我们讨论非齐次线性方程组解的结构. 首先给出非齐次线性方程组解的性质.

记 $\boldsymbol{Ax}=\boldsymbol{b}$ 为非齐次线性方程组, 称 $\boldsymbol{Ax}=\mathbf{0}$ 为非齐次线性方程组的导出组, $\boldsymbol{Ax}=\boldsymbol{b}$ 与 $\boldsymbol{Ax}=\mathbf{0}$ 的解之间有如下关系:

定理 3.12 (1) 若 $\boldsymbol{\eta}_1,\boldsymbol{\eta}_2$ 是方程组 $\boldsymbol{Ax}=\boldsymbol{b}$ 的解, 则 $\boldsymbol{\eta}_1-\boldsymbol{\eta}_2$ 是其导出组 $\boldsymbol{Ax}=\mathbf{0}$ 的解;

(2) 若 $\boldsymbol{\eta}$ 是方程组 $\boldsymbol{Ax}=\boldsymbol{b}$ 的解, $\boldsymbol{\xi}$ 是其导出组 $\boldsymbol{Ax}=\mathbf{0}$ 的解, 则 $\boldsymbol{\eta}+\boldsymbol{\xi}$ 是方程组 $\boldsymbol{Ax}=\boldsymbol{b}$ 的解.

证明 (1) $\boldsymbol{\eta}_1,\boldsymbol{\eta}_2$ 是方程组 $\boldsymbol{Ax}=\boldsymbol{b}$ 的解, 则 $\boldsymbol{A\eta}_1=\boldsymbol{b}, \boldsymbol{A\eta}_2=\boldsymbol{b}$. 故

$$\boldsymbol{A}(\boldsymbol{\eta}_1-\boldsymbol{\eta}_2)=\boldsymbol{A\eta}_1-\boldsymbol{A\eta}_2=\boldsymbol{b}-\boldsymbol{b}=\mathbf{0},$$

所以 $\boldsymbol{\eta}_1-\boldsymbol{\eta}_2$ 是 $\boldsymbol{Ax}=\mathbf{0}$ 的解.

(2) $\boldsymbol{\eta}$ 是 $\boldsymbol{Ax}=\boldsymbol{b}$ 的解, $\boldsymbol{\xi}$ 是 $\boldsymbol{Ax}=\mathbf{0}$ 的解, 则 $\boldsymbol{A\eta}=\boldsymbol{b}, \boldsymbol{A\xi}=\mathbf{0}$, 故

$$\boldsymbol{A}(\boldsymbol{\eta}+\boldsymbol{\xi})=\boldsymbol{A\eta}+\boldsymbol{A\xi}=\boldsymbol{b}+\mathbf{0}=\boldsymbol{b},$$

所以 $\boldsymbol{\eta}+\boldsymbol{\xi}$ 为 $\boldsymbol{Ax}=\boldsymbol{b}$ 的解. □

利用上述性质, 我们得到非齐次线性方程组 $\boldsymbol{Ax}=\boldsymbol{b}$ 的解的结构定理.

定理 3.13 如果 $\boldsymbol{\eta}^*$ 是非齐次线性方程组 $\boldsymbol{Ax}=\boldsymbol{b}$ 的一个特解, $\boldsymbol{\xi}_1,\boldsymbol{\xi}_2,\cdots,\boldsymbol{\xi}_{n-r}$ 为其导出组 $\boldsymbol{Ax}=\mathbf{0}$ 的基础解系, 则 $\boldsymbol{Ax}=\boldsymbol{b}$ 的所有解可表示为

$$\boldsymbol{x}=c_1\boldsymbol{\xi}_1+c_2\boldsymbol{\xi}_2+\cdots+c_{n-r}\boldsymbol{\xi}_{n-r}+\boldsymbol{\eta}^*, \tag{3.4.4}$$

其中 $c_1,c_2,\cdots,c_{n-r}$ 为任意常数.

证明 由定理 3.12 易知, $\boldsymbol{x}=c_1\boldsymbol{\xi}_1+c_2\boldsymbol{\xi}_2+\cdots+c_{n-r}\boldsymbol{\xi}_{n-r}+\boldsymbol{\eta}^*$ 是非齐次线性方程组 $\boldsymbol{Ax}=\boldsymbol{b}$ 的解, 其中 $c_1,c_2,\cdots,c_{n-r}$ 为任意常数.

反之, 设 $\boldsymbol{x}$ 为非齐次线性方程组 $\boldsymbol{Ax}=\boldsymbol{b}$ 的任一解. 若 $\boldsymbol{\eta}^*$ 为 $\boldsymbol{Ax}=\boldsymbol{b}$ 的一个特解, 由定理 3.12, 有 $\boldsymbol{x}-\boldsymbol{\eta}^*$ 为导出组 $\boldsymbol{Ax}=\boldsymbol{0}$ 的解, 所以 $\boldsymbol{x}-\boldsymbol{\eta}^*$ 可由 $\boldsymbol{Ax}=\boldsymbol{0}$ 的基础解系 $\boldsymbol{\xi}_1,\boldsymbol{\xi}_2,\cdots,\boldsymbol{\xi}_{n-r}$ 线性表示, 故存在 $c_1,c_2,\cdots,c_{n-r}$, 使得

$$\boldsymbol{x}-\boldsymbol{\eta}^*=c_1\boldsymbol{\xi}_1+c_2\boldsymbol{\xi}_2+\cdots+c_{n-r}\boldsymbol{\xi}_{n-r},$$

即

$$\boldsymbol{x}=c_1\boldsymbol{\xi}_1+c_2\boldsymbol{\xi}_2+\cdots+c_{n-r}\boldsymbol{\xi}_{n-r}+\boldsymbol{\eta}^*.$$

注 3.7 称式 (3.4.4) 为非齐次线性方程组 $\boldsymbol{Ax}=\boldsymbol{b}$ 的通解.

推论 3.7 在非齐次线性方程组 $\boldsymbol{Ax}=\boldsymbol{b}$ 有解的条件下, 其解唯一的充要条件是它的导出组 $\boldsymbol{Ax}=\boldsymbol{0}$ 只有零解.

证明 必要性: 假设 $\boldsymbol{Ax}=\boldsymbol{0}$ 有非零解, 设其解为 $\boldsymbol{\xi}$, 设 $\boldsymbol{\eta}$ 为 $\boldsymbol{Ax}=\boldsymbol{b}$ 的一个解, 由定理 3.12 知 $\boldsymbol{\xi}+\boldsymbol{\eta}$ 为 $\boldsymbol{Ax}=\boldsymbol{b}$ 的一个解, 且 $\boldsymbol{\xi}+\boldsymbol{\eta}\neq\boldsymbol{\eta}$, 这与 $\boldsymbol{Ax}=\boldsymbol{b}$ 有唯一解矛盾.

充分性: 假设 $\boldsymbol{Ax}=\boldsymbol{b}$ 有两个不同的解 $\boldsymbol{\eta}_1,\boldsymbol{\eta}_2$, 则 $\boldsymbol{\eta}_1-\boldsymbol{\eta}_2$ 是 $\boldsymbol{Ax}=\boldsymbol{0}$ 的非零解, 与 $\boldsymbol{Ax}=\boldsymbol{0}$ 只有零解矛盾. □

例 3.13 求非齐次线性方程组

$$\begin{cases} x_1+x_2 \qquad\quad -2x_4=-6\,, \\ 4x_1-x_2-x_3-\ x_4=\ \ 1\,, \\ 3x_1-x_2-x_3 \qquad\ \ =\ \ 3 \end{cases}$$

的通解.

解 对增广矩阵施行初等行变换:

$$\bar{\boldsymbol{A}}=\left(\begin{array}{cccc:c} 1 & 1 & 0 & -2 & -6 \\ 4 & -1 & -1 & -1 & 1 \\ 3 & -1 & -1 & 0 & 3 \end{array}\right)\xrightarrow[r_1\leftrightarrow r_2]{r_2-r_3}\left(\begin{array}{cccc:c} 1 & 0 & 0 & -1 & -2 \\ 1 & 1 & 0 & -2 & -6 \\ 3 & -1 & -1 & 0 & 3 \end{array}\right)$$

$$\xrightarrow[r_3-3r_1]{r_2-r_1}\left(\begin{array}{cccc:c} 1 & 0 & 0 & -1 & -2 \\ 0 & 1 & 0 & -1 & -4 \\ 0 & -1 & -1 & 3 & 9 \end{array}\right)\xrightarrow[r_3\times(-1)]{r_3+r_2}\left(\begin{array}{cccc:c} 1 & 0 & 0 & -1 & -2 \\ 0 & 1 & 0 & -1 & -4 \\ 0 & 0 & 1 & -2 & -5 \end{array}\right),$$

原方程组的同解方程组为

$$\begin{cases} x_1 \qquad\qquad -\ x_4=-2, \\ \qquad x_2 \qquad -\ x_4=-4, \\ \qquad\qquad x_3-2x_4=-5. \end{cases}$$

令 $x_4=0$, 解得原方程组的一个特解 $\boldsymbol{\eta}^*=(-2,-4,-5,0)^{\mathrm{T}}$. 原方程组的导出组的同解方程组为

$$\begin{cases} x_1 \qquad\quad - \ x_4=0, \\ \quad x_2 \qquad - \ x_4=0, \\ \qquad x_3-2x_4=0. \end{cases}$$

令 $x_4=1$, 解得基础解系 $\boldsymbol{\xi}=(1,1,2,1)^{\mathrm{T}}$. 故原方程组的通解为

$$\boldsymbol{x}=c\boldsymbol{\xi}+\boldsymbol{\eta}^*=c(1,1,2,1)^{\mathrm{T}}+(-2,-4,-5,0)^{\mathrm{T}},$$

其中 c 为任意常数.

3.5 应用实例与计算软件实践

3.5.1 楼层设计问题

引例求解:

每种楼层设计方案中一层所拥有的不同户型的数目可以用向量表示, 如 A 设计可用向量 $\boldsymbol{\alpha}=(3,6,4)^{\mathrm{T}}$ 表示, 依次表示 B 和 C 设计后, 依照题意, 可列相应的方程.

(1) B 设计建造的三居室、两居室及一居室的数目分别为 $3x_2,4x_2,4x_2$, 用向量表示为 $x_2(3,4,4)^{\mathrm{T}}$.

(2) 该高层公寓所包含的三居室、两居室及一居室的数目用向量的线性组合可表示为

$$x_1\begin{pmatrix}3\\6\\4\end{pmatrix}+x_2\begin{pmatrix}3\\4\\4\end{pmatrix}+x_3\begin{pmatrix}6\\6\\4\end{pmatrix}=\begin{pmatrix}3x_1+3x_2+6x_3\\6x_1+4x_2+6x_3\\4x_1+4x_2+4x_3\end{pmatrix}.$$

(3) 依题意有

$$\begin{pmatrix}3x_1+3x_2+6x_3\\6x_1+4x_2+6x_3\\4x_1+4x_2+4x_3\end{pmatrix}=\begin{pmatrix}120\\150\\112\end{pmatrix},$$

等价于非齐次线性方程组 $\boldsymbol{Ax}=\boldsymbol{b}$, 其中

$$\boldsymbol{A}=\begin{pmatrix}3&3&6\\6&4&6\\4&4&4\end{pmatrix},\boldsymbol{x}=\begin{pmatrix}x_1\\x_2\\x_3\end{pmatrix},\boldsymbol{b}=\begin{pmatrix}120\\150\\112\end{pmatrix}.$$

增广矩阵 $\bar{\boldsymbol{A}}$ 的行最简形矩阵为

$$\left(\begin{array}{ccc:c}1&0&0&7\\0&1&0&9\\0&0&1&12\end{array}\right),$$

可得方程组的唯一解

$$\begin{cases} x_1 = 7, \\ x_2 = 9, \\ x_3 = 12. \end{cases}$$

于是, 可以设计该高层公寓, 使恰有 120 个三居室、150 个两居室、112 个一居室, 方案为: 该高层公寓有 7 层采取 A 设计, 有 9 层采取 B 设计, 有 12 层采取 C 设计.

注 3.8 在不同条件下, 若根据题意列出的非齐次线性方程组无解, 则说明在该条件下, 公寓建筑方案不可行. 若根据题意列出的非齐次线性方程组解不唯一, 则说明在该条件下, 公寓建筑方案不唯一, 可根据实际情况选择合适的建筑方案.

3.5.2 空间中三个平面的位置关系

例 3.14 讨论空间中三个平面

$$\pi_1 : a_1x + b_1y + c_1z = d_1,$$

$$\pi_2 : a_2x + b_2y + c_2z = d_2,$$

$$\pi_3 : a_3x + b_3y + c_3z = d_3$$

的位置关系.

解 设平面 π_1, π_2, π_3 对应的非齐次线性方程组为

$$\begin{cases} a_1\,x + b_1\,y + c_1\,z = d_1, \\ a_2\,x + b_2\,y + c_2\,z = d_2, \\ a_3\,x + b_3\,y + c_3\,z = d_3, \end{cases}$$

$\boldsymbol{A}$ 和 $\bar{\boldsymbol{A}}$ 分别是方程组的系数矩阵和增广矩阵. 现在我们利用向量组的线性相关性及线性方程组的理论来讨论这三个平面的位置关系.

1. $R(\boldsymbol{A}) = R(\bar{\boldsymbol{A}})$.

(1) $R(\boldsymbol{A}) = R(\bar{\boldsymbol{A}}) = 3$, 此时方程组有唯一解, 所以三个平面交于一点 (如图 3.2(1)).

(2) $R(\boldsymbol{A}) = R(\bar{\boldsymbol{A}}) = 2$, 此时方程组有无穷多解. 因为 $R(\bar{\boldsymbol{A}}) = 2$, 所以 $\bar{\boldsymbol{A}}$ 的三个行向量 $\boldsymbol{\beta}_1, \boldsymbol{\beta}_2, \boldsymbol{\beta}_3$ 线性相关, 即存在不全为零的实数 k_1, k_2, k_3, 使得 $k_1\boldsymbol{\beta}_1 + k_2\boldsymbol{\beta}_2 + k_3\boldsymbol{\beta}_3 = \boldsymbol{0}$. 当 k_1, k_2, k_3 都不为零时, 三个平面互异, 形成有公共轴的平面束, 三个平面相交于一条直线 (如图 3.2(2)). 当 k_1, k_2, k_3 中有一个为零时, 三个平面中有两个平面重合, 与第三个平面交于一条直线 (如图 3.2(3)).

(3) $R(\boldsymbol{A}) = R(\bar{\boldsymbol{A}}) = 1$, 此时方程组有无穷多解, 原方程组与方程组 $a_1x + b_1y + c_1z = d_1$ 同解, 故这些解所对应的点必在一个平面内, 即三个平面重合 (如图 3.2(4)).

2. $R(\boldsymbol{A}) \neq R(\bar{\boldsymbol{A}})$.

(1) $R(\boldsymbol{A}) = 2, R(\bar{\boldsymbol{A}}) = 3$, 此时方程组无解, 所以三个平面不相交. 又因为 $R(\boldsymbol{A}) = 2$, 所以 $\boldsymbol{A}$ 的三个行向量 $\boldsymbol{\alpha}_1, \boldsymbol{\alpha}_2, \boldsymbol{\alpha}_3$ 线性相关, 即存在不全为零的实数 k_1, k_2, k_3, 使得 $k_1\boldsymbol{\alpha}_1 +$

$k_2\boldsymbol{\alpha}_2+k_3\boldsymbol{\alpha}_3=\mathbf{0}$. 当 k_1,k_2,k_3 都不为零时, 可知 $\boldsymbol{A}$ 的 3 个行向量两两线性无关, 则这 3 个平面两两相交, 形成一个三棱柱 (如图 3.2(5)). 当 k_1,k_2,k_3 中有一个为零时, 三个平面有两个平面平行, 另一平面与这两个平面相交 (如图 3.2(6)).

(2) $R(\boldsymbol{A})=1, R(\bar{\boldsymbol{A}})=2$, 此时方程组无解, 所以三个平面不相交. 又因为 $R(\boldsymbol{A})=1$, 所以三个平面平行. 而由 $R(\bar{\boldsymbol{A}})=2$ 知三个平面中至少有两个平面不同: 三个平面平行且全不相同 (如图 3.2(7)), 或者三个平面平行, 其中有两个平面重合 (如图 3.2(8)).

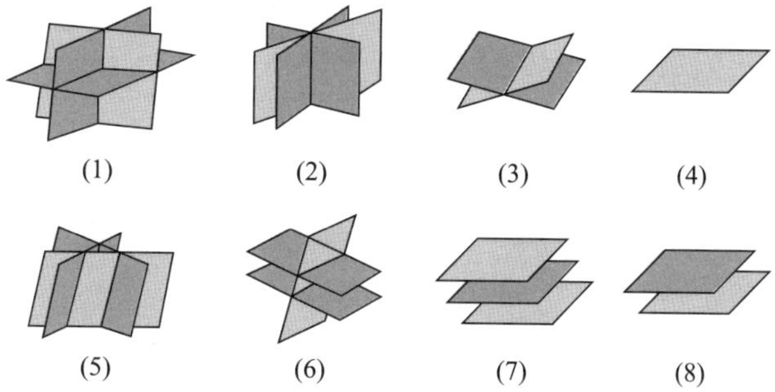

图 3.2

3.5.3 交通流量分析

网络流模型在众多领域中有广泛应用, 如交通、通信及城市规划等方面都有所涉及.

汽车在道路上连续行驶形成的车流, 称为交通流. 某段时间内在不受横向交叉影响的路段上, 交通流呈连续流状态. 假设:

(1) 全部流入网络的流量等于全部流出网络的流量;

(2) 每一交叉路口进入的车辆与离开的车辆总数相等;

(3) 每条道路都是单行道.

下面通过例题来说明如何建立数学模型, 对交叉路口的交通状况进行分析, 为对交通进行合理的调配提供理论依据.

例 3.15 如图 3.3 所示, 某城市市区的交叉路口由 2 个车道组成. 图中给出了在交通高峰时段每小时进入和离开路口的车辆数. 试解决以下问题:

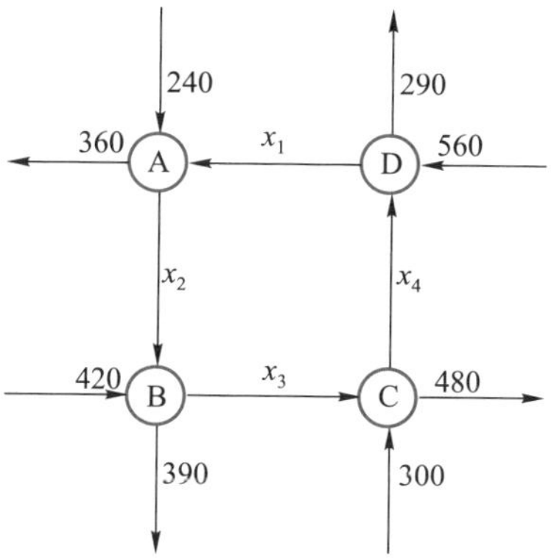

图 3.3

(1) 建立确定每条道路流量的线性方程组.

(2) 为了唯一确定未知流量, 还需要增添哪几条道路的流量统计?

(3) 当 $x_4 = 150$ 时, 确定 x_1, x_2, x_3 的值.

分析: 在每一个路口, 由假设可知进入的车辆总数和离开的车辆总数相等. 例如, 在路口 A, 进入该路口的车辆总数为 $x_1 + 240$, 离开该路口的车辆总数为 $x_2 + 360$. 因此有

$$x_1 + 240 = x_2 + 360.$$

依次分析其他路口, 可得对应的数学模型.

解 (1) 根据每一路口进入的车辆与离开的车辆总数相等可得

$$x_1 + 240 = x_2 + 360 \quad (\text{路口A}), \quad x_2 + 420 = x_3 + 390 \quad (\text{路口B}),$$

$$x_3 + 300 = x_4 + 480 \quad (\text{路口C}), \quad x_4 + 560 = x_1 + 290 \quad (\text{路口D}),$$

整理得

$$\begin{cases} x_1 - x_2 = 120, \\ x_2 - x_3 = -30, \\ x_3 - x_4 = 180, \\ -x_1 + x_4 = -270. \end{cases}$$

(2) 为解决此问题, 需对线性方程组进行求解.

此方程组的增广矩阵为

$$\left(\begin{array}{cccc:c} 1 & -1 & 0 & 0 & 120 \\ 0 & 1 & -1 & 0 & -30 \\ 0 & 0 & 1 & -1 & 180 \\ -1 & 0 & 0 & 1 & -270 \end{array}\right).$$

对增广矩阵施行初等行变换化为行最简形

$$\left(\begin{array}{cccc:c} 1 & 0 & 0 & -1 & 270 \\ 0 & 1 & 0 & -1 & 150 \\ 0 & 0 & 1 & -1 & 180 \\ 0 & 0 & 0 & 0 & 0 \end{array}\right),$$

得同解方程组为

$$\begin{cases} x_1 - x_4 = 270, \\ x_2 - x_4 = 150, \\ x_3 - x_4 = 180. \end{cases}$$

因为 x_4 为自由未知量, 所以为了确定未知流量, 只要增添未知量 x_4 对应的道路的车流量的统计, 即道路 CD 的车流量统计.

(3) 把 $x_4 = 150$ 代入同解方程组, 得 $x_1 = 420, x_2 = 300, x_3 = 330$. 即自由未知量 x_4 对应路段的车流量统计出来之后, 就可以确定出其他三个路段的车流量.

注 3.9 在用线性方程组模型求解交通流量问题时, 方程组可能存在无解、有唯一解和无穷多解的情况. 当方程组无解时, 说明十字路口某一方向上进入车辆数和驶离车辆数不相等, 从而该方向上产生拥堵; 当有无穷多个解时, 几个方向上的车流量信息用一个或较少几个方向上的车流量信息来表示, 根据实际情况给出自由未知量的恰当取值, 可以计算出各个方向上的车辆数, 交通部门可以根据各个路口的具体车流量数对车辆进行合理的调配.

3.5.4 线性方程组求解的 MATLAB 实践

本节通过具体实例介绍如何利用 MATLAB 进行向量组线性相关性的判断和线性方程组求解的相关计算, 涉及命令见表 3.1.

表 3.1 向量组的线性相关性判断与线性方程组求解相关的命令

命令	功能说明
rank(A)	求矩阵 $\boldsymbol{A}$ 的秩
[R, s]=rref(A)	对矩阵 $\boldsymbol{A}$ 进行初等行变换化成行最简形矩阵 $\boldsymbol{R}$, 并返回一个行向量 $\boldsymbol{s}$, $\boldsymbol{s}$ 的元素由行最简形矩阵 $\boldsymbol{R}$ 中非零行非零首元所在列的列号构成
A(:,i)	提取矩阵 $\boldsymbol{A}$ 中第 i 列
null(A,'r')	求齐次线性方程组 $\boldsymbol{Ax}=\boldsymbol{0}$ 的有理数形式的基础解系

例 3.16 判断向量组 $\boldsymbol{a}_1=\begin{pmatrix}1\\0\\1\\1\end{pmatrix}$, $\boldsymbol{a}_2=\begin{pmatrix}0\\2\\2\\-1\end{pmatrix}$, $\boldsymbol{a}_3=\begin{pmatrix}2\\1\\-1\\3\end{pmatrix}$, $\boldsymbol{a}_4=\begin{pmatrix}1\\3\\0\\1\end{pmatrix}$ 是否线性相关.

解 向量组的向量作为列向量构成矩阵

$$\boldsymbol{A}=(\boldsymbol{a}_1,\boldsymbol{a}_2,\boldsymbol{a}_3,\boldsymbol{a}_4)=\begin{pmatrix}1&0&2&1\\0&2&1&3\\1&2&-1&0\\1&-1&3&1\end{pmatrix}.$$

由于矩阵的秩等于其列向量组的秩, 可以通过求矩阵 $\boldsymbol{A}$ 的秩来判断其列向量组的线性相关性.

在 MATLAB 命令窗口输入的命令及运行结果如下:

```
>> a1=[1;0;1;1];  %输入向量a1
>> a2=[0;2;2;-1]; %输入向量a2
>> a3=[2;1;-1;3]; %输入向量a3
>> a4=[1;3;0;1];  %输入向量a4
>> A=[a1,a2,a3,a4] %以向量a1,a2,a3,a4作为列构成矩阵A
A =
     1     0     2     1
```

```
        0      2      1      3
        1      2     -1      0
        1     -1      3      1
>> rank(A) %求矩阵A的秩
ans =
     3
```

由 MATLAB 运行结果可知, 矩阵 $\boldsymbol{A}$ 的秩为 3, 即向量组 $\boldsymbol{a}_1,\boldsymbol{a}_2,\boldsymbol{a}_3,\boldsymbol{a}_4$ 的秩为 3. 因此, 向量组 $\boldsymbol{a}_1,\boldsymbol{a}_2,\boldsymbol{a}_3,\boldsymbol{a}_4$ 线性相关.

例 3.17 已知向量组 $\boldsymbol{a}_1=\begin{pmatrix}2\\1\\3\\0\end{pmatrix}, \boldsymbol{a}_2=\begin{pmatrix}4\\2\\1\\-1\end{pmatrix}, \boldsymbol{a}_3=\begin{pmatrix}2\\1\\8\\1\end{pmatrix}, \boldsymbol{a}_4=\begin{pmatrix}1\\0\\7\\6\end{pmatrix}, \boldsymbol{a}_5=\begin{pmatrix}3\\2\\4\\-5\end{pmatrix}$, 求这个向量组的一个极大线性无关组, 并将其余向量用这个极大线性无关组线性表示.

解 在 MATLAB 命令窗口输入的命令及运行结果如下:

```
>> a1=[2;1;3;0];
>> a2=[4;2;1;-1];
>> a3=[2;1;8;1];
>> a4=[1;0;7;6];
>> a5=[3;2;4;-5];
>> A=[a1,a2,a3,a4,a5]
%以向量a1,a2,a3,a4,a5作为列构成矩阵A
A =
       2      4      2      1      3
       1      2      1      0      2
       3      1      8      7      4
       0     -1      1      6     -5
>> [R,s]=rref(A) % R为矩阵A的行最简形矩阵
%s记录了R中非零行非零首元所在列的列标
R =
       1      0      3      0      4
       0      1     -1      0     -1
       0      0      0      1     -1
       0      0      0      0      0
s =
       1      2      4
>> A(:,s) %提取A中向量s的分量对应的列
%求得A的列向量组的一个极大无关组
```

```
ans =
        2       4       1
        1       2       0
        3       1       7
        0      -1       6
```

由 MATLAB 运行结果可知, $\boldsymbol{a}_1,\boldsymbol{a}_2,\boldsymbol{a}_4$ 为向量组的一个极大无关组, 且

$$\boldsymbol{a}_3=3\boldsymbol{a}_1-\boldsymbol{a}_2,\quad \boldsymbol{a}_5=4\boldsymbol{a}_1-\boldsymbol{a}_2-\boldsymbol{a}_4.$$

例 3.18 求齐次线性方程组

$$\begin{cases} x_1+\ x_2+\ x_3+\ x_4+\ x_5=0\,,\\ 3x_1+2x_2+\ x_3+\ x_4-3x_5=0\,,\\ \qquad x_2+2x_3+2x_4+6x_5=0\,,\\ 5x_1+4x_2+3x_3+3x_4-\ x_5=0 \end{cases}$$

的通解.

解 在 MATLAB 命令窗口输入的命令及运行结果如下:

```
>> A=[1,1,1,1,1;3,2,1,1,-3;0,1,2,2,6;5,4,3,3,-1];
%输入系数矩阵A
>>  rref(A) %将系数矩阵A进行初等行变换化为行最简形矩阵
ans =
        1       0      -1       -1       -5
        0       1       2        2        6
        0       0       0        0        0
        0       0       0        0        0
```

由 MATLAB 运行结果可得方程组有解

$$\begin{cases} x_1=\qquad x_3+\ x_4+5x_5,\\ x_2=-2x_3-2x_4-6x_5, \end{cases}$$

其中 x_3,x_4,x_5 为自由未知量. 因此, 方程组的基础解系为

$$\boldsymbol{\xi}_1=\begin{pmatrix}1\\-2\\1\\0\\0\end{pmatrix},\ \boldsymbol{\xi}_2=\begin{pmatrix}1\\-2\\0\\1\\0\end{pmatrix},\ \boldsymbol{\xi}_2=\begin{pmatrix}5\\-6\\0\\0\\1\end{pmatrix},$$

通解为 $\boldsymbol{x}=c_1\boldsymbol{\xi}_1+c_2\boldsymbol{\xi}_2+c_3\boldsymbol{\xi}_3$, 其中 c_1,c_2,c_3 为任意常数.

除了利用初等变换的方法, 也可直接利用 MATLAB 中的 null 命令求解齐次线性方程组 $\boldsymbol{Ax}=\boldsymbol{0}$ 的基础解系. 在 MATLAB 命令窗口输入的命令及运行结果如下:

```
>> A=[1,1,1,1,1;3,2,1,1,-3;0,1,2,2,6;5,4,3,3,-1];
>> B=null(A,'r') %求方程组Ax=0的基础解系
B =
      1     1     5
     -2    -2    -6
      1     0     0
      0     1     0
      0     0     1
>> syms c1 c2 c3;
% 定义c1,c2,c3为符号变量， 定义通解中的任意常数
>> X=c1*B(:,1)+c2*B(:,2)+c3*B(:,3)
%由矩阵B中的基础解系向量得方程组通解
X =
      c1 + c2 + 5*c3
  - 2*c1 - 2*c2 - 6*c3
                    c1
                    c2
                    c3
```

例 3.19 求解非齐次线性方程组

$$\begin{cases} 3x_1-2x_2 \qquad\quad - x_4=2, \\ \qquad 2x_2+2x_3+ x_4=1, \\ x_1-2x_2-3x_3-2x_4=0, \\ \qquad\ x_2+2x_3+ x_4=1. \end{cases}$$

解 在 MATLAB 命令窗口输入的命令及运行结果如下:

```
>> A=[3,-2,0,-1;0,2,2,1;1,-2,-3,-2;0,1,2,1];
%输入系数矩阵A
>> b=[2;1;0;1]; %输入常数项
>> r=[rank(A),rank([A,b])]
%求系数矩阵A与增广矩阵[A,b]的秩
r =
      4     4
>> rref([A,b])
%将增广矩阵[A,b]进行初等行变换化为行最简形矩阵
ans =
      1     0     0     0    -1
      0     1     0     0     0
      0     0     1     0     3
```

```
     0          0          0          1          -5
```

由 MATLAB 运行结果可知, $R(\boldsymbol{A}) = R(\boldsymbol{A}, \boldsymbol{b}) = 4$. 因此, 方程组有唯一解 $\boldsymbol{x} = (-1, 0, 3, -5)^{\mathrm{T}}$, 即 $x_1 = -1, x_2 = 0, x_3 = 3, x_4 = -5$.

观察方程组的系数矩阵 $\boldsymbol{A}$ 为方阵, 若 $\boldsymbol{A}$ 可逆, 则 $\boldsymbol{x} = \boldsymbol{A}^{-1}\boldsymbol{b}$. 也可以采取下面的方法来求解, 在 MATLAB 命令窗口输入的命令及运行结果如下:

```
>> A=[3,-2,0,-1;0,2,2,1;1,-2,-3,-2;0,1,2,1];
>> b=[2;1;0;1];
>> det(A) %计算系数矩阵A的行列式, 判断A的可逆性
ans =
     1
>> x=inv(A)*b %利用A的逆矩阵求解线性方程组
x =
    -1
     0
     3
    -5
```

例 3.20 求解非齐次线性方程组

$$\begin{cases} x_1 + 2x_2 + 4x_3 - 3x_4 = 1, \\ 3x_1 + 5x_2 + 6x_3 - 4x_4 = 2, \\ 4x_1 + 5x_2 - 2x_3 + 3x_4 = 1, \\ 3x_1 + 8x_2 + 24x_3 - 19x_4 = 5. \end{cases}$$

解 在 MATLAB 命令窗口输入的命令及运行结果如下:

```
>> A=[1,2,4,-3;3,5,6,-4;4,5,-2,3;3,8,24,-19];
%输入系数矩阵A
>> b=[1;2;1;5]; %输入常数项
>> r=[rank(A),rank([A,b])]
%求系数矩阵A与增广矩阵[A,b]的秩
r =
     2          2
>> rref([A,b])
%将增广矩阵[A,b]进行初等行变换化为行最简形矩阵
ans =
     1          0          -8          7          -1
     0          1           6         -5           1
     0          0           0          0           0
     0          0           0          0           0
```

由 MATLAB 运行结果可知, $R(\boldsymbol{A}) = R(\boldsymbol{A}, \boldsymbol{b}) = 2 < 4$. 因此, 方程组有无穷多解. 由增广矩阵的行最简形矩阵可得原方程组的同解方程组

$$\begin{cases} x_1 = \quad 8x_3 - 7x_4 - 1, \\ x_2 = -6x_3 + 5x_4 + 1, \end{cases}$$

故方程组的通解为

$$\boldsymbol{x} = c_1 \begin{pmatrix} 8 \\ -6 \\ 1 \\ 0 \end{pmatrix} + c_2 \begin{pmatrix} -7 \\ 5 \\ 0 \\ 1 \end{pmatrix} + \begin{pmatrix} -1 \\ 1 \\ 0 \\ 0 \end{pmatrix},$$

其中 c_1, c_2 为任意常数.

数学史与数学家精神——秦九韶与中国剩余定理

习题三

基础题

1. 设 4 维向量 $\boldsymbol{\alpha} = (1, -1, 0, 1)^{\mathrm{T}}$, $\boldsymbol{\beta} = (-1, 1, 2, 3)^{\mathrm{T}}$, 若向量 $\boldsymbol{\gamma}$ 满足 $2(\boldsymbol{\alpha}-\boldsymbol{\beta})+3(\boldsymbol{\gamma}-\boldsymbol{\beta}) = -2(\boldsymbol{\alpha}+\boldsymbol{\gamma})$, 求向量 $\boldsymbol{\gamma}$.

2. 设向量 $\boldsymbol{\beta} = (2, -1, 3, 4)^{\mathrm{T}}$, $\boldsymbol{\alpha}_1 = (1, 2, -3, 1)^{\mathrm{T}}$, $\boldsymbol{\alpha}_2 = (5, -5, 12, 1)^{\mathrm{T}}$, $\boldsymbol{\alpha}_3 = (1, -3, 6, 3)^{\mathrm{T}}$, 求向量 $\boldsymbol{\beta}$ 由向量组 $\boldsymbol{\alpha}_1, \boldsymbol{\alpha}_2, \boldsymbol{\alpha}_3$ 线性表示的表达式.

3. 判别下列向量组的线性相关性:

(1) $\boldsymbol{\alpha}_1 = \begin{pmatrix} -1 \\ 1 \end{pmatrix}$, $\boldsymbol{\alpha}_2 = \begin{pmatrix} 2 \\ 3 \end{pmatrix}$, $\boldsymbol{\alpha}_3 = \begin{pmatrix} -1 \\ 2 \end{pmatrix}$;

(2) $\boldsymbol{\alpha}_1 = \begin{pmatrix} 1 \\ -1 \\ 1 \end{pmatrix}$, $\boldsymbol{\alpha}_2 = \begin{pmatrix} 0 \\ 0 \\ 0 \end{pmatrix}$, $\boldsymbol{\alpha}_3 = \begin{pmatrix} 4 \\ 3 \\ 2 \end{pmatrix}$;

(3) $\boldsymbol{\alpha}_1 = \begin{pmatrix} 1 \\ -2 \\ 3 \\ 1 \end{pmatrix}$, $\boldsymbol{\alpha}_2 = \begin{pmatrix} 4 \\ 0 \\ 2 \\ 3 \end{pmatrix}$, $\boldsymbol{\alpha}_3 = \begin{pmatrix} -2 \\ 4 \\ -6 \\ -2 \end{pmatrix}$;

(4) $\boldsymbol{\alpha}_1 = \begin{pmatrix} -1 \\ 3 \\ 1 \end{pmatrix}$, $\boldsymbol{\alpha}_2 = \begin{pmatrix} 2 \\ 1 \\ 0 \end{pmatrix}$, $\boldsymbol{\alpha}_3 = \begin{pmatrix} 1 \\ 5 \\ 1 \end{pmatrix}$.

4. 已知向量组 $\boldsymbol{\alpha}_1=\begin{pmatrix}1\\0\\2\\3\end{pmatrix}$, $\boldsymbol{\alpha}_2=\begin{pmatrix}1\\1\\3\\5\end{pmatrix}$, $\boldsymbol{\alpha}_3=\begin{pmatrix}1\\-1\\t+2\\1\end{pmatrix}$, $\boldsymbol{\alpha}_4=\begin{pmatrix}1\\2\\4\\t+9\end{pmatrix}$线性相关, 试求 t 的值.

5. 设 $\boldsymbol{\alpha}_1,\boldsymbol{\alpha}_2,\boldsymbol{\alpha}_3$ 线性无关, 证明 $\boldsymbol{\alpha}_1+\boldsymbol{\alpha}_2,\boldsymbol{\alpha}_2+\boldsymbol{\alpha}_3,\boldsymbol{\alpha}_3+\boldsymbol{\alpha}_1$ 也线性无关.

6. 设有向量组 $\boldsymbol{\alpha}_1=\begin{pmatrix}1\\-1\\2\\4\end{pmatrix}$, $\boldsymbol{\alpha}_2=\begin{pmatrix}0\\3\\1\\2\end{pmatrix}$, $\boldsymbol{\alpha}_3=\begin{pmatrix}3\\0\\7\\14\end{pmatrix}$, $\boldsymbol{\alpha}_4=\begin{pmatrix}1\\-1\\2\\0\end{pmatrix}$, $\boldsymbol{\alpha}_5=\begin{pmatrix}2\\1\\5\\6\end{pmatrix}$, 求向量组的一个极大线性无关组, 并把其余向量用极大线性无关组表示.

7. 已知向量组 $\boldsymbol{\alpha}_1,\boldsymbol{\alpha}_2,\boldsymbol{\alpha}_3$ 的秩为 3, 向量组 $\boldsymbol{\alpha}_1,\boldsymbol{\alpha}_2,\boldsymbol{\alpha}_3,\boldsymbol{\alpha}_4$ 的秩为 3, 向量组 $\boldsymbol{\alpha}_1,\boldsymbol{\alpha}_2,\boldsymbol{\alpha}_3,\boldsymbol{\alpha}_5$ 的秩为 4. 证明: 向量组 $\boldsymbol{\alpha}_1,\boldsymbol{\alpha}_2,\boldsymbol{\alpha}_3,\boldsymbol{\alpha}_5-\boldsymbol{\alpha}_4$ 的秩为 4.

8. 证明: n 维向量组 $\boldsymbol{\alpha}_1,\boldsymbol{\alpha}_2,\cdots,\boldsymbol{\alpha}_n$ 线性无关的充要条件为任意一个 n 维向量可以由它们线性表示.

9. 设矩阵 $\boldsymbol{A}=\begin{pmatrix}2&-1&-1&1&2\\1&1&-2&1&4\\4&-6&2&-2&4\\3&6&-9&7&9\end{pmatrix}$, 求:

(1) $\boldsymbol{A}$ 的列向量组的秩;

(2) $\boldsymbol{A}$ 的列向量组的一个极大线性无关组, 并把其余列向量用极大线性无关组线性表示.

10. 设向量组 $\begin{pmatrix}a\\3\\1\end{pmatrix}$, $\begin{pmatrix}2\\b\\3\end{pmatrix}$, $\begin{pmatrix}1\\2\\1\end{pmatrix}$, $\begin{pmatrix}2\\3\\1\end{pmatrix}$ 的秩为 2, 求 a,b 的值.

11. 证明 $V=\{\boldsymbol{\alpha}=(0,0,x_3,x_4,\cdots,x_n)^{\mathrm{T}},x_i\in\mathbf{R},i=3,4,\cdots,n\}$ 是一个向量空间.

12. 设 3 维向量空间 V 的两组基为 $\boldsymbol{\alpha}_1=\begin{pmatrix}1\\2\\1\end{pmatrix}$, $\boldsymbol{\alpha}_2=\begin{pmatrix}2\\1\\3\end{pmatrix}$, $\boldsymbol{\alpha}_3=\begin{pmatrix}3\\2\\4\end{pmatrix}$ 和 $\boldsymbol{\beta}_1=\begin{pmatrix}1\\1\\0\end{pmatrix}$, $\boldsymbol{\beta}_2=\begin{pmatrix}1\\0\\1\end{pmatrix}$, $\boldsymbol{\beta}_3=\begin{pmatrix}0\\1\\1\end{pmatrix}$, 试求:

(1) 由基 $\boldsymbol{\beta}_1,\boldsymbol{\beta}_2,\boldsymbol{\beta}_3$ 到基 $\boldsymbol{\alpha}_1,\boldsymbol{\alpha}_2,\boldsymbol{\alpha}_3$ 的过渡矩阵;

(2) $\boldsymbol{\alpha}=\boldsymbol{\alpha}_1+2\boldsymbol{\alpha}_2+3\boldsymbol{\alpha}_3$ 在基 $\boldsymbol{\beta}_1,\boldsymbol{\beta}_2,\boldsymbol{\beta}_3$ 下的坐标.

13. 确定 a,b 的值, 使下列方程组有解, 并求出它的解:

$$\begin{cases}x_1+2x_2-2x_3+2x_4=2,\\ \quad\ \ x_2-x_3-x_4=1,\\ x_1+x_2-x_3+3x_4=a,\\ x_1-x_2+x_3+5x_4=b.\end{cases}$$

14. 求下列齐次线性方程组的基础解系:

(1) $\begin{cases} x_1 + x_2 + 2x_3 - x_4 = 0, \\ 2x_1 + x_2 + x_3 - x_4 = 0, \\ 2x_1 + 2x_2 + x_3 + 2x_4 = 0; \end{cases}$ (2) $\begin{cases} x_1 + 2x_2 + 5x_3 = 0, \\ x_1 + 3x_2 - 2x_3 = 0, \\ 3x_1 + 7x_2 + 8x_3 = 0, \\ x_1 + 4x_2 - 9x_3 = 0; \end{cases}$

(3) $\begin{cases} x_1 - x_2 - x_3 + x_4 = 0, \\ x_1 - x_2 + x_3 - 3x_4 = 0, \\ x_1 - x_2 - 2x_3 + 3x_4 = 0. \end{cases}$

15. 求非齐次线性方程组

$$\begin{cases} 2x_1 + 4x_2 - x_3 + 4x_4 + 16x_5 = -2, \\ -3x_1 - 6x_2 + 2x_3 - 6x_4 - 23x_5 = 7, \\ 3x_1 + 6x_2 - 4x_3 + 6x_4 + 19x_5 = -23, \\ x_1 + 2x_2 + 5x_3 + 2x_4 + 19x_5 = 43 \end{cases}$$

的通解.

16. 证明: 与基础解系等价的线性无关的向量组也是基础解系.

17. 设 $\boldsymbol{A} = \begin{pmatrix} 1 & 2 & 1 & 2 \\ 0 & 1 & t & t \\ 1 & t & 0 & 1 \end{pmatrix}$, 且方程组 $\boldsymbol{Ax} = \boldsymbol{0}$ 的基础解系含有两个解向量, 试求 $\boldsymbol{Ax} = \boldsymbol{0}$ 的通解.

18. 设 n 阶方阵 $\boldsymbol{A}$ 的各行元素之和均为 0, 且 $R(\boldsymbol{A}) = n - 1$, 试求齐次线性方程组 $\boldsymbol{Ax} = \boldsymbol{0}$ 的通解.

19. 设 $\boldsymbol{A}, \boldsymbol{B}$ 均为 n 阶非零方阵. 若 $\boldsymbol{B}$ 的每一列是齐次线性方程组 $\boldsymbol{Ax} = \boldsymbol{0}$ 的解, 则 $|\boldsymbol{A}| = 0$ 且 $|\boldsymbol{B}| = 0$.

20. 设 4 元非齐次线性方程组 $\boldsymbol{Ax} = \boldsymbol{b}$ 的系数矩阵的秩为 3, $\boldsymbol{\alpha}_1, \boldsymbol{\alpha}_2, \boldsymbol{\alpha}_3$ 是 $\boldsymbol{Ax} = \boldsymbol{b}$ 的三个解向量, 且满足

$$\boldsymbol{\alpha}_1 = \begin{pmatrix} 3 \\ 0 \\ -1 \\ 2 \end{pmatrix}, \quad \boldsymbol{\alpha}_2 + \boldsymbol{\alpha}_3 = \begin{pmatrix} 1 \\ 0 \\ 2 \\ 0 \end{pmatrix}.$$

求方程组 $\boldsymbol{Ax} = \boldsymbol{b}$ 的通解.

21. 设 $\boldsymbol{A}$ 为 $m \times n$ 矩阵, 证明: 如果 $\boldsymbol{A\alpha} = \boldsymbol{A\beta}$, 且 $R(\boldsymbol{A}) = n$, 则 $\boldsymbol{\alpha} = \boldsymbol{\beta}$.

22. 求一个齐次线性方程组, 使它的基础解系为

$$\boldsymbol{\xi}_1 = (0, 1, 2, 3)^{\mathrm{T}}, \boldsymbol{\xi}_2 = (3, 2, 1, 0)^{\mathrm{T}}.$$

提高题

1. 设 $\boldsymbol{A}=\begin{pmatrix}\lambda & 1 & 1\\ 0 & \lambda-1 & 0\\ 1 & 1 & \lambda\end{pmatrix}, \boldsymbol{b}=\begin{pmatrix}a\\ 1\\ 1\end{pmatrix}$, 已知线性方程组 $\boldsymbol{Ax}=\boldsymbol{b}$ 存在两个不同的解. 求:

(1) λ, a 的值;

(2) 方程组 $\boldsymbol{Ax}=\boldsymbol{b}$ 的通解.

2. 设向量组 $\boldsymbol{\alpha}_1=(1,0,1)^{\mathrm{T}}, \boldsymbol{\alpha}_2=(0,1,1)^{\mathrm{T}}, \boldsymbol{\alpha}_3=(1,3,5)^{\mathrm{T}}$ 不能由向量组 $\boldsymbol{\beta}_1=(1,1,1)^{\mathrm{T}}$, $\boldsymbol{\beta}_2=(1,2,3)^{\mathrm{T}}, \boldsymbol{\beta}_3=(3,4,a)^{\mathrm{T}}$ 线性表示.

(1) 求 a 的值;

(2) 将 $\boldsymbol{\beta}_1, \boldsymbol{\beta}_2, \boldsymbol{\beta}_3$ 由 $\boldsymbol{\alpha}_1, \boldsymbol{\alpha}_2, \boldsymbol{\alpha}_3$ 线性表示.

3. 设 $\boldsymbol{A}=\begin{pmatrix}1 & a & 0 & 0\\ 0 & 1 & a & 0\\ 0 & 0 & 1 & a\\ a & 0 & 0 & 1\end{pmatrix}, \boldsymbol{\beta}=\begin{pmatrix}1\\ -1\\ 0\\ 0\end{pmatrix}$.

(1) 计算行列式 $|\boldsymbol{A}|$;

(2) 当实数 a 为何值时, 方程组 $\boldsymbol{Ax}=\boldsymbol{\beta}$ 有无穷多解? 并求其通解.

4. 设 $\boldsymbol{A}=\begin{pmatrix}1 & a\\ 1 & 0\end{pmatrix}, \boldsymbol{B}=\begin{pmatrix}0 & 1\\ 1 & b\end{pmatrix}$, 当 a, b 为何值时, 存在矩阵 $\boldsymbol{C}$ 使得 $\boldsymbol{AC}-\boldsymbol{CA}=\boldsymbol{B}$? 并求所有矩阵 $\boldsymbol{C}$.

5. 设矩阵 $\boldsymbol{A}=\begin{pmatrix}1 & -2 & 3 & -4\\ 0 & 1 & -1 & 1\\ 1 & 2 & 0 & -3\end{pmatrix}$, $\boldsymbol{E}$ 为三阶单位矩阵. 求:

(1) 方程组 $\boldsymbol{Ax}=\boldsymbol{0}$ 的一个基础解系;

(2) 满足 $\boldsymbol{AB}=\boldsymbol{E}$ 的所有矩阵 $\boldsymbol{B}$.

6. 设向量组 $\boldsymbol{\alpha}_1, \boldsymbol{\alpha}_2, \boldsymbol{\alpha}_3$ 为 $\mathbf{R}^3$ 的一组基, $\boldsymbol{\beta}_1=2\boldsymbol{\alpha}_1+2k\boldsymbol{\alpha}_3, \boldsymbol{\beta}_2=2\boldsymbol{\alpha}_2, \boldsymbol{\beta}_3=\boldsymbol{\alpha}_1+(k+1)\boldsymbol{\alpha}_3$.

(1) 证明向量组 $\boldsymbol{\beta}_1, \boldsymbol{\beta}_2, \boldsymbol{\beta}_3$ 为 $\mathbf{R}^3$ 的一组基.

(2) 当 k 为何值时, 存在非零向量 $\boldsymbol{\xi}$ 在基 $\boldsymbol{\alpha}_1, \boldsymbol{\alpha}_2, \boldsymbol{\alpha}_3$ 与基 $\boldsymbol{\beta}_1, \boldsymbol{\beta}_2, \boldsymbol{\beta}_3$ 下的坐标相同, 并求所有的 $\boldsymbol{\xi}$.

7. 设矩阵 $\boldsymbol{A}=\begin{pmatrix}1 & -1 & -1\\ 2 & a & 1\\ -1 & 1 & a\end{pmatrix}, \boldsymbol{B}=\begin{pmatrix}2 & 2\\ 0 & a\\ -a-1 & -2\end{pmatrix}$, 当 a 为何值时, 方程 $\boldsymbol{AX}=\boldsymbol{B}$ 无解, 有唯一解, 有无穷解? 在有解时, 求解此方程.

8. 设向量组 $\boldsymbol{\alpha}_1=(1,2,1)^{\mathrm{T}}, \boldsymbol{\alpha}_2=(1,3,2)^{\mathrm{T}}, \boldsymbol{\alpha}_3=(1,a,3)^{\mathrm{T}}$ 为 $\mathbf{R}^3$ 的一组基, $\boldsymbol{\beta}=(1,1,1)^{\mathrm{T}}$ 在这组基下的坐标为 $\boldsymbol{x}-(b,c,1)^{\mathrm{T}}$.

(1) 求 a, b, c 的值;

(2) 证明 $\boldsymbol{\alpha}_2, \boldsymbol{\alpha}_3, \boldsymbol{\beta}$ 为 $\mathbf{R}^3$ 的一组基, 并求 $\boldsymbol{\alpha}_2, \boldsymbol{\alpha}_3, \boldsymbol{\beta}$ 到 $\boldsymbol{\alpha}_1, \boldsymbol{\alpha}_2, \boldsymbol{\alpha}_3$ 的过渡矩阵.

自测题三

第四章 相似矩阵及二次型

矩阵的特征值与特征向量是矩阵理论的重要组成部分，它们在微分方程组求解、动态经济学、工程计算等方面有着广泛的应用. 本章将介绍矩阵特征值和特征向量的概念和性质，并将其应用于解决方阵的相似对角化、实对称矩阵正交相似对角化以及二次型化标准形等问题.

4.0 引例: 平面二次曲线类型的判断

在平面解析几何中，若二次曲线方程 $ax^2+2bxy+cy^2=1$ 不是标准形式，通常会利用适当的坐标变换

$$\begin{pmatrix} x \\ y \end{pmatrix} = \begin{pmatrix} \cos\theta & -\sin\theta \\ \sin\theta & \cos\theta \end{pmatrix} \begin{pmatrix} u \\ v \end{pmatrix} \tag{4.0.1}$$

化曲线方程为标准形式 $\lambda u^2+\mu v^2=1$，进而判断二次曲线的类型.

例如，判断二次曲线方程

$$2x^2+2xy+2y^2=1 \tag{4.0.2}$$

所表示的平面曲线的类型. 利用坐标变换 (4.0.1)，即对坐标系旋转一定角度 θ (如图 4.1)，曲线方程 (4.0.2) 可化为标准形式

$$3u^2+v^2=1. \tag{4.0.3}$$

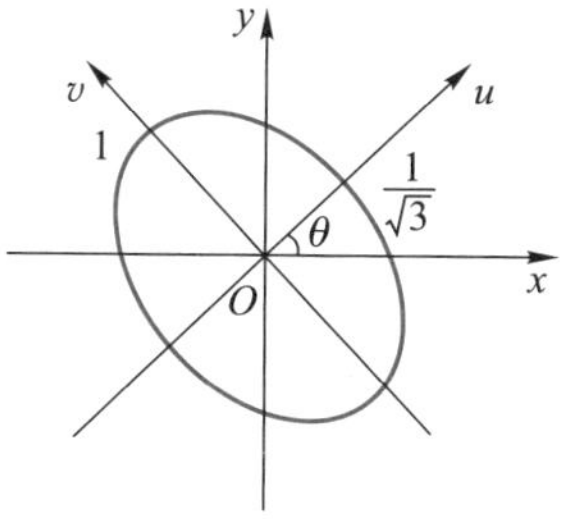

图 4.1

于是，曲线方程 (4.0.2) 表示平面上的椭圆.

坐标变换 (4.0.1) 中的角度 θ 该如何确定？旋转坐标系后得到的曲线标准方程中平方项系数如何确定？本章将要介绍的矩阵的特征值和特征向量以及二次型化标准形等相关理论可以解决上述问题.

4.1 矩阵的特征值与特征向量

4.1.1 特征值与特征向量的概念

例 4.1 设线性变换 $\boldsymbol{y}=\boldsymbol{A}\boldsymbol{x}$, 其中 $\boldsymbol{A}=\begin{pmatrix}3 & 1\\ -2 & 0\end{pmatrix}$. 向量 $\boldsymbol{\alpha}=(1,1)^{\mathrm{T}}$ 与 $\boldsymbol{\beta}=(1,-1)^{\mathrm{T}}$ 经变换后可得

$$\boldsymbol{A}\boldsymbol{\alpha}=\begin{pmatrix}3 & 1\\ -2 & 0\end{pmatrix}\begin{pmatrix}1\\ 1\end{pmatrix}=\begin{pmatrix}4\\ -2\end{pmatrix},$$

$$\boldsymbol{A}\boldsymbol{\beta}=\begin{pmatrix}3 & 1\\ -2 & 0\end{pmatrix}\begin{pmatrix}1\\ -1\end{pmatrix}=2\begin{pmatrix}1\\ -1\end{pmatrix}.$$

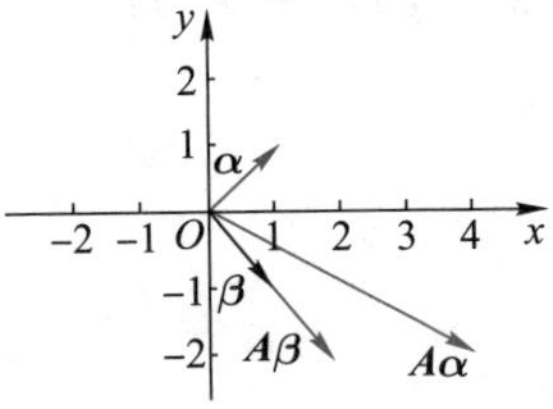

图 4.2

如图 4.2 所示, 经线性变换 $\boldsymbol{y}=\boldsymbol{A}\boldsymbol{x}$, 向量 $\boldsymbol{\alpha}$ 发生了旋转和拉伸, 而向量 $\boldsymbol{\beta}$ 仅发生了拉伸, 所得向量 $\boldsymbol{A}\boldsymbol{\beta}$ 与向量 $\boldsymbol{\beta}$ 共线.

定义 4.1 设 $\boldsymbol{A}$ 是 n 阶方阵, 如果存在数 λ 和 n 维非零向量 $\boldsymbol{x}$, 使

$$\boldsymbol{A}\boldsymbol{x}=\lambda\boldsymbol{x} \tag{4.1.1}$$

成立, 则称数 λ 是方阵 $\boldsymbol{A}$ 的特征值, 非零向量 $\boldsymbol{x}$ 称为方阵 $\boldsymbol{A}$ 的对应于特征值 λ 的特征向量.

例 4.1中, $\boldsymbol{A}\boldsymbol{\beta}=2\boldsymbol{\beta}$, 所以 $\lambda=2$ 为方阵 $\boldsymbol{A}$ 的特征值, $\boldsymbol{\beta}$ 为方阵 $\boldsymbol{A}$ 的对应于特征值 $\lambda=2$ 的特征向量.

例 4.2 设 n 阶方阵 $\boldsymbol{A}=\begin{pmatrix}a & 0 & \cdots & 0\\ 0 & a & \cdots & 0\\ \vdots & \vdots & & \vdots\\ 0 & 0 & \cdots & a\end{pmatrix}$, 由于 $\boldsymbol{A}=a\boldsymbol{E}$, 对任意 n 维非零向量 $\boldsymbol{x}$,

$$\boldsymbol{A}\boldsymbol{x}=a\boldsymbol{E}\boldsymbol{x}=a\boldsymbol{x},$$

则数 a 是方阵 $\boldsymbol{A}$ 的特征值, 任意非零向量 $\boldsymbol{x}$ 都为方阵 $\boldsymbol{A}$ 的对应于特征值 a 的特征向量, 方阵 $\boldsymbol{A}$ 只有特征值 $\lambda=a$. 特别地, n 阶零矩阵 $\boldsymbol{O}$ 只有特征值 $\lambda=0$, 任意 n 维非零向量 $\boldsymbol{x}$ 都为其对应于特征值 $\lambda=0$ 的特征向量.

由式 (4.1.1) 可得

$$(\boldsymbol{A}-\lambda\boldsymbol{E})\boldsymbol{x}=\boldsymbol{0}. \tag{4.1.2}$$

于是, 若存在数 λ, 使齐次线性方程组 (4.1.2) 有非零解 $\boldsymbol{x}$, 则 λ 是方阵 $\boldsymbol{A}$ 的特征值, $\boldsymbol{x}$ 是对应于特征值 λ 的特征向量. 根据克拉默法则, 齐次线性方程组 (4.1.2) 有非零解的充要条件为

$$|\boldsymbol{A}-\lambda\boldsymbol{E}|=0. \tag{4.1.3}$$

因此, λ 是方阵 $\boldsymbol{A}$ 的特征值的充要条件为 $|\boldsymbol{A}-\lambda\boldsymbol{E}|=0$.

设 n 阶方阵 $\boldsymbol{A}=(a_{ij})$, 记

$$f(\lambda)=|\boldsymbol{A}-\lambda\boldsymbol{E}|=\begin{vmatrix}a_{11}-\lambda & a_{12} & \cdots & a_{1n}\\ a_{21} & a_{22}-\lambda & \cdots & a_{2n}\\ \vdots & \vdots & & \vdots\\ a_{n1} & a_{n2} & \cdots & a_{nn}-\lambda\end{vmatrix}, \tag{4.1.4}$$

则 $f(\lambda)$ 是关于 λ 的 n 次多项式, 称为方阵 $\boldsymbol{A}$ 的特征多项式. 方程 $|\boldsymbol{A}-\lambda\boldsymbol{E}|=0$ 称为方阵 $\boldsymbol{A}$ 的特征方程. 显然, 方阵 $\boldsymbol{A}$ 的特征值为其特征方程的根, 有时也称方阵的特征值为特征根. 根据代数基本定理, 一元 n 次方程在复数域内有 n 个根 (重根按重数计算). 因此, n 阶方阵 $\boldsymbol{A}$ 在复数域内有 n 个特征值.

定义 4.2 设 n 阶方阵 $\boldsymbol{A}$ 的特征多项式在复数域内分解为

$$f(\lambda)=|\boldsymbol{A}-\lambda\boldsymbol{E}|=(\lambda_1-\lambda)^{n_1}(\lambda_2-\lambda)^{n_2}\cdots(\lambda_s-\lambda)^{n_s},$$

其中 $\lambda_1,\lambda_2,\cdots,\lambda_s$ 互不相同, 且 $n_1+n_2+\cdots+n_s=n$, 则称 λ_i 是方阵 $\boldsymbol{A}$ 的n_i 重特征值, n_i 为特征值 λ_i 的代数重数.

求 n 阶方阵 $\boldsymbol{A}$ 的特征值与特征向量的步骤:

(1) 计算方阵 $\boldsymbol{A}$ 的特征多项式 $|\boldsymbol{A}-\lambda\boldsymbol{E}|$, 求得 $\boldsymbol{A}$ 的全部不同特征值 $\lambda_1,\lambda_2,\cdots,\lambda_s$;

(2) 对于每一个特征值 λ_i $(i=1,2,\cdots,s)$, 求齐次线性方程组 $(\boldsymbol{A}-\lambda_i\boldsymbol{E})\boldsymbol{x}=\boldsymbol{0}$ 的基础解系 $\boldsymbol{\xi}_{i1},\boldsymbol{\xi}_{i2},\cdots,\boldsymbol{\xi}_{ir_i}$, 其全部非零解

$$c_{i1}\boldsymbol{\xi}_{i1}+c_{i2}\boldsymbol{\xi}_{i2}+\cdots+c_{ir_i}\boldsymbol{\xi}_{ir_i}\quad (c_{i1},c_{i2},\cdots,c_{ir_i}\text{不全为零})$$

为 $\boldsymbol{A}$ 的对应于特征值 λ_i 的全部特征向量.

例 4.3 求方阵 $\boldsymbol{A}=\begin{pmatrix}3 & 1\\ -2 & 0\end{pmatrix}$ 的特征值与特征向量.

解 $\boldsymbol{A}$ 的特征多项式为

$$|\boldsymbol{A}-\lambda\boldsymbol{E}|=\begin{vmatrix}3-\lambda & 1\\ -2 & -\lambda\end{vmatrix}=\lambda^2-3\lambda+2=(\lambda-1)(\lambda-2),$$

所以 $\boldsymbol{A}$ 的特征值为 $\lambda_1=1,\ \lambda_2=2$.

当 $\lambda_1=1$ 时, 解方程组 $(\boldsymbol{A}-\boldsymbol{E})\boldsymbol{x}=\boldsymbol{0}$, 由于

$$\boldsymbol{A}-\boldsymbol{E}=\begin{pmatrix}2 & 1\\ -2 & -1\end{pmatrix}\sim\begin{pmatrix}1 & \frac{1}{2}\\ 0 & 0\end{pmatrix},$$

得同解方程组为

$$x_1+\frac{1}{2}x_2=0,$$

解得基础解系 $\boldsymbol{\xi}_1 = (-1,\ 2)^{\mathrm{T}}$, 所以 $\boldsymbol{A}$ 的对应于特征值 $\lambda_1 = 1$ 的全部特征向量为 $c_1\boldsymbol{\xi}_1(c_1 \neq 0)$.

当 $\lambda_2 = 2$ 时, 解方程组 $(\boldsymbol{A} - 2\boldsymbol{E})\boldsymbol{x} = \boldsymbol{0}$, 由于

$$\boldsymbol{A} - 2\boldsymbol{E} = \begin{pmatrix} 1 & 1 \\ -2 & -2 \end{pmatrix} \sim \begin{pmatrix} 1 & 1 \\ 0 & 0 \end{pmatrix},$$

得同解方程组为

$$x_1 + x_2 = 0,$$

解得基础解系 $\boldsymbol{\xi}_2 = (-1,\ 1)^{\mathrm{T}}$, 所以 $\boldsymbol{A}$ 的对应于特征值 $\lambda_2 = 2$ 的全部特征向量为 $c_2\boldsymbol{\xi}_2(c_2 \neq 0)$.

例 4.4 求方阵 $\boldsymbol{A} = \begin{pmatrix} -1 & 1 & 0 \\ -4 & 3 & 0 \\ 1 & 0 & 2 \end{pmatrix}$ 的特征值与特征向量.

解 $\boldsymbol{A}$ 的特征多项式为

$$|\boldsymbol{A} - \lambda\boldsymbol{E}| = \begin{vmatrix} -1-\lambda & 1 & 0 \\ -4 & 3-\lambda & 0 \\ 1 & 0 & 2-\lambda \end{vmatrix} = -(\lambda-2)(\lambda-1)^2,$$

所以 $\boldsymbol{A}$ 的特征值为 $\lambda_1 = 2,\ \lambda_2 = \lambda_3 = 1$.

当 $\lambda_1 = 2$ 时, 解方程组 $(\boldsymbol{A} - 2\boldsymbol{E})\boldsymbol{x} = \boldsymbol{0}$, 由于

$$\boldsymbol{A} - 2\boldsymbol{E} = \begin{pmatrix} -3 & 1 & 0 \\ -4 & 1 & 0 \\ 1 & 0 & 0 \end{pmatrix} \sim \begin{pmatrix} 1 & 0 & 0 \\ 0 & 1 & 0 \\ 0 & 0 & 0 \end{pmatrix},$$

得同解方程组为

$$\begin{cases} x_1 = 0, \\ x_2 = 0, \end{cases}$$

解得基础解系 $\boldsymbol{\xi}_1 = (0,\ 0,\ 1)^{\mathrm{T}}$, 所以 $\boldsymbol{A}$ 的对应于特征值 $\lambda_1 = 2$ 的全部特征向量为 $c_1\boldsymbol{\xi}_1(c_1 \neq 0)$.

当 $\lambda_2 = \lambda_3 = 1$ 时, 解方程组 $(\boldsymbol{A} - \boldsymbol{E})\boldsymbol{x} = \boldsymbol{0}$, 由于

$$\boldsymbol{A} - \boldsymbol{E} = \begin{pmatrix} -2 & 1 & 0 \\ -4 & 2 & 0 \\ 1 & 0 & 1 \end{pmatrix} \sim \begin{pmatrix} 1 & 0 & 1 \\ 0 & 1 & 2 \\ 0 & 0 & 0 \end{pmatrix},$$

得同解方程组为

$$\begin{cases} x_1 + x_3 = 0, \\ x_2 + 2x_3 = 0, \end{cases}$$

解得基础解系 $\boldsymbol{\xi}_2 = (-1,\ -2,\ 1)^{\mathrm{T}}$, 所以 $\boldsymbol{A}$ 的对应于特征值 $\lambda_2 = \lambda_3 = 1$ 的全部特征向量为 $c_2\boldsymbol{\xi}_2(c_2 \neq 0)$.

例 4.5 求 n 阶上三角形矩阵 $\boldsymbol{A}=\begin{pmatrix} a_{11} & a_{12} & \cdots & a_{1n} \\ 0 & a_{22} & \cdots & a_{2n} \\ \vdots & \vdots & & \vdots \\ 0 & 0 & \cdots & a_{nn} \end{pmatrix}$ 的特征值.

解 $\boldsymbol{A}$ 的特征多项式为

$$\begin{aligned} |\boldsymbol{A}-\lambda\boldsymbol{E}| &= \begin{vmatrix} a_{11}-\lambda & a_{12} & \cdots & a_{1n} \\ 0 & a_{22}-\lambda & \cdots & a_{2n} \\ \vdots & \vdots & & \vdots \\ 0 & 0 & \cdots & a_{nn}-\lambda \end{vmatrix} \\ &= (a_{11}-\lambda)(a_{22}-\lambda)\cdots(a_{nn}-\lambda), \end{aligned}$$

所以 $\boldsymbol{A}$ 的特征值为 $\lambda_1=a_{11}$, $\lambda_2=a_{22},\cdots$, $\lambda_n=a_{nn}$.

由例 4.5可知, 上三角形矩阵主对角线上元素为其全部特征值. 特别地, n 阶对角矩阵 $\boldsymbol{A}=\operatorname{diag}(\lambda_1,\lambda_2,\cdots,\lambda_n)$ 主对角线上元素为其全部特征值.

4.1.2 特征值与特征向量的性质

定理 4.1 设 n 阶方阵 $\boldsymbol{A}=(a_{ij})$ 的 n 个特征值为 $\lambda_1,\lambda_2,\cdots,\lambda_n$, 则
(1) $\lambda_1+\lambda_2+\cdots+\lambda_n=a_{11}+a_{22}+\cdots+a_{nn}$;
(2) $\lambda_1\lambda_2\cdots\lambda_n=|\boldsymbol{A}|$.

证明 由 n 阶行列式定义, 方阵 $\boldsymbol{A}$ 的特征多项式 (4.1.4) 可表示为

$$f(\lambda)=|\boldsymbol{A}-\lambda\boldsymbol{E}|=(a_{11}-\lambda)(a_{22}-\lambda)\cdots(a_{nn}-\lambda)+g(\lambda), \tag{4.1.5}$$

其中 $g(\lambda)$ 为关于 λ 的次数不超过 $n-2$ 的多项式.

另一方面, $\lambda_1,\lambda_2,\cdots,\lambda_n$ 为方阵 $\boldsymbol{A}=(a_{ij})$ 的全部特征值, 特征多项式又可表示为

$$f(\lambda)=(\lambda_1-\lambda)(\lambda_2-\lambda)\cdots(\lambda_n-\lambda). \tag{4.1.6}$$

比较式 (4.1.5) 和式 (4.1.6) 中 $n-1$ 次项系数和常数项, 可得

$$\begin{gathered} \lambda_1+\lambda_2+\cdots+\lambda_n=a_{11}+a_{22}+\cdots+a_{nn}, \\ \lambda_1\lambda_2\cdots\lambda_n=|\boldsymbol{A}|. \end{gathered}$$ □

推论 4.1 n 阶方阵 $\boldsymbol{A}$ 可逆的充要条件是 $\boldsymbol{A}$ 的特征值全不为零.

定理 4.2 方阵 $\boldsymbol{A}$ 与 $\boldsymbol{A}^{\mathrm{T}}$ 具有相同的特征多项式和特征值.

证明 由于 $|\boldsymbol{A}-\lambda\boldsymbol{E}|=\left|(\boldsymbol{A}-\lambda\boldsymbol{E})^{\mathrm{T}}\right|=\left|\boldsymbol{A}^{\mathrm{T}}-\lambda\boldsymbol{E}\right|$, 因此方阵 $\boldsymbol{A}$ 与 $\boldsymbol{A}^{\mathrm{T}}$ 具有相同的特征多项式和特征值. □

定理 4.3 设 λ 为 n 阶方阵 $\boldsymbol{A}$ 的特征值, $\boldsymbol{\alpha}$ 为 $\boldsymbol{A}$ 的对应于特征值 λ 的特征向量, k 为常数, m 是正整数, 则

(1) $k\lambda$ 是 $k\boldsymbol{A}$ 的特征值, $\boldsymbol{\alpha}$ 是 $k\boldsymbol{A}$ 的对应于特征值 $k\lambda$ 的特征向量;

(2) λ^m 是 $\boldsymbol{A}^m$ 的特征值, $\boldsymbol{\alpha}$ 是 $\boldsymbol{A}^m$ 的对应于特征值 λ^m 的特征向量;

(3) 若方阵 $\boldsymbol{A}$ 可逆, 则 λ^{-1} 是 $\boldsymbol{A}^{-1}$ 的特征值, $\boldsymbol{\alpha}$ 是 $\boldsymbol{A}^{-1}$ 的对应于特征值 λ^{-1} 的特征向量;

(4) 设 m 次多项式 $\phi(x)=a_mx^m+a_{m-1}x^{m-1}+\cdots+a_1x+a_0$, 则 $\phi(\lambda)$ 是矩阵多项式

$$\phi(\boldsymbol{A})=a_m\boldsymbol{A}^m+a_{m-1}\boldsymbol{A}^{m-1}+\cdots+a_1\boldsymbol{A}+a_0\boldsymbol{E} \tag{4.1.7}$$

的特征值, $\boldsymbol{\alpha}$ 是 $\phi(\boldsymbol{A})$ 的对应于特征值 $\phi(\lambda)$ 的特征向量.

证明 已知 $\boldsymbol{A\alpha}=\lambda\boldsymbol{\alpha}$ 且 $\boldsymbol{\alpha}\neq\boldsymbol{0}$.

(1) 对于常数 k, $(k\boldsymbol{A})\boldsymbol{\alpha}=k(\boldsymbol{A\alpha})=k(\lambda\boldsymbol{\alpha})=(k\lambda)\boldsymbol{\alpha}$, 因此 $k\lambda$ 是 $k\boldsymbol{A}$ 的特征值, 且 $\boldsymbol{\alpha}$ 是 $k\boldsymbol{A}$ 的对应于特征值 $k\lambda$ 的特征向量.

(2) 由于

$$\begin{aligned}\boldsymbol{A}^m\boldsymbol{\alpha}&=\boldsymbol{A}^{m-1}(\boldsymbol{A\alpha})=\boldsymbol{A}^{m-1}(\lambda\boldsymbol{\alpha})=\lambda\boldsymbol{A}^{m-1}\boldsymbol{\alpha}=\lambda\boldsymbol{A}^{m-2}(\boldsymbol{A\alpha})\\&=\lambda\boldsymbol{A}^{m-2}(\lambda\boldsymbol{\alpha})=\lambda^2\boldsymbol{A}^{m-2}\boldsymbol{\alpha}=\cdots=\lambda^{m-1}\boldsymbol{A\alpha}=\lambda^m\boldsymbol{\alpha},\end{aligned}$$

则 λ^m 是 $\boldsymbol{A}^m$ 的特征值, 且 $\boldsymbol{\alpha}$ 是 $\boldsymbol{A}^m$ 的对应于特征值 λ^m 的特征向量.

(3) 若 $\boldsymbol{A}$ 可逆, 则

$$\boldsymbol{A}^{-1}(\boldsymbol{A\alpha})=\boldsymbol{A}^{-1}(\lambda\boldsymbol{\alpha}),$$

即 $\boldsymbol{\alpha}=\lambda\boldsymbol{A}^{-1}\boldsymbol{\alpha}$. 由推论 4.1知, $\boldsymbol{A}$ 的特征值 $\lambda\neq0$, 于是

$$\boldsymbol{A}^{-1}\boldsymbol{\alpha}=\lambda^{-1}\boldsymbol{\alpha}.$$

因此, λ^{-1} 是 $\boldsymbol{A}^{-1}$ 的特征值, 且 $\boldsymbol{\alpha}$ 为 $\boldsymbol{A}^{-1}$ 的对应于特征值 λ^{-1} 的特征向量.

由结论 (1) 和 (2) 易得结论 (4). □

例 4.6 设方阵 $\boldsymbol{A}$ 满足 $\boldsymbol{A}^2=\boldsymbol{E}$, 证明 $\boldsymbol{A}$ 的特征值只能是 1 或 -1.

证明 设 λ 为方阵 $\boldsymbol{A}$ 的特征值, 则 λ^2 为 $\boldsymbol{A}^2$ 的特征值. 由 $\boldsymbol{A}^2=\boldsymbol{E}$ 可知 $\lambda^2=1$, 所以 $\boldsymbol{A}$ 的特征值只能是 1 或 -1. □

例 4.7 设三阶方阵 $\boldsymbol{A}$ 的特征值为 1, -1, 2, 求 $|\boldsymbol{A}^*+2\boldsymbol{A}-\boldsymbol{E}|$.

解 由 $|\boldsymbol{A}|=1\times(-1)\times2=-2\neq0$, 知 $\boldsymbol{A}$ 可逆, 且 $\boldsymbol{A}^*=|\boldsymbol{A}|\boldsymbol{A}^{-1}=-2\boldsymbol{A}^{-1}$, 则

$$\boldsymbol{A}^*+2\boldsymbol{A}-\boldsymbol{E}=-2\boldsymbol{A}^{-1}+2\boldsymbol{A}-\boldsymbol{E}.$$

设 λ 是 $\boldsymbol{A}$ 的特征值, $\boldsymbol{\alpha}$ 是对应于特征值 λ 的特征向量, 则

$$(-2\boldsymbol{A}^{-1}+2\boldsymbol{A}-\boldsymbol{E})\boldsymbol{\alpha}=(-2\lambda^{-1}+2\lambda-1)\boldsymbol{\alpha},$$

所以 $-2\lambda^{-1}+2\lambda-1$ 是方阵 $-2\boldsymbol{A}^{-1}+2\boldsymbol{A}-\boldsymbol{E}$ 的特征值. 于是 $-2\boldsymbol{A}^{-1}+2\boldsymbol{A}-\boldsymbol{E}$ 的特征值为 $-1,-1,2$. 因此, $|\boldsymbol{A}^*+2\boldsymbol{A}-\boldsymbol{E}|=(-1)\times(-1)\times2=2$.

定理 4.4 设 $\boldsymbol{\alpha}_1,\boldsymbol{\alpha}_2,\cdots,\boldsymbol{\alpha}_s$ 是方阵 $\boldsymbol{A}$ 的对应于不同特征值 $\lambda_1,\lambda_2,\cdots,\lambda_s$ 的特征向量, 则 $\boldsymbol{\alpha}_1,\boldsymbol{\alpha}_2,\cdots,\boldsymbol{\alpha}_s$ 线性无关.

证明 已知 $\boldsymbol{A\alpha}_i=\lambda_i\boldsymbol{\alpha}_i$, $\boldsymbol{\alpha}_i\neq\mathbf{0}\ (i=1,2,\cdots,s)$. 下面利用数学归纳法证明.
当 $s=1$ 时, $\boldsymbol{\alpha}_1\neq\mathbf{0}$, 只含有一个非零向量的向量组线性无关, 结论成立.
假设结论对 $s=m-1$ 成立, 下证结论对 $s=m$ 也成立. 设

$$k_1\boldsymbol{\alpha}_1+k_2\boldsymbol{\alpha}_2+\cdots+k_m\boldsymbol{\alpha}_m=\mathbf{0}. \tag{4.1.8}$$

用 $\boldsymbol{A}$ 左乘式 (4.1.8) 两端, 得

$$k_1\lambda_1\boldsymbol{\alpha}_1+k_2\lambda_2\boldsymbol{\alpha}_2+\cdots+k_m\lambda_m\boldsymbol{\alpha}_m=\mathbf{0}. \tag{4.1.9}$$

将式 (4.1.8) 两端乘 λ_m 减去式 (4.1.9), 得

$$k_1(\lambda_m-\lambda_1)\boldsymbol{\alpha}_1+k_2(\lambda_m-\lambda_2)\boldsymbol{\alpha}_2+\cdots+k_{m-1}(\lambda_m-\lambda_{m-1})\boldsymbol{\alpha}_{m-1}=\mathbf{0}.$$

由归纳假设 $\boldsymbol{\alpha}_1,\boldsymbol{\alpha}_2,\cdots,\boldsymbol{\alpha}_{m-1}$ 线性无关, 得

$$k_i(\lambda_m-\lambda_i)=0\quad(i=1,2,\cdots,m-1).$$

因为特征值 $\lambda_i\neq\lambda_m\ (i=1,2,\cdots,m-1)$, 所以 $k_i=0\ (i=1,2,\cdots,m-1)$, 代入式 (4.1.8) 得 $k_m\boldsymbol{\alpha}_m=\mathbf{0}$. 而 $\boldsymbol{\alpha}_m\neq\mathbf{0}$, 所以 $k_m=0$. 因此, 向量组 $\boldsymbol{\alpha}_1,\boldsymbol{\alpha}_2,\cdots,\boldsymbol{\alpha}_m$ 线性无关. □

与定理 4.4的证明类似, 我们可以得到如下推论:

推论 4.2 设 $\lambda_1,\lambda_2,\cdots,\lambda_s$ 是方阵 $\boldsymbol{A}$ 的 s 个互不相同的特征值, $\boldsymbol{\alpha}_{i1},\boldsymbol{\alpha}_{i2},\cdots,\boldsymbol{\alpha}_{im_i}$ 是对应于特征值 λ_i 的 m_i 个线性无关的特征向量 $(i=1,2,\cdots,s)$, 则向量组

$$\boldsymbol{\alpha}_{11},\boldsymbol{\alpha}_{12},\cdots,\boldsymbol{\alpha}_{1m_1},\boldsymbol{\alpha}_{21},\boldsymbol{\alpha}_{22},\cdots,\boldsymbol{\alpha}_{2m_2},\cdots,\boldsymbol{\alpha}_{s1},\boldsymbol{\alpha}_{s2},\cdots,\boldsymbol{\alpha}_{sm_s}$$

线性无关.

定理 4.5 设 λ 是 n 阶方阵 $\boldsymbol{A}$ 的 k 重特征值, 则 $\boldsymbol{A}$ 的对应于特征值 λ 的线性无关的特征向量的个数不超过 k.

此定理不予证明. 由定理 4.5知, 在求方阵 $\boldsymbol{A}$ 的 k 重特征值 λ 对应的特征向量时, 齐次线性方程组 $(\boldsymbol{A}-\lambda\boldsymbol{E})\boldsymbol{x}=\mathbf{0}$ 的基础解系所含向量的个数不超过 k, 即

$$n-R(\boldsymbol{A}-\lambda\boldsymbol{E})\leqslant k.$$

由推论 4.2和定理 4.5可得如下结论:

推论 4.3 n 阶方阵 $\boldsymbol{A}$ 至多有 n 个线性无关的特征向量.

推论 4.4 若 n 阶方阵 $\boldsymbol{A}$ 有 n 个互不相同的特征值, 则 $\boldsymbol{A}$ 有 n 个线性无关的特征向量.

4.2 矩阵相似对角化

4.2.1 相似矩阵的概念和性质

例 4.8 设 $\boldsymbol{A}=\begin{pmatrix}3&-1\\2&0\end{pmatrix}$, 满足 $\boldsymbol{AP}=\boldsymbol{P\Lambda}$, 其中 $\boldsymbol{P}=\begin{pmatrix}1&-1\\-2&1\end{pmatrix}$, $\boldsymbol{\Lambda}=\begin{pmatrix}1&0\\0&2\end{pmatrix}$, 求$\boldsymbol{A}^6$.

解 由 $|\boldsymbol{P}|=-1\neq 0$ 可知, $\boldsymbol{P}$ 可逆, 从而 $\boldsymbol{A}=\boldsymbol{P\Lambda P}^{-1}$. 于是,

$$\begin{aligned}\boldsymbol{A}^6&=\underbrace{(\boldsymbol{P\Lambda P}^{-1})(\boldsymbol{P\Lambda P}^{-1})\cdots(\boldsymbol{P\Lambda P}^{-1})}_{6\text{个}}\\&=\boldsymbol{P\Lambda}(\boldsymbol{P}^{-1}\boldsymbol{P})\boldsymbol{\Lambda}(\boldsymbol{P}^{-1}\boldsymbol{P})\cdots(\boldsymbol{P}^{-1}\boldsymbol{P})\boldsymbol{\Lambda P}^{-1}\\&=\boldsymbol{P\Lambda}^6\boldsymbol{P}^{-1}\\&=\begin{pmatrix}1&-1\\-2&1\end{pmatrix}\begin{pmatrix}1^6&0\\0&2^6\end{pmatrix}\begin{pmatrix}-1&-1\\-2&-1\end{pmatrix}=\begin{pmatrix}127&63\\-126&-62\end{pmatrix}.\end{aligned}$$

例 4.8中, 由于方阵 $\boldsymbol{A}$ 与对角矩阵 $\boldsymbol{\Lambda}$ 满足 $\boldsymbol{P}^{-1}\boldsymbol{AP}=\boldsymbol{\Lambda}$, 因此方阵 $\boldsymbol{A}$ 的方幂容易计算, 为此引入相似矩阵的概念.

定义 4.3 设 $\boldsymbol{A},\boldsymbol{B}$ 是 n 阶方阵, 若存在可逆矩阵 $\boldsymbol{P}$, 使得

$$\boldsymbol{P}^{-1}\boldsymbol{AP}=\boldsymbol{B},$$

则称方阵 $\boldsymbol{A}$ 与 $\boldsymbol{B}$相似, 对 $\boldsymbol{A}$ 进行 $\boldsymbol{P}^{-1}\boldsymbol{AP}$ 运算称为对 $\boldsymbol{A}$ 进行相似变换, 可逆矩阵 $\boldsymbol{P}$ 称为相似变换矩阵.

方阵的相似关系是一种等价关系, 具有如下性质:

(1) 自反性 $\boldsymbol{A}$ 与 $\boldsymbol{A}$ 相似;

(2) 对称性 若 $\boldsymbol{A}$ 与 $\boldsymbol{B}$ 相似, 则 $\boldsymbol{B}$ 与 $\boldsymbol{A}$ 相似;

(3) 传递性 若 $\boldsymbol{A}$ 与 $\boldsymbol{B}$ 相似, $\boldsymbol{B}$ 与 $\boldsymbol{C}$ 相似, 则 $\boldsymbol{A}$ 与 $\boldsymbol{C}$ 相似.

不难验证, 若方阵 $\boldsymbol{A}$ 与 $\boldsymbol{B}$ 相似, 则

(1) $\boldsymbol{A}$ 与 $\boldsymbol{B}$ 具有相同的秩, 即 $R(\boldsymbol{A})=R(\boldsymbol{B})$;

(2) $|\boldsymbol{A}|=|\boldsymbol{B}|$.

定理 4.6 设 n 阶方阵 $\boldsymbol{A}$ 与 $\boldsymbol{B}$ 相似, 则 $\boldsymbol{A}$ 与 $\boldsymbol{B}$ 有相同的特征多项式和特征值.

证明 已知方阵 $\boldsymbol{A}$ 与 $\boldsymbol{B}$ 相似, 则存在可逆矩阵 $\boldsymbol{P}$, 使得 $\boldsymbol{P}^{-1}\boldsymbol{AP}=\boldsymbol{B}$. 从而,

$$\begin{aligned}|\boldsymbol{B}-\lambda\boldsymbol{E}|&=|\boldsymbol{P}^{-1}\boldsymbol{AP}-\boldsymbol{P}^{-1}(\lambda\boldsymbol{E})\boldsymbol{P}|=|\boldsymbol{P}^{-1}(\boldsymbol{A}-\lambda\boldsymbol{E})\boldsymbol{P}|\\&=|\boldsymbol{P}^{-1}||\boldsymbol{A}-\lambda\boldsymbol{E}||\boldsymbol{P}|=|\boldsymbol{A}-\lambda\boldsymbol{E}|.\end{aligned}$$

因此, $\boldsymbol{A}$ 与 $\boldsymbol{B}$ 有相同的特征多项式和特征值. □

需要注意, 特征值相同的方阵不一定相似. 例如, 设

$$\boldsymbol{A}=\begin{pmatrix}1&0&0\\0&0&0\\0&0&0\end{pmatrix},\ \boldsymbol{B}=\begin{pmatrix}1&1&0\\0&0&1\\0&0&0\end{pmatrix},$$

$\boldsymbol{A}$ 与 $\boldsymbol{B}$ 的特征值都为 $\lambda_1=1,\ \lambda_2=\lambda_3=0$. 但 $R(\boldsymbol{A})=1,\ R(\boldsymbol{B})=2$. 所以, 方阵 $\boldsymbol{A}$ 与 $\boldsymbol{B}$ 不相似.

定理 4.7 设 n 阶方阵 $\boldsymbol{A}$ 与 $\boldsymbol{B}$ 相似,

(1) 若 $\boldsymbol{A}$ 可逆, 则 $\boldsymbol{B}$ 可逆, 且 $\boldsymbol{A}^{-1}$ 与 $\boldsymbol{B}^{-1}$ 相似;

(2) $\boldsymbol{A}^m$ 与 $\boldsymbol{B}^m$ 相似, 其中 m 是正整数;

(3) 矩阵多项式 $\phi(\boldsymbol{A})$ 与 $\phi(\boldsymbol{B})$ 相似, 其中

$$\phi(x)=a_mx^m+a_{m-1}x^{m-1}+\cdots+a_1x+a_0.$$

证明 已知方阵 $\boldsymbol{A}$ 与 $\boldsymbol{B}$ 相似, 则存在可逆矩阵 $\boldsymbol{P}$, 使得

$$\boldsymbol{P}^{-1}\boldsymbol{A}\boldsymbol{P}=\boldsymbol{B}. \tag{4.2.1}$$

(1) 若 $\boldsymbol{A}$ 可逆, 由式 (4.2.1) 知, $\boldsymbol{B}$ 可逆. 式 (4.2.1) 两边同时取逆, 则

$$\boldsymbol{P}^{-1}\boldsymbol{A}^{-1}\boldsymbol{P}=\boldsymbol{B}^{-1},$$

所以 $\boldsymbol{A}^{-1}$ 与 $\boldsymbol{B}^{-1}$ 相似.

(2) 对任意正整数 m, 由式 (4.2.1) 可得

$$\begin{aligned}\boldsymbol{B}^m&=\underbrace{(\boldsymbol{P}^{-1}\boldsymbol{A}\boldsymbol{P})(\boldsymbol{P}^{-1}\boldsymbol{A}\boldsymbol{P})\cdots(\boldsymbol{P}^{-1}\boldsymbol{A}\boldsymbol{P})}_{m个}\\&=\boldsymbol{P}^{-1}\boldsymbol{A}(\boldsymbol{P}\boldsymbol{P}^{-1})\boldsymbol{A}(\boldsymbol{P}\boldsymbol{P}^{-1})\cdots(\boldsymbol{P}\boldsymbol{P}^{-1})\boldsymbol{A}\boldsymbol{P}\\&=\boldsymbol{P}^{-1}\boldsymbol{A}^m\boldsymbol{P},\end{aligned}$$

所以 $\boldsymbol{A}^m$ 与 $\boldsymbol{B}^m$ 相似.

(3) 的证明留给读者作为练习. □

对于 n 阶方阵 $\boldsymbol{A}$, 若存在可逆矩阵 $\boldsymbol{P}$, 使得

$$\boldsymbol{P}^{-1}\boldsymbol{A}\boldsymbol{P}=\boldsymbol{\Lambda}=\mathrm{diag}(\lambda_1,\lambda_2,\cdots,\lambda_n),$$

根据定理 4.7, 有

$$\boldsymbol{P}^{-1}\boldsymbol{A}^m\boldsymbol{P}=\boldsymbol{\Lambda}^m,\quad \boldsymbol{P}^{-1}\phi(\boldsymbol{A})\boldsymbol{P}=\phi(\boldsymbol{\Lambda}),$$

其中 $\phi(x)=a_mx^m+a_{m-1}x^{m-1}+\cdots+a_1x+a_0$, m 是正整数. 于是,

$$\boldsymbol{A}^m=\boldsymbol{P}\boldsymbol{\Lambda}^m\boldsymbol{P}^{-1}=\boldsymbol{P}\begin{pmatrix}\lambda_1^m & & & \\ & \lambda_2^m & & \\ & & \ddots & \\ & & & \lambda_n^m\end{pmatrix}\boldsymbol{P}^{-1}, \tag{4.2.2}$$

$$\phi(\boldsymbol{A})=\boldsymbol{P}\phi(\boldsymbol{\Lambda})\boldsymbol{P}^{-1}=\boldsymbol{P}\begin{pmatrix}\phi(\lambda_1) & & & \\ & \phi(\lambda_2) & & \\ & & \ddots & \\ & & & \phi(\lambda_n)\end{pmatrix}\boldsymbol{P}^{-1}. \tag{4.2.3}$$

4.2.2 方阵的相似对角化

定义 4.4 若 n 阶方阵 $\boldsymbol{A}$ 与对角矩阵 $\boldsymbol{\Lambda}$ 相似, 则称 $\boldsymbol{A}$可相似对角化, 简称 $\boldsymbol{A}$可对角化. 对 $\boldsymbol{A}$ 进行相似变换化为对角矩阵 $\boldsymbol{\Lambda}$ 的过程称为对 $\boldsymbol{A}$ 进行相似对角化.

由定理 4.6可知如下结论成立:

定理 4.8 若 n 阶方阵 $\boldsymbol{A}$ 与对角矩阵

$$\boldsymbol{\Lambda}=\begin{pmatrix}\lambda_1 & & & \\ & \lambda_2 & & \\ & & \ddots & \\ & & & \lambda_n\end{pmatrix}$$

相似, 则 $\lambda_1,\lambda_2,\cdots,\lambda_n$ 是 $\boldsymbol{A}$ 的 n 个特征值.

例 4.9 设 $\boldsymbol{A}=\begin{pmatrix}1&1\\0&1\end{pmatrix}$, $\boldsymbol{A}$ 的特征值全为 1. 若 $\boldsymbol{A}$ 可对角化, 由定理 4.8, $\boldsymbol{A}$ 只能与 2 阶单位矩阵 $\boldsymbol{E}$ 相似. 但是, 对任意可逆矩阵 $\boldsymbol{P}$, 有

$$\boldsymbol{P}\boldsymbol{E}\boldsymbol{P}^{-1}=\boldsymbol{E}\neq\boldsymbol{A},$$

所以方阵 $\boldsymbol{A}$ 不可对角化.

例 4.9说明并非每个方阵都可对角化, 那么满足什么条件的方阵可对角化?

定理 4.9 n 阶方阵 $\boldsymbol{A}$ 与对角矩阵相似的充要条件是 $\boldsymbol{A}$ 有 n 个线性无关的特征向量.

证明 必要性: 设方阵 $\boldsymbol{A}$ 与对角矩阵 $\boldsymbol{\Lambda}=\mathrm{diag}(\lambda_1,\lambda_2,\cdots,\lambda_n)$ 相似, 即存在可逆矩阵

$\boldsymbol{P}$, 使得 $\boldsymbol{P}^{-1}\boldsymbol{A}\boldsymbol{P}=\boldsymbol{\Lambda}$, 则 $\boldsymbol{A}\boldsymbol{P}=\boldsymbol{P}\boldsymbol{\Lambda}$. 将 $\boldsymbol{P}$ 按列分块, 令 $\boldsymbol{P}=(\boldsymbol{p}_1,\boldsymbol{p}_2,\cdots,\boldsymbol{p}_n)$, 则有

$$\begin{aligned}\boldsymbol{A}(\boldsymbol{p}_1,\boldsymbol{p}_2,\cdots,\boldsymbol{p}_n)&=(\boldsymbol{p}_1,\boldsymbol{p}_2,\cdots,\boldsymbol{p}_n)\begin{pmatrix}\lambda_1&&&\\&\lambda_2&&\\&&\ddots&\\&&&\lambda_n\end{pmatrix}\\&=(\lambda_1\boldsymbol{p}_1,\lambda_2\boldsymbol{p}_2,\cdots,\lambda_n\boldsymbol{p}_n).\end{aligned}$$

于是,

$$\boldsymbol{A}\boldsymbol{p}_i=\lambda_i\boldsymbol{p}_i\quad(i=1,2,\cdots,n).\tag{4.2.4}$$

由于 $\boldsymbol{P}$ 是可逆矩阵, 则列向量组 $\boldsymbol{p}_1,\boldsymbol{p}_2,\cdots,\boldsymbol{p}_n$ 线性无关. 由式 (4.2.4) 可知, $\boldsymbol{p}_1,\boldsymbol{p}_2,\cdots,\boldsymbol{p}_n$ 是 $\boldsymbol{A}$ 的 n 个线性无关的特征向量.

充分性: 设方阵 $\boldsymbol{A}$ 对应于特征值 $\lambda_1,\lambda_2,\cdots,\lambda_n$ 的特征向量为 $\boldsymbol{p}_1,\boldsymbol{p}_2,\cdots,\boldsymbol{p}_n$, 且 $\boldsymbol{p}_1,\boldsymbol{p}_2,\cdots,\boldsymbol{p}_n$ 线性无关, 则 $\boldsymbol{A}\boldsymbol{p}_i=\lambda_i\boldsymbol{p}_i\ (i=1,2,\cdots,n)$. 令

$$\boldsymbol{P}=(\boldsymbol{p}_1,\boldsymbol{p}_2,\cdots,\boldsymbol{p}_n),\ \boldsymbol{\Lambda}=\operatorname{diag}(\lambda_1,\lambda_2,\cdots,\lambda_n),$$

则 $\boldsymbol{A}\boldsymbol{P}=\boldsymbol{P}\boldsymbol{\Lambda}$. 由 $\boldsymbol{p}_1,\boldsymbol{p}_2,\cdots,\boldsymbol{p}_n$ 线性无关可知, $\boldsymbol{P}$ 是可逆矩阵, 故

$$\boldsymbol{P}^{-1}\boldsymbol{A}\boldsymbol{P}=\boldsymbol{\Lambda},$$

即方阵 $\boldsymbol{A}$ 与对角矩阵 $\boldsymbol{\Lambda}$ 相似. □

由定理的证明过程可知, 若 n 阶方阵 $\boldsymbol{A}$ 可对角化, 与 $\boldsymbol{A}$ 相似的对角矩阵 $\boldsymbol{\Lambda}$ 的主对角线元素是 $\boldsymbol{A}$ 的 n 个特征值, $\boldsymbol{A}$ 的 n 个线性无关的特征向量作为列向量构成相似变换矩阵 $\boldsymbol{P}$, 且 $\boldsymbol{P}$ 的列向量的排列顺序与对角矩阵中对应的特征值的排列顺序一致.

推论 4.5 若 n 阶方阵 $\boldsymbol{A}$ 有 n 个互不相同的特征值, 则 $\boldsymbol{A}$ 可相似对角化.

由定理 4.5和定理 4.9可得如下结论:

定理 4.10 n 阶方阵 $\boldsymbol{A}$ 与对角矩阵相似的充要条件是 $\boldsymbol{A}$ 对应于每个 n_i 重特征值 λ_i 存在 n_i 个线性无关的特征向量.

n 阶方阵 $\boldsymbol{A}$ 对应于 n_i 重特征值 λ_i 存在 n_i 个线性无关的特征向量, 等价于齐次线性方程组 $(\boldsymbol{A}-\lambda_i\boldsymbol{E})\boldsymbol{x}=\boldsymbol{0}$ 的基础解系含有 n_i 个向量, 即 $n-R(\boldsymbol{A}-\lambda_i\boldsymbol{E})=n_i$, 因而有如下推论:

推论 4.6 n 阶方阵 $\boldsymbol{A}$ 与对角矩阵相似的充要条件是对 $\boldsymbol{A}$ 的每个 n_i 重特征值 λ_i 都有 $R(\boldsymbol{A}-\lambda_i\boldsymbol{E})=n-n_i$.

综上所述, 可采用如下步骤判断方阵 $\boldsymbol{A}$ 是否可对角化:

(1) 求方阵 $\boldsymbol{\Lambda}$ 的全部不相同的特征值 $\lambda_1,\lambda_2,\cdots,\lambda_s$, 它们的代数重数分别为 $n_1,n_2,\cdots,n_s$, 且 $\sum\limits_{i=1}^{s}n_i=n$.

(2) 对每个 n_i 重特征值 λ_i, 计算 $R(\boldsymbol{A}-\lambda_i\boldsymbol{E})$. 若

$$R(\boldsymbol{A}-\lambda_i\boldsymbol{E})=n-n_i\quad(i=1,2,\cdots,s),$$

则 $\boldsymbol{A}$ 可对角化. 否则, $\boldsymbol{A}$ 不可对角化.

(3) 若 $\boldsymbol{A}$ 可对角化, 对每个 n_i 重特征值 λ_i, 求齐次线性方程组 $(\boldsymbol{A}-\lambda_i\boldsymbol{E})\boldsymbol{x}=\boldsymbol{0}$ 的基础解系

$$\boldsymbol{\xi}_{i1},\boldsymbol{\xi}_{i2},\cdots,\boldsymbol{\xi}_{in_i}.$$

由于 $\sum\limits_{i=1}^{s}n_i=n$, 故得到 $\boldsymbol{A}$ 的 n 个线性无关的特征向量.

(4) 令

$$\boldsymbol{P}=(\boldsymbol{\xi}_{11},\boldsymbol{\xi}_{12},\cdots,\boldsymbol{\xi}_{1n_1},\boldsymbol{\xi}_{21},\boldsymbol{\xi}_{22},\cdots,\boldsymbol{\xi}_{2n_2},\cdots,\boldsymbol{\xi}_{s1},\boldsymbol{\xi}_{s2},\cdots,\boldsymbol{\xi}_{sn_s}),$$

则 $\boldsymbol{P}$ 可逆, 且

$$\boldsymbol{P}^{-1}\boldsymbol{AP}=\boldsymbol{\Lambda}=\operatorname{diag}(\underbrace{\lambda_1,\cdots,\lambda_1}_{n_1\text{个}},\underbrace{\lambda_2,\cdots,\lambda_2}_{n_2\text{个}},\cdots,\underbrace{\lambda_s,\cdots,\lambda_s}_{n_s\text{个}}).$$

例 4.10 判断下列方阵是否可对角化? 若可对角化, 求可逆矩阵 $\boldsymbol{P}$, 使 $\boldsymbol{P}^{-1}\boldsymbol{AP}=\boldsymbol{\Lambda}$ 为对角矩阵:

$$(1)\ \boldsymbol{A}=\begin{pmatrix}1&2&-2\\2&1&-2\\2&-2&1\end{pmatrix};\quad(2)\ \boldsymbol{B}=\begin{pmatrix}1&1&1\\0&1&0\\0&0&2\end{pmatrix}.$$

解 (1) $\boldsymbol{A}$ 的特征多项式为

$$|\boldsymbol{A}-\lambda\boldsymbol{E}|=\begin{vmatrix}1-\lambda&2&-2\\2&1-\lambda&-2\\2&-2&1-\lambda\end{vmatrix}=-(\lambda+1)(\lambda-1)(\lambda-3),$$

所以 $\boldsymbol{A}$ 的特征值为 $\lambda_1=-1,\ \lambda_2=1,\ \lambda_3=3$. $\boldsymbol{A}$ 有三个不同的特征值, 所以 $\boldsymbol{A}$ 可对角化.

当 $\lambda_1=-1$ 时, 解方程组 $(\boldsymbol{A}+\boldsymbol{E})\boldsymbol{x}=\boldsymbol{0}$, 由

$$\boldsymbol{A}+\boldsymbol{E}=\begin{pmatrix}2&2&-2\\2&2&-2\\2&-2&2\end{pmatrix}\sim\begin{pmatrix}1&0&0\\0&1&-1\\0&0&0\end{pmatrix},$$

得同解方程组为

$$\begin{cases}x_1\phantom{{}+x_2-x_3}=0,\\ \phantom{x_1+{}}x_2-x_3=0,\end{cases}$$

解得基础解系 $\boldsymbol{\xi}_1=(0,1,1)^{\mathrm{T}}$, $\boldsymbol{\xi}_1$ 为 $\boldsymbol{A}$ 的对应于特征值 $\lambda_1=-1$ 的特征向量.

当 $\lambda_2=1$ 时, 解方程组 $(\boldsymbol{A}-\boldsymbol{E})\boldsymbol{x}=\boldsymbol{0}$, 由

$$\boldsymbol{A}-\boldsymbol{E}=\begin{pmatrix}0&2&-2\\2&0&-2\\2&-2&0\end{pmatrix}\sim\begin{pmatrix}1&0&-1\\0&1&-1\\0&0&0\end{pmatrix},$$

得同解方程组为

$$\begin{cases} x_1 \quad\quad - x_3 = 0, \\ \quad\quad x_2 - x_3 = 0, \end{cases}$$

解得基础解系 $\boldsymbol{\xi}_2 = (1,1,1)^{\mathrm{T}}$, $\boldsymbol{\xi}_2$ 为 $\boldsymbol{A}$ 的对应于特征值 $\lambda_2 = 1$ 的特征向量.

当 $\lambda_3 = 3$ 时, 解方程组 $(\boldsymbol{A} - 3\boldsymbol{E})\boldsymbol{x} = \boldsymbol{0}$, 由

$$\boldsymbol{A} - 3\boldsymbol{E} = \begin{pmatrix} -2 & 2 & -2 \\ 2 & -2 & -2 \\ 2 & -2 & -2 \end{pmatrix} \sim \begin{pmatrix} 1 & -1 & 0 \\ 0 & 0 & 1 \\ 0 & 0 & 0 \end{pmatrix},$$

得同解方程组为

$$\begin{cases} x_1 - x_2 \quad\quad = 0, \\ \quad\quad\quad x_3 = 0, \end{cases}$$

解得基础解系 $\boldsymbol{\xi}_3 = (1,1,0)^{\mathrm{T}}$, $\boldsymbol{\xi}_3$ 为 $\boldsymbol{A}$ 的对应于特征值 $\lambda_3 = 3$ 的特征向量.

令

$$\boldsymbol{P} = (\boldsymbol{\xi}_1, \boldsymbol{\xi}_2, \boldsymbol{\xi}_3) = \begin{pmatrix} 0 & 1 & 1 \\ 1 & 1 & 1 \\ 1 & 1 & 0 \end{pmatrix},$$

因为对应于不同特征值的特征向量线性无关, 所以 $\boldsymbol{P}$ 可逆, 且

$$\boldsymbol{P}^{-1}\boldsymbol{A}\boldsymbol{P} = \boldsymbol{\Lambda} = \begin{pmatrix} -1 & 0 & 0 \\ 0 & 1 & 0 \\ 0 & 0 & 3 \end{pmatrix}.$$

(2) $\boldsymbol{B}$ 的特征多项式为

$$|\boldsymbol{B} - \lambda\boldsymbol{E}| = \begin{vmatrix} 1-\lambda & 1 & 1 \\ 0 & 1-\lambda & 0 \\ 0 & 0 & 2-\lambda \end{vmatrix} = -(\lambda - 1)^2(\lambda - 2),$$

所以 $\boldsymbol{B}$ 的特征值为 $\lambda_1 = \lambda_2 = 1, \lambda_3 = 2$.

当 $\lambda_1 = \lambda_2 = 1$ 时, 解方程组 $(\boldsymbol{B} - \boldsymbol{E})\boldsymbol{x} = \boldsymbol{0}$, 由

$$\boldsymbol{B} - \boldsymbol{E} = \begin{pmatrix} 0 & 1 & 1 \\ 0 & 0 & 0 \\ 0 & 0 & 1 \end{pmatrix} \sim \begin{pmatrix} 0 & 1 & 0 \\ 0 & 0 & 1 \\ 0 & 0 & 0 \end{pmatrix},$$

可知 $n - R(\boldsymbol{B} - \boldsymbol{E}) = 3 - 2 = 1 \neq 2$, 则对应于二重特征值 1 的线性无关的特征向量只有 1 个, 由定理 4.10可知, 方阵 $\boldsymbol{B}$ 不可对角化.

例 4.11 设 $\boldsymbol{A} = \begin{pmatrix} 0 & 0 & 1 \\ 1 & 1 & a \\ 1 & 0 & 0 \end{pmatrix}$, 当 a 为何值时, 方阵 $\boldsymbol{A}$ 可对角化?

解 $\boldsymbol{A}$ 的特征多项式为

$$|\boldsymbol{A}-\lambda\boldsymbol{E}|=\begin{vmatrix}-\lambda & 0 & 1\\ 1 & 1-\lambda & a\\ 1 & 0 & -\lambda\end{vmatrix}=-(\lambda+1)(\lambda-1)^2,$$

所以 $\boldsymbol{A}$ 的特征值为 $\lambda_1=-1,\lambda_2=\lambda_3=1$.

根据定理 4.5, 方阵 $\boldsymbol{A}$ 对应于特征值 $\lambda_1=-1$ 恰有一个线性无关的特征向量. 于是, 方阵 $\boldsymbol{A}$ 可对角化的充要条件是 $\boldsymbol{A}$ 对应于二重特征值 $\lambda_2=\lambda_3=1$ 有两个线性无关的特征向量, 即方程组 $(\boldsymbol{A}-\boldsymbol{E})\boldsymbol{x}=\boldsymbol{0}$ 的基础解系有两个向量, 即 $R(\boldsymbol{A}-\boldsymbol{E})=1$. 由于

$$\boldsymbol{A}-\boldsymbol{E}=\begin{pmatrix}-1 & 0 & 1\\ 1 & 0 & a\\ 1 & 0 & -1\end{pmatrix}\sim\begin{pmatrix}1 & 0 & -1\\ 0 & 0 & a+1\\ 0 & 0 & 0\end{pmatrix},$$

所以当 $a=-1$ 时, 方阵 $\boldsymbol{A}$ 可对角化.

方阵相似对角化的一个重要应用就是简化方阵的方幂的计算.

例 4.12 设 $\boldsymbol{A}=\begin{pmatrix}1 & 2 & -2\\ 2 & 1 & -2\\ 2 & -2 & 1\end{pmatrix}$, 求 $\phi(\boldsymbol{A})=\boldsymbol{A}^5-8\boldsymbol{A}^3-3\boldsymbol{E}$.

解 例 4.10中判断了方阵 $\boldsymbol{A}$ 可对角化, 有可逆矩阵

$$\boldsymbol{P}=\begin{pmatrix}0 & 1 & 1\\ 1 & 1 & 1\\ 1 & 1 & 0\end{pmatrix},$$

使

$$\boldsymbol{P}^{-1}\boldsymbol{A}\boldsymbol{P}=\boldsymbol{\Lambda}=\begin{pmatrix}-1 & 0 & 0\\ 0 & 1 & 0\\ 0 & 0 & 3\end{pmatrix}.$$

设 $\phi(x)=x^5-8x^3-3$. 于是, 由式 (4.2.3) 可知

$$\begin{aligned}\phi(\boldsymbol{A})=\boldsymbol{P}\phi(\boldsymbol{\Lambda})\boldsymbol{P}^{-1}&=\boldsymbol{P}\begin{pmatrix}\phi(-1) & 0 & 0\\ 0 & \phi(1) & 0\\ 0 & 0 & \phi(3)\end{pmatrix}\boldsymbol{P}^{-1}\\ &=\begin{pmatrix}0 & 1 & 1\\ 1 & 1 & 1\\ 1 & 1 & 0\end{pmatrix}\begin{pmatrix}4 & 0 & 0\\ 0 & -10 & 0\\ 0 & 0 & 24\end{pmatrix}\begin{pmatrix}-1 & 1 & 0\\ 1 & -1 & 1\\ 0 & 1 & -1\end{pmatrix}\\ &=\begin{pmatrix}-10 & 34 & -34\\ -14 & 38 & -34\\ -14 & 14 & -10\end{pmatrix}.\end{aligned}$$

4.3 n 维向量的内积

在解析几何中, 若向量 $\boldsymbol{x}=(x_1,x_2,x_3)^{\mathrm{T}}$, $\boldsymbol{y}=(y_1,y_2,y_3)^{\mathrm{T}}$, 则向量 $\boldsymbol{x}$ 与 $\boldsymbol{y}$ 的数量积为

$$\boldsymbol{x}\cdot\boldsymbol{y}=x_1y_1+x_2y_2+x_3y_3.$$

向量 $\boldsymbol{x}$ 的长度 (即模) 为

$$|\boldsymbol{x}|=\sqrt{x_1^2+x_2^2+x_3^2}.$$

当 $\boldsymbol{x}\neq\mathbf{0}$, $\boldsymbol{y}\neq\mathbf{0}$ 时, 向量 $\boldsymbol{x}$ 与 $\boldsymbol{y}$ 的夹角为

$$\theta=\arccos\frac{\boldsymbol{x}\cdot\boldsymbol{y}}{|\boldsymbol{x}||\boldsymbol{y}|}.$$

下面把解析几何中向量的数量积的概念推广到 n 维向量, 进一步讨论 n 维向量的长度、夹角以及向量的正交性.

4.3.1 内积

定义 4.5 设 n 维实向量 $\boldsymbol{x}=(x_1,x_2,\cdots,x_n)^{\mathrm{T}}$, $\boldsymbol{y}=(y_1,y_2,\cdots,y_n)^{\mathrm{T}}$, 称数

$$x_1y_1+x_2y_2+\cdots+x_ny_n$$

为向量 $\boldsymbol{x}$ 与 $\boldsymbol{y}$ 的内积, 记为 $(\boldsymbol{x},\boldsymbol{y})$, 即

$$(\boldsymbol{x},\boldsymbol{y})=x_1y_1+x_2y_2+\cdots+x_ny_n. \tag{4.3.1}$$

内积是两个向量之间的一种运算, 显然

$$(\boldsymbol{x},\boldsymbol{y})=\boldsymbol{x}^{\mathrm{T}}\boldsymbol{y}.$$

内积具有如下性质 (其中 $\boldsymbol{x}$, $\boldsymbol{y}$ 是 n 维向量, $\lambda\in\mathbf{R}$):

(1) $(\boldsymbol{x},\boldsymbol{y})=(\boldsymbol{y},\boldsymbol{x})$;

(2) $(\lambda\boldsymbol{x},\boldsymbol{y})=(\boldsymbol{x},\lambda\boldsymbol{y})=\lambda(\boldsymbol{x},\boldsymbol{y})$;

(3) $(\boldsymbol{x}+\boldsymbol{y},\boldsymbol{z})=(\boldsymbol{x},\boldsymbol{z})+(\boldsymbol{y},\boldsymbol{z})$;

(4) $(\boldsymbol{x},\boldsymbol{x})\geqslant 0$, 当且仅当 $\boldsymbol{x}=\mathbf{0}$ 时 $(\boldsymbol{x},\boldsymbol{x})=0$.

向量的内积还满足施瓦茨 (Schwarz) 不等式

$$(\boldsymbol{x},\boldsymbol{y})^2\leqslant(\boldsymbol{x},\boldsymbol{x})(\boldsymbol{y},\boldsymbol{y}),$$

等号成立当且仅当向量 $\boldsymbol{x}$ 与 $\boldsymbol{y}$ 线性相关.

定义 4.6 设 $\boldsymbol{x}=(x_1,x_2,\cdots,x_n)^{\mathrm{T}}$, 称

$$\|\boldsymbol{x}\|=\sqrt{(\boldsymbol{x},\boldsymbol{x})}=\sqrt{x_1^2+x_2^2+\cdots+x_n^2} \tag{4.3.2}$$

为 n 维向量 $\boldsymbol{x}$ 的长度 (或范数、模).

向量的长度具有如下性质 (其中 $\boldsymbol{x}$, $\boldsymbol{y}$ 是 n 维向量, $\lambda\in\mathbf{R}$):

(1) 非负性 $\|\boldsymbol{x}\|\geqslant 0$, 当且仅当 $\boldsymbol{x}=\mathbf{0}$ 时 $\|\boldsymbol{x}\|=0$;

(2) 齐次性 $\|\lambda\boldsymbol{x}\|=|\lambda|\,\|\boldsymbol{x}\|$;

(3) 三角不等式 $\|\boldsymbol{x}+\boldsymbol{y}\|\leqslant\|\boldsymbol{x}\|+\|\boldsymbol{y}\|$.

当 $\|\boldsymbol{x}\|=1$ 时, 称向量 $\boldsymbol{x}$ 为单位向量.

对任一非零向量 $\boldsymbol{x}$, 都有 $\|\dfrac{1}{\|\boldsymbol{x}\|}\boldsymbol{x}\|=\dfrac{1}{\|\boldsymbol{x}\|}\|\boldsymbol{x}\|=1$, 即 $\dfrac{1}{\|\boldsymbol{x}\|}\boldsymbol{x}$为单位向量, 通过上述数乘运算将非零向量 $\boldsymbol{x}$ 化为单位向量的过程, 称为将向量 $\boldsymbol{x}$单位化.

定义 4.7 当 $\boldsymbol{x}\neq\mathbf{0}$, $\boldsymbol{y}\neq\mathbf{0}$ 时, 称

$$\theta=\arccos\frac{(\boldsymbol{x},\boldsymbol{y})}{\|\boldsymbol{x}\|\|\boldsymbol{y}\|}$$

为 n 维向量 $\boldsymbol{x}$ 与 $\boldsymbol{y}$ 的夹角.

例 4.13 设向量 $\boldsymbol{x}=(1,-2,1,3)^{\mathrm{T}}$, $\boldsymbol{y}=(3,2,4,-1)^{\mathrm{T}}$, 求 $(\boldsymbol{x},\boldsymbol{y})$, 并将向量 $\boldsymbol{x}$ 与 $\boldsymbol{y}$ 单位化.

解 $(\boldsymbol{x},\boldsymbol{y})=\boldsymbol{x}^{\mathrm{T}}\boldsymbol{y}=1\times 3-2\times 2+1\times 4+3\times(-1)=0.$

由

$$\|\boldsymbol{x}\|=\sqrt{1^2+(-2)^2+1^2+3^2}=\sqrt{15},\|\boldsymbol{y}\|=\sqrt{3^2+2^2+4^2+(-1)^2}=\sqrt{30},$$

可得

$$\frac{1}{\|\boldsymbol{x}\|}\boldsymbol{x}=\frac{1}{\sqrt{15}}(1,-2,1,3)^{\mathrm{T}},\ \frac{1}{\|\boldsymbol{y}\|}\boldsymbol{y}=\frac{1}{\sqrt{30}}(3,2,4,-1)^{\mathrm{T}}.$$

4.3.2 向量的正交性

定义 4.8 若 n 维向量 $\boldsymbol{x}$ 与 $\boldsymbol{y}$ 满足 $(\boldsymbol{x},\boldsymbol{y})=0$, 则称向量 $\boldsymbol{x}$ 与 $\boldsymbol{y}$正交.

例 4.13中的向量 $\boldsymbol{x}$ 与 $\boldsymbol{y}$ 正交. 显然, 零向量与任意向量的内积均为 0, 故零向量与任意向量均正交;

定义 4.9 若向量组 $\boldsymbol{\alpha}_1,\boldsymbol{\alpha}_2,\cdots,\boldsymbol{\alpha}_s$ 中的向量两两正交, 且均为非零向量, 则称该向量组为正交向量组. 若正交向量组 $\boldsymbol{\alpha}_1,\boldsymbol{\alpha}_2,\cdots,\boldsymbol{\alpha}_s$ 中的向量均为单位向量, 则称该向量组为规范正交向量组(或标准正交向量组).

例 4.14 设 $\boldsymbol{\alpha}_1=(1,1,1)^{\mathrm{T}}$, $\boldsymbol{\alpha}_2=(1,1,-2)^{\mathrm{T}}$, (1) 验证 $\boldsymbol{\alpha}_1$ 与 $\boldsymbol{\alpha}_2$ 正交; (2) 试求一向量 $\boldsymbol{\alpha}_3$, 使得 $\boldsymbol{\alpha}_1,\boldsymbol{\alpha}_2,\boldsymbol{\alpha}_3$ 为正交向量组.

解 (1) 由于 $(\boldsymbol{\alpha}_1,\boldsymbol{\alpha}_2)=1\times1+1\times1+1\times(-2)=0$, 所以向量 $\boldsymbol{\alpha}_1$ 与 $\boldsymbol{\alpha}_2$ 正交.

(2) 设 $\boldsymbol{\alpha}_3=(x_1,x_2,x_3)^{\mathrm{T}}\neq\mathbf{0}$, $\boldsymbol{\alpha}_3$ 分别与 $\boldsymbol{\alpha}_1$ 和 $\boldsymbol{\alpha}_2$ 正交, 则 $(\boldsymbol{\alpha}_1,\boldsymbol{\alpha}_3)=(\boldsymbol{\alpha}_2,\boldsymbol{\alpha}_3)=0$, 即 $\boldsymbol{\alpha}_3$ 满足方程组

$$\begin{cases}x_1+x_2+\ \ x_3=0,\\ x_1+x_2-2x_3=0.\end{cases}$$

解方程组得基础解系 $\boldsymbol{\xi}=(-1,1,0)^{\mathrm{T}}$, 取 $\boldsymbol{\alpha}_3=\boldsymbol{\xi}=(-1,1,0)^{\mathrm{T}}$, 则 $\boldsymbol{\alpha}_1,\boldsymbol{\alpha}_2,\boldsymbol{\alpha}_3$ 为正交向量组.

定理 4.11 若向量组 $\boldsymbol{\alpha}_1,\boldsymbol{\alpha}_2,\cdots,\boldsymbol{\alpha}_s$ 是正交向量组, 则 $\boldsymbol{\alpha}_1,\boldsymbol{\alpha}_2,\cdots,\boldsymbol{\alpha}_s$ 线性无关.

证明 设

$$k_1\boldsymbol{\alpha}_1+k_2\boldsymbol{\alpha}_2+\cdots+k_s\boldsymbol{\alpha}_s=\mathbf{0},$$

任取 $\boldsymbol{\alpha}_i\ (i=1,2,\cdots,s)$, 上式两端与 $\boldsymbol{\alpha}_i$ 作内积, 由 $(\boldsymbol{\alpha}_j,\boldsymbol{\alpha}_i)=0\ (j\neq i)$, 可得

$$\begin{aligned}(\mathbf{0},\boldsymbol{\alpha}_i)&=(k_1\boldsymbol{\alpha}_1+k_2\boldsymbol{\alpha}_2+\cdots+k_s\boldsymbol{\alpha}_s,\boldsymbol{\alpha}_i)\\&=k_1(\boldsymbol{\alpha}_1,\boldsymbol{\alpha}_i)+k_2(\boldsymbol{\alpha}_2,\boldsymbol{\alpha}_i)+\cdots+k_s(\boldsymbol{\alpha}_s,\boldsymbol{\alpha}_i)\\&=k_i(\boldsymbol{\alpha}_i,\boldsymbol{\alpha}_i).\end{aligned}$$

由于 $(\mathbf{0},\boldsymbol{\alpha}_i)=0$, 而 $\boldsymbol{\alpha}_i\neq\mathbf{0}$, $(\boldsymbol{\alpha}_i,\boldsymbol{\alpha}_i)>0$, 故 $k_i=0\ (i=1,2,\cdots,s)$, 所以向量组 $\boldsymbol{\alpha}_1,\boldsymbol{\alpha}_2,\cdots,\boldsymbol{\alpha}_s$ 线性无关. □

但是, 线性无关的向量组未必是正交向量组. 如, 向量组 $\boldsymbol{\alpha}_1=(1,0,0)^{\mathrm{T}}$, $\boldsymbol{\alpha}_2=(1,1,0)^{\mathrm{T}}$, $\boldsymbol{\alpha}_3=(1,1,1)^{\mathrm{T}}$ 线性无关, 但不是正交向量组. 线性无关的向量组可通过如下的施密特 (Schmidt) 正交化方法构造出与其等价的正交向量组:

设向量组 $\boldsymbol{\alpha}_1,\boldsymbol{\alpha}_2,\cdots,\boldsymbol{\alpha}_s$ 线性无关, 令

$$\begin{aligned}&\boldsymbol{\beta}_1=\boldsymbol{\alpha}_1,\\&\boldsymbol{\beta}_2=\boldsymbol{\alpha}_2-\frac{(\boldsymbol{\beta}_1,\boldsymbol{\alpha}_2)}{(\boldsymbol{\beta}_1,\boldsymbol{\beta}_1)}\boldsymbol{\beta}_1,\\&\boldsymbol{\beta}_3=\boldsymbol{\alpha}_3-\frac{(\boldsymbol{\beta}_1,\boldsymbol{\alpha}_3)}{(\boldsymbol{\beta}_1,\boldsymbol{\beta}_1)}\boldsymbol{\beta}_1-\frac{(\boldsymbol{\beta}_2,\boldsymbol{\alpha}_3)}{(\boldsymbol{\beta}_2,\boldsymbol{\beta}_2)}\boldsymbol{\beta}_2,\\&\cdots\cdots\cdots\cdots\\&\boldsymbol{\beta}_s=\boldsymbol{\alpha}_s-\frac{(\boldsymbol{\beta}_1,\boldsymbol{\alpha}_s)}{(\boldsymbol{\beta}_1,\boldsymbol{\beta}_1)}\boldsymbol{\beta}_1-\frac{(\boldsymbol{\beta}_2,\boldsymbol{\alpha}_s)}{(\boldsymbol{\beta}_2,\boldsymbol{\beta}_2)}\boldsymbol{\beta}_2-\cdots-\frac{(\boldsymbol{\beta}_{s-1},\boldsymbol{\alpha}_s)}{(\boldsymbol{\beta}_{s-1},\boldsymbol{\beta}_{s-1})}\boldsymbol{\beta}_{s-1},\end{aligned}$$

可验证 $\boldsymbol{\beta}_1,\boldsymbol{\beta}_2,\cdots,\boldsymbol{\beta}_s$ 是与 $\boldsymbol{\alpha}_1,\boldsymbol{\alpha}_2,\cdots,\boldsymbol{\alpha}_s$ 等价的正交向量组.

进一步地, 将 $\boldsymbol{\beta}_1,\boldsymbol{\beta}_2,\cdots,\boldsymbol{\beta}_s$ 进行单位化:

$$\boldsymbol{e}_1=\frac{1}{\|\boldsymbol{\beta}_1\|}\boldsymbol{\beta}_1,\boldsymbol{e}_2=\frac{1}{\|\boldsymbol{\beta}_2\|}\boldsymbol{\beta}_2,\cdots,\boldsymbol{e}_s=\frac{1}{\|\boldsymbol{\beta}_s\|}\boldsymbol{\beta}_s,$$

则 $\boldsymbol{e}_1,\boldsymbol{e}_2,\cdots,\boldsymbol{e}_s$ 是与 $\boldsymbol{\alpha}_1,\boldsymbol{\alpha}_2,\cdots,\boldsymbol{\alpha}_s$ 等价的规范正交向量组.

设向量组 $\boldsymbol{\alpha}_1,\boldsymbol{\alpha}_2,\boldsymbol{\alpha}_3$ 线性无关, $\boldsymbol{\alpha}_1,\boldsymbol{\alpha}_2,\boldsymbol{\alpha}_3\in\mathbf{R}^3$, 则将 $\boldsymbol{\alpha}_1,\boldsymbol{\alpha}_2,\boldsymbol{\alpha}_3$ 施密特正交化的过程如下 (如图 4.3 所示):

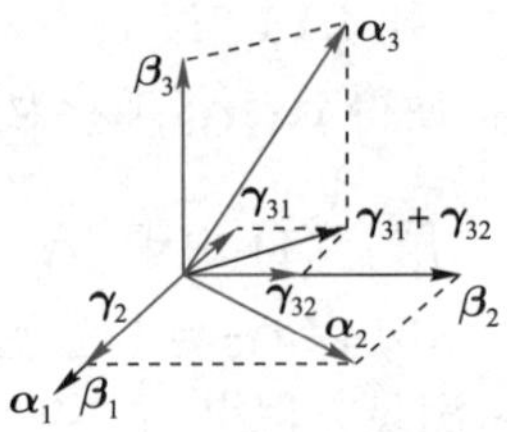

图 4.3

由于 $\boldsymbol{\alpha}_1,\boldsymbol{\alpha}_2,\boldsymbol{\alpha}_3$ 线性无关, 所以向量 $\boldsymbol{\alpha}_1,\boldsymbol{\alpha}_2,\boldsymbol{\alpha}_3$ 不共面. 令 $\boldsymbol{\beta}_1=\boldsymbol{\alpha}_1$, 则向量

$$\boldsymbol{\gamma}_2=\left(\boldsymbol{\alpha}_2,\frac{\boldsymbol{\beta}_1}{\|\boldsymbol{\beta}_1\|}\right)\frac{\boldsymbol{\beta}_1}{\|\boldsymbol{\beta}_1\|}=\frac{(\boldsymbol{\beta}_1,\boldsymbol{\alpha}_2)}{(\boldsymbol{\beta}_1,\boldsymbol{\beta}_1)}\boldsymbol{\beta}_1$$

为向量 $\boldsymbol{\alpha}_2$ 在向量 $\boldsymbol{\beta}_1$ 上的投影向量, 故

$$\boldsymbol{\beta}_2=\boldsymbol{\alpha}_2-\frac{(\boldsymbol{\beta}_1,\boldsymbol{\alpha}_2)}{(\boldsymbol{\beta}_1,\boldsymbol{\beta}_1)}\boldsymbol{\beta}_1$$

与 $\boldsymbol{\beta}_1$ 垂直, 即 $\boldsymbol{\beta}_2$ 与 $\boldsymbol{\beta}_1$ 正交. 向量

$$\boldsymbol{\gamma}_{31}=\frac{(\boldsymbol{\beta}_1,\boldsymbol{\alpha}_3)}{(\boldsymbol{\beta}_1,\boldsymbol{\beta}_1)}\boldsymbol{\beta}_1,\quad \boldsymbol{\gamma}_{32}=\frac{(\boldsymbol{\beta}_2,\boldsymbol{\alpha}_3)}{(\boldsymbol{\beta}_2,\boldsymbol{\beta}_2)}\boldsymbol{\beta}_2$$

分别为向量 $\boldsymbol{\alpha}_3$ 在向量 $\boldsymbol{\beta}_1$ 和 $\boldsymbol{\beta}_2$ 上的投影向量, 于是向量

$$\boldsymbol{\beta}_3=\boldsymbol{\alpha}_3-\frac{(\boldsymbol{\beta}_1,\boldsymbol{\alpha}_3)}{(\boldsymbol{\beta}_1,\boldsymbol{\beta}_1)}\boldsymbol{\beta}_1-\frac{(\boldsymbol{\beta}_2,\boldsymbol{\alpha}_3)}{(\boldsymbol{\beta}_2,\boldsymbol{\beta}_2)}\boldsymbol{\beta}_2$$

与向量 $\boldsymbol{\beta}_1$, $\boldsymbol{\beta}_2$ 均正交.

例 4.15 设 $\boldsymbol{\alpha}_1=(1,1,0)^{\mathrm{T}}$, $\boldsymbol{\alpha}_2=(0,1,1)^{\mathrm{T}}$, $\boldsymbol{\alpha}_3=(1,1,1)^{\mathrm{T}}$, 试将该向量组规范正交化.

解 先进行正交化, 令 $\boldsymbol{\beta}_1=\boldsymbol{\alpha}_1$,

$$\boldsymbol{\beta}_2=\boldsymbol{\alpha}_2-\frac{(\boldsymbol{\beta}_1,\boldsymbol{\alpha}_2)}{(\boldsymbol{\beta}_1,\boldsymbol{\beta}_1)}\boldsymbol{\beta}_1=\begin{pmatrix}0\\1\\1\end{pmatrix}-\frac{1}{2}\begin{pmatrix}1\\1\\0\end{pmatrix}=\frac{1}{2}\begin{pmatrix}-1\\1\\2\end{pmatrix},$$

$$\begin{aligned}\boldsymbol{\beta}_3&=\boldsymbol{\alpha}_3-\frac{(\boldsymbol{\beta}_1,\boldsymbol{\alpha}_3)}{(\boldsymbol{\beta}_1,\boldsymbol{\beta}_1)}\boldsymbol{\beta}_1-\frac{(\boldsymbol{\beta}_2,\boldsymbol{\alpha}_3)}{(\boldsymbol{\beta}_2,\boldsymbol{\beta}_2)}\boldsymbol{\beta}_2\\&=\begin{pmatrix}1\\1\\1\end{pmatrix}-\frac{2}{2}\begin{pmatrix}1\\1\\0\end{pmatrix}-\frac{1}{3}\begin{pmatrix}-1\\1\\2\end{pmatrix}=\frac{1}{3}\begin{pmatrix}1\\-1\\1\end{pmatrix}.\end{aligned}$$

再将它们单位化:

$$\boldsymbol{e}_1=\frac{1}{\|\boldsymbol{\beta}_1\|}\boldsymbol{\beta}_1=\frac{1}{\sqrt{2}}\begin{pmatrix}1\\1\\0\end{pmatrix},\boldsymbol{e}_2=\frac{1}{\|\boldsymbol{\beta}_2\|}\boldsymbol{\beta}_2=\frac{1}{\sqrt{6}}\begin{pmatrix}-1\\1\\2\end{pmatrix},\boldsymbol{e}_3=\frac{1}{\|\boldsymbol{\beta}_3\|}\boldsymbol{\beta}_3=\frac{1}{\sqrt{3}}\begin{pmatrix}1\\-1\\1\end{pmatrix},$$

则 $\boldsymbol{e}_1,\boldsymbol{e}_2,\boldsymbol{e}_3$ 即为所求的规范正交向量组.

例 4.16 设 $\boldsymbol{\alpha}_1=(1,2,-1)^{\mathrm{T}}$, 求向量 $\boldsymbol{\alpha}_2$, $\boldsymbol{\alpha}_3$, 使向量组 $\boldsymbol{\alpha}_1$, $\boldsymbol{\alpha}_2$, $\boldsymbol{\alpha}_3$ 是正交向量组.

解 由题意可知, 向量 $\boldsymbol{\alpha}_2, \boldsymbol{\alpha}_3$ 与 $\boldsymbol{\alpha}_1$ 正交, 应满足方程 $\boldsymbol{\alpha}_1^{\mathrm{T}}\boldsymbol{x}=0$, 即

$$x_1+2x_2-x_3=0,$$

解得其基础解系为

$$\boldsymbol{\xi}_1=\begin{pmatrix}-2\\1\\0\end{pmatrix},\ \boldsymbol{\xi}_2=\begin{pmatrix}1\\0\\1\end{pmatrix}.$$

将 $\boldsymbol{\xi}_1$ 与 $\boldsymbol{\xi}_2$ 正交化, 取 $\boldsymbol{\alpha}_2=\boldsymbol{\xi}_1$,

$$\boldsymbol{\alpha}_3=\boldsymbol{\xi}_2-\frac{(\boldsymbol{\xi}_1,\boldsymbol{\xi}_2)}{(\boldsymbol{\xi}_1,\boldsymbol{\xi}_1)}\boldsymbol{\xi}_1=\begin{pmatrix}1\\0\\1\end{pmatrix}-\frac{-2}{5}\begin{pmatrix}-2\\1\\0\end{pmatrix}=\frac{1}{5}\begin{pmatrix}1\\2\\5\end{pmatrix},$$

则 $\boldsymbol{\alpha}_1, \boldsymbol{\alpha}_2, \boldsymbol{\alpha}_3$ 两两正交, 构成一个正交向量组.

定义 4.10 设 n 维向量 $\boldsymbol{\alpha}_1,\boldsymbol{\alpha}_2,\cdots,\boldsymbol{\alpha}_s$ 是向量空间 $V(V\subseteq\mathbf{R}^n)$ 的一组基, 若 $\boldsymbol{\alpha}_1,\boldsymbol{\alpha}_2,\cdots,\boldsymbol{\alpha}_s$ 两两正交, 且都是单位向量, 则称 $\boldsymbol{\alpha}_1,\boldsymbol{\alpha}_2,\cdots,\boldsymbol{\alpha}_s$ 是 V 的一组标准正交基(或规范正交基).

对向量空间的一组基正交化、单位化, 就可以得到与这组基等价的一组标准正交基.

定理 4.12 设 $\boldsymbol{\alpha}_1, \boldsymbol{\alpha}_2, \cdots, \boldsymbol{\alpha}_s$ 是向量空间 V 的一组标准正交基, 则 V 中任一向量 $\boldsymbol{\beta}$ 在基 $\boldsymbol{\alpha}_1, \boldsymbol{\alpha}_2, \cdots, \boldsymbol{\alpha}_s$ 下的坐标为

$$((\boldsymbol{\beta},\boldsymbol{\alpha}_1),(\boldsymbol{\beta},\boldsymbol{\alpha}_2),\cdots,(\boldsymbol{\beta},\boldsymbol{\alpha}_s))^{\mathrm{T}}.$$

证明 设向量 $\boldsymbol{\beta}$ 在基 $\boldsymbol{\alpha}_1, \boldsymbol{\alpha}_2, \cdots, \boldsymbol{\alpha}_s$ 下的坐标为 $(x_1,x_2,\cdots,x_s)^{\mathrm{T}}$, 则

$$\boldsymbol{\beta}=x_1\boldsymbol{\alpha}_1+x_2\boldsymbol{\alpha}_2+\cdots+x_s\boldsymbol{\alpha}_s.$$

由 $\boldsymbol{\alpha}_1, \boldsymbol{\alpha}_2, \cdots, \boldsymbol{\alpha}_s$ 为标准正交基可得

$$\begin{aligned}&(\boldsymbol{\beta},\boldsymbol{\alpha}_i)\\=&(x_1\boldsymbol{\alpha}_1+x_2\boldsymbol{\alpha}_2+\cdots+x_s\boldsymbol{\alpha}_s,\boldsymbol{\alpha}_i)\\=&x_1(\boldsymbol{\alpha}_1,\boldsymbol{\alpha}_i)+x_2(\boldsymbol{\alpha}_2,\boldsymbol{\alpha}_i)+\cdots+x_s(\boldsymbol{\alpha}_s,\boldsymbol{\alpha}_i)\\=&x_i\quad(i=1,2,\cdots,s).\end{aligned}$$

故 $\boldsymbol{\beta}$ 在标准正交基 $\boldsymbol{\alpha}_1, \boldsymbol{\alpha}_2, \cdots, \boldsymbol{\alpha}_s$ 下的坐标为

$$((\boldsymbol{\beta},\boldsymbol{\alpha}_1),(\boldsymbol{\beta},\boldsymbol{\alpha}_2),\cdots,(\boldsymbol{\beta},\boldsymbol{\alpha}_s))^{\mathrm{T}}.$$

4.3.3 正交矩阵

定义 4.11 若 n 阶方阵 $\boldsymbol{A}$ 满足 $\boldsymbol{A}^{\mathrm{T}}\boldsymbol{A}=\boldsymbol{E}$, 则称 $\boldsymbol{A}$ 为正交矩阵.

例如, $\begin{pmatrix}1&0\\0&1\end{pmatrix}$, $\begin{pmatrix}0&-1\\1&0\end{pmatrix}$, $\begin{pmatrix}\cos\theta&-\sin\theta\\\sin\theta&\cos\theta\end{pmatrix}$ 都是正交矩阵.

定理 4.13 n 阶方阵 $\boldsymbol{A}$ 是正交矩阵的充要条件是 $\boldsymbol{A}$ 的列 (或行) 向量组是两两正交的单位向量组.

证明 设 n 阶方阵 $\boldsymbol{A}$ 按列分块有 $\boldsymbol{A}=(\boldsymbol{\alpha}_1,\boldsymbol{\alpha}_2,\cdots,\boldsymbol{\alpha}_n)$, 则

$$\boldsymbol{A}^{\mathrm{T}}\boldsymbol{A}=\begin{pmatrix}\boldsymbol{\alpha}_1^{\mathrm{T}}\\\boldsymbol{\alpha}_2^{\mathrm{T}}\\\vdots\\\boldsymbol{\alpha}_n^{\mathrm{T}}\end{pmatrix}\begin{pmatrix}\boldsymbol{\alpha}_1,\boldsymbol{\alpha}_2,\cdots,\boldsymbol{\alpha}_n\end{pmatrix}=\begin{pmatrix}\boldsymbol{\alpha}_1^{\mathrm{T}}\boldsymbol{\alpha}_1&\boldsymbol{\alpha}_1^{\mathrm{T}}\boldsymbol{\alpha}_2&\cdots&\boldsymbol{\alpha}_1^{\mathrm{T}}\boldsymbol{\alpha}_n\\\boldsymbol{\alpha}_2^{\mathrm{T}}\boldsymbol{\alpha}_1&\boldsymbol{\alpha}_2^{\mathrm{T}}\boldsymbol{\alpha}_2&\cdots&\boldsymbol{\alpha}_2^{\mathrm{T}}\boldsymbol{\alpha}_n\\\vdots&\vdots&&\vdots\\\boldsymbol{\alpha}_n^{\mathrm{T}}\boldsymbol{\alpha}_1&\boldsymbol{\alpha}_n^{\mathrm{T}}\boldsymbol{\alpha}_2&\cdots&\boldsymbol{\alpha}_n^{\mathrm{T}}\boldsymbol{\alpha}_n\end{pmatrix}.$$

因此, $\boldsymbol{A}^{\mathrm{T}}\boldsymbol{A}=\boldsymbol{E}$ 的充要条件是

$$\boldsymbol{\alpha}_i^{\mathrm{T}}\boldsymbol{\alpha}_j=(\boldsymbol{\alpha}_i,\boldsymbol{\alpha}_j)=\begin{cases}1, i=j,\\0, i\neq j\end{cases}\quad(i,j=1,2,\cdots,n).$$

所以, $\boldsymbol{A}$ 是正交矩阵的充要条件是 $\boldsymbol{A}$ 的列向量组是两两正交的单位向量组. 同理, $\boldsymbol{A}$ 是正交矩阵的充要条件是 $\boldsymbol{A}$ 的行向量组是两两正交的单位向量组. □

例 4.17 判断下列方阵是否为正交矩阵:

$$(1)\ \boldsymbol{A}=\begin{pmatrix}\frac{1}{3}&\frac{2}{3}&\frac{2}{3}\\\frac{2}{3}&-\frac{2}{3}&\frac{1}{3}\\\frac{2}{3}&\frac{1}{3}&-\frac{2}{3}\end{pmatrix};\quad(2)\ \boldsymbol{B}=\begin{pmatrix}1&-\frac{1}{2}&\frac{1}{3}\\-\frac{1}{2}&1&\frac{1}{2}\\\frac{1}{3}&\frac{1}{2}&-1\end{pmatrix}.$$

解 (1) 因为

$$\boldsymbol{A}^{\mathrm{T}}\boldsymbol{A}=\frac{1}{3}\begin{pmatrix}1&2&2\\2&-2&1\\2&1&-2\end{pmatrix}\frac{1}{3}\begin{pmatrix}1&2&2\\2&-2&1\\2&1&-2\end{pmatrix}=\boldsymbol{E},$$

所以方阵 $\boldsymbol{A}$ 是正交矩阵.

(2) 将方阵 $\boldsymbol{B}$ 按列分块为 $(\boldsymbol{\beta}_1,\boldsymbol{\beta}_2,\boldsymbol{\beta}_3)$, 由

$$(\boldsymbol{\beta}_1,\boldsymbol{\beta}_2)=\boldsymbol{\beta}_1^{\mathrm{T}}\boldsymbol{\beta}_2=1\times\left(-\frac{1}{2}\right)+\left(-\frac{1}{2}\right)\times1+\frac{1}{3}\times\frac{1}{2}=-\frac{5}{6}\neq0,$$

可知列向量 $\boldsymbol{\beta}_1$ 与 $\boldsymbol{\beta}_2$ 不正交, 所以方阵 $\boldsymbol{B}$ 不是正交矩阵.

容易验证正交矩阵具有下列性质:

(1) 若方阵 $\boldsymbol{A}$ 是正交矩阵, 则 $|\boldsymbol{A}|=1$或 -1;

(2) 若方阵 $\boldsymbol{A}$ 是正交矩阵, 则 $\boldsymbol{A}^{-1}=\boldsymbol{A}^{\mathrm{T}}$ 也是正交矩阵;

(3) 若 $\boldsymbol{A}$ 和 $\boldsymbol{B}$ 是 n 阶正交矩阵, 则 $\boldsymbol{AB}$ 也是正交矩阵.

定义 4.12 若 $\boldsymbol{P}$ 是正交矩阵, 则线性变换 $\boldsymbol{y}=\boldsymbol{Px}$ 称为正交变换.

定理 4.14 正交变换保持向量的内积与长度不变.

证明 设 $\boldsymbol{y}=\boldsymbol{Px}$ 是正交变换, $\boldsymbol{y}_1=\boldsymbol{Px}_1$, $\boldsymbol{y}_2=\boldsymbol{Px}_2$, 则

$$(\boldsymbol{y}_1,\boldsymbol{y}_2)=\boldsymbol{y}_1^{\mathrm{T}}\boldsymbol{y}_2=(\boldsymbol{Px}_1)^{\mathrm{T}}(\boldsymbol{Px}_2)=\boldsymbol{x}_1^{\mathrm{T}}\boldsymbol{P}^{\mathrm{T}}\boldsymbol{Px}_2=\boldsymbol{x}_1^{\mathrm{T}}\boldsymbol{x}_2=(\boldsymbol{x}_1,\boldsymbol{x}_2).$$

所以, 正交变换保持向量的内积不变. 进而,

$$\|\boldsymbol{y}\|=\sqrt{(\boldsymbol{y},\boldsymbol{y})}=\sqrt{(\boldsymbol{x},\boldsymbol{x})}=\|\boldsymbol{x}\|. \qquad \square$$

由定理 4.14可得, 正交变换不仅保持向量的长度不变, 也保持向量间的夹角不变. 所以, 经正交变换后图形保持几何形状不变.

例如, 设 $\boldsymbol{P}=\begin{pmatrix}\cos\theta & -\sin\theta\\ \sin\theta & \cos\theta\end{pmatrix}$, $\boldsymbol{P}$ 是正交矩阵, 则向量 $\boldsymbol{\alpha}=(x_1,y_1)^{\mathrm{T}}$ 经正交变换

$$\begin{pmatrix}x_2\\ y_2\end{pmatrix}=\boldsymbol{P}\begin{pmatrix}x_1\\ y_1\end{pmatrix}$$

后得到的向量 $\boldsymbol{\beta}=(x_2,y_2)^{\mathrm{T}}$, 就是向量 $\boldsymbol{\alpha}$ 依逆时针方向旋转角度 θ 后的向量 (如图 4.4 所示). 此正交变换也称为旋转变换.

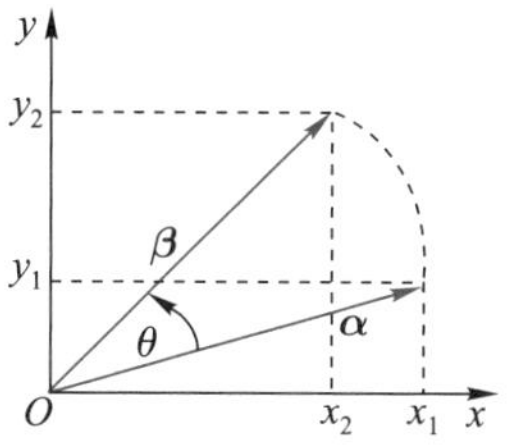

图 4.4

4.4 实对称矩阵的正交相似对角化

本节将讨论实对称矩阵的特征值和特征向量的性质, 以及正交相似对角化问题.

4.4.1 实对称矩阵特征值与特征向量的性质

定理 4.15 实对称矩阵的特征值都是实数.

此定理不予证明. 定理表明实对称矩阵 $\boldsymbol{A}$ 的特征值 λ 是实数, 从而齐次线性方程组 $(\boldsymbol{A}-\lambda\boldsymbol{E})\boldsymbol{x}=\boldsymbol{0}$ 是实系数方程组, 有实的基础解系, 所以对应的特征向量可以取实向量.

定理 4.16 实对称矩阵的对应于不同特征值的特征向量正交.

证明 设 λ_1, λ_2 是实对称矩阵 $\boldsymbol{A}$ 的不同特征值, $\boldsymbol{p}_1$ 和 $\boldsymbol{p}_2$ 分别是对应于 λ_1, λ_2 的特征向量, 则

$$\boldsymbol{A}\boldsymbol{p}_1 = \lambda_1\boldsymbol{p}_1, \quad \boldsymbol{A}\boldsymbol{p}_2 = \lambda_2\boldsymbol{p}_2.$$

因 $\boldsymbol{A}$ 是实对称矩阵, 故

$$\lambda_1\boldsymbol{p}_1^{\mathrm{T}} = (\boldsymbol{A}\boldsymbol{p}_1)^{\mathrm{T}} = \boldsymbol{p}_1^{\mathrm{T}}\boldsymbol{A}^{\mathrm{T}} = \boldsymbol{p}_1^{\mathrm{T}}\boldsymbol{A},$$

$\boldsymbol{p}_2$ 右乘上式两端得

$$\lambda_1\boldsymbol{p}_1^{\mathrm{T}}\boldsymbol{p}_2 = \boldsymbol{p}_1^{\mathrm{T}}\boldsymbol{A}\boldsymbol{p}_2 = \boldsymbol{p}_1^{\mathrm{T}}\lambda_2\boldsymbol{p}_2 = \lambda_2\boldsymbol{p}_1^{\mathrm{T}}\boldsymbol{p}_2,$$

即

$$(\lambda_1 - \lambda_2)\boldsymbol{p}_1^{\mathrm{T}}\boldsymbol{p}_2 = 0.$$

由 $\lambda_1 \neq \lambda_2$ 可知, $\boldsymbol{p}_1^{\mathrm{T}}\boldsymbol{p}_2 = 0$, 即 $\boldsymbol{p}_1$ 与 $\boldsymbol{p}_2$ 正交. □

4.4.2 实对称矩阵的正交相似对角化

定理 4.17 设 n 阶方阵 $\boldsymbol{A}$ 是实对称矩阵, 则存在正交矩阵 $\boldsymbol{Q}$, 使得

$$\boldsymbol{Q}^{-1}\boldsymbol{A}\boldsymbol{Q} = \boldsymbol{Q}^{\mathrm{T}}\boldsymbol{A}\boldsymbol{Q} = \boldsymbol{\Lambda}, \tag{4.4.1}$$

其中 $\boldsymbol{\Lambda} = \mathrm{diag}(\lambda_1, \lambda_2, \cdots, \lambda_n)$, $\lambda_i\ (i = 1, 2, \cdots, n)$ 均为方阵 $\boldsymbol{A}$ 的特征值.

此定理不予证明.

若方阵 $\boldsymbol{A}$ 与对角矩阵相似, 且相似变换矩阵是正交矩阵, 则称 $\boldsymbol{A}$正交相似于对角矩阵, 或 $\boldsymbol{A}$ 可正交相似对角化. 定理 4.17表明实对称矩阵可正交相似对角化.

推论 4.7 n 阶实对称矩阵 $\boldsymbol{A}$ 有 n 个线性无关的特征向量.

推论 4.8 设 n 阶方阵 $\boldsymbol{A}$ 是实对称矩阵, λ 是 $\boldsymbol{A}$ 的 k 重特征值, 则对应于特征值 λ 恰有 k 个线性无关的特征向量, 且 $R(\boldsymbol{A} - \lambda\boldsymbol{E}) = n - k$.

实对称矩阵正交相似对角化的过程如下:

(1) 求方阵 $\boldsymbol{A}$ 的全部不相同的特征值 $\lambda_1, \lambda_2, \cdots, \lambda_s$, 它们的代数重数分别为 $n_1, n_2, \cdots, n_s$, 且 $\sum\limits_{i=1}^{s} n_i = n$.

(2) 对每个 n_i 重特征值 $\lambda_i\ (i = 1, 2, \cdots, s)$, 求齐次线性方程组 $(\boldsymbol{A} - \lambda_i\boldsymbol{E})\boldsymbol{x} = \boldsymbol{0}$ 的基础解系

$$\boldsymbol{\xi}_{i1}, \boldsymbol{\xi}_{i2}, \cdots, \boldsymbol{\xi}_{in_i}.$$

(3) 将 $\boldsymbol{\xi}_{i1}, \boldsymbol{\xi}_{i2}, \cdots, \boldsymbol{\xi}_{in_i}$ 进行正交单位化, 得到对应于特征值 λ_i 的 n_i 个两两正交的单位特征向量

$$\boldsymbol{q}_{i1}, \boldsymbol{q}_{i2}, \cdots, \boldsymbol{q}_{in_i}.$$

(4) 利用上述求得的 n 个两两正交的单位特征向量构造矩阵

$$\boldsymbol{Q}=(\boldsymbol{q}_{11},\boldsymbol{q}_{12},\cdots,\boldsymbol{q}_{1n_1},\cdots,\boldsymbol{q}_{s1},\boldsymbol{q}_{s2},\cdots,\boldsymbol{q}_{sn_s}),$$

则 $\boldsymbol{Q}$ 为正交矩阵, 且

$$\boldsymbol{Q}^{-1}\boldsymbol{A}\boldsymbol{Q}=\boldsymbol{\Lambda}=\mathrm{diag}(\underbrace{\lambda_1,\cdots,\lambda_1}_{n_1\text{个}},\underbrace{\lambda_2,\cdots,\lambda_2}_{n_2\text{个}},\cdots,\underbrace{\lambda_s,\cdots,\lambda_s}_{n_s\text{个}}).$$

例 4.18 设实对称矩阵

$$\boldsymbol{A}=\begin{pmatrix}2&1&1\\1&2&1\\1&1&2\end{pmatrix},$$

求一个正交矩阵 $\boldsymbol{Q}$, 使得 $\boldsymbol{Q}^{-1}\boldsymbol{A}\boldsymbol{Q}=\boldsymbol{\Lambda}$ 为对角矩阵.

解 $\boldsymbol{A}$ 的特征多项式为

$$|\boldsymbol{A}-\lambda\boldsymbol{E}|=\begin{vmatrix}2-\lambda&1&1\\1&2-\lambda&1\\1&1&2-\lambda\end{vmatrix}=-(\lambda-1)^2(\lambda-4),$$

所以 $\boldsymbol{A}$ 的特征值为 $\lambda_1=\lambda_2=1,\lambda_3=4$.

当 $\lambda_1=\lambda_2=1$ 时, 解方程组 $(\boldsymbol{A}-\boldsymbol{E})\boldsymbol{x}=\boldsymbol{0}$ 得基础解系 $\boldsymbol{\xi}_1=(-1,1,0)^{\mathrm{T}},\boldsymbol{\xi}_2=(-1,0,1)^{\mathrm{T}}$. 将 $\boldsymbol{\xi}_1,\boldsymbol{\xi}_2$ 正交化, 得

$$\boldsymbol{\beta}_1=\boldsymbol{\xi}_1=\begin{pmatrix}-1\\1\\0\end{pmatrix},$$

$$\boldsymbol{\beta}_2=\boldsymbol{\xi}_2-\frac{(\boldsymbol{\beta}_1,\boldsymbol{\xi}_2)}{(\boldsymbol{\beta}_1,\boldsymbol{\beta}_1)}\boldsymbol{\beta}_1=\begin{pmatrix}-1\\0\\1\end{pmatrix}-\frac{1}{2}\begin{pmatrix}-1\\1\\0\end{pmatrix}=\frac{1}{2}\begin{pmatrix}-1\\-1\\2\end{pmatrix}.$$

再将 $\boldsymbol{\beta}_1,\boldsymbol{\beta}_2$ 单位化, 得

$$\boldsymbol{q}_1=\frac{1}{\|\boldsymbol{\beta}_1\|}\boldsymbol{\beta}_1=\frac{1}{\sqrt{2}}\begin{pmatrix}-1\\1\\0\end{pmatrix},\boldsymbol{q}_2=\frac{1}{\|\boldsymbol{\beta}_2\|}\boldsymbol{\beta}_2=\frac{1}{\sqrt{6}}\begin{pmatrix}-1\\-1\\2\end{pmatrix}.$$

当 $\lambda_3=4$ 时, 解方程组 $(\boldsymbol{A}-4\boldsymbol{E})\boldsymbol{x}=\boldsymbol{0}$ 得基础解系 $\boldsymbol{\xi}_3=(1,1,1)^{\mathrm{T}}$. 将 $\boldsymbol{\xi}_3$ 单位化, 得

$$\boldsymbol{q}_3=\frac{1}{\|\boldsymbol{\xi}_3\|}\boldsymbol{\xi}_3=\frac{1}{\sqrt{3}}\begin{pmatrix}1\\1\\1\end{pmatrix}.$$

令

$$\boldsymbol{Q}=(\boldsymbol{q}_1,\boldsymbol{q}_2,\boldsymbol{q}_3)=\begin{pmatrix}-\dfrac{1}{\sqrt{2}} & -\dfrac{1}{\sqrt{6}} & \dfrac{1}{\sqrt{3}}\\ \dfrac{1}{\sqrt{2}} & -\dfrac{1}{\sqrt{6}} & \dfrac{1}{\sqrt{3}}\\ 0 & \dfrac{2}{\sqrt{6}} & \dfrac{1}{\sqrt{3}}\end{pmatrix},$$

则 $\boldsymbol{Q}$ 为正交矩阵, 且

$$\boldsymbol{Q}^{-1}\boldsymbol{A}\boldsymbol{Q}=\boldsymbol{\Lambda}=\begin{pmatrix}1 & & \\ & 1 & \\ & & 4\end{pmatrix}.$$

例 4.19 设三阶实对称矩阵 $\boldsymbol{A}$ 的特征值分别为 $\lambda_1=\lambda_2=-1,\lambda_3=8$, 且

$$\boldsymbol{\alpha}_1=\begin{pmatrix}1\\-2\\0\end{pmatrix},\quad \boldsymbol{\alpha}_2=\begin{pmatrix}1\\0\\-1\end{pmatrix}$$

为 $\boldsymbol{A}$ 的对应于特征值 $\lambda_1=\lambda_2=-1$ 的特征向量, 试求矩阵 $\boldsymbol{A}$.

解 实对称矩阵 $\boldsymbol{A}$ 可正交相似对角化. 设 $\boldsymbol{A}$ 的对应于特征值 $\lambda_3=8$ 的特征向量为 $\boldsymbol{\alpha}_3=(x_1,x_2,x_3)^{\mathrm{T}}$. 由定理 4.16, $\boldsymbol{\alpha}_3$ 与 $\boldsymbol{\alpha}_1$ 和 $\boldsymbol{\alpha}_2$ 都正交, 可得 $\boldsymbol{\alpha}_3$ 满足

$$\begin{cases}x_1-2x_2 \qquad\quad =0,\\ x_1 \qquad\qquad -x_3=0.\end{cases}$$

解得齐次线性方程组的基础解系为 $\boldsymbol{\xi}=(2,1,2)^{\mathrm{T}}$. 取 $\boldsymbol{\alpha}_3=(2,1,2)^{\mathrm{T}}$, 令

$$\boldsymbol{P}=(\boldsymbol{\alpha}_1,\boldsymbol{\alpha}_2,\boldsymbol{\alpha}_3)=\begin{pmatrix}1 & 1 & 2\\ -2 & 0 & 1\\ 0 & -1 & 2\end{pmatrix},$$

则 $\boldsymbol{P}$ 为可逆矩阵, 且

$$\boldsymbol{P}^{-1}\boldsymbol{A}\boldsymbol{P}=\boldsymbol{\Lambda}=\begin{pmatrix}-1 & & \\ & -1 & \\ & & 8\end{pmatrix}.$$

因此,

$$\boldsymbol{A}=\boldsymbol{P}\boldsymbol{\Lambda}\boldsymbol{P}^{-1}=\begin{pmatrix}1 & 1 & 2\\ -2 & 0 & 1\\ 0 & -1 & 2\end{pmatrix}\begin{pmatrix}-1 & & \\ & -1 & \\ & & 8\end{pmatrix}\frac{1}{9}\begin{pmatrix}1 & -4 & 1\\ 4 & 2 & -5\\ 2 & 1 & 2\end{pmatrix}=\begin{pmatrix}3 & 2 & 4\\ 2 & 0 & 2\\ 4 & 2 & 3\end{pmatrix}.$$

4.5 二次型及其标准形

引例中讨论了平面二次曲线类型的判断问题, 当二次曲线的中心与坐标轴原点重合时, 二次曲线的一般方程为

$$ax^2+2bxy+cy^2=1,$$

其中方程的左端是一个二次齐次函数, 也就是本节将要研究的二次型. 将曲线方程通过坐标变换化为只含平方项的标准形式

$$\lambda x^2+\mu y^2=1,$$

便于判断曲线的几何形状, 而这一过程就是本节将重点研究的二次型化标准形问题. 二次型的理论源于研究二次曲线和二次曲面的分类问题.

4.5.1 二次型的概念及其表示

定义 4.13 n 个变量 $x_1,x_2,\cdots,x_n$ 的二次齐次函数

$$\begin{aligned}f(x_1,x_2,\cdots,x_n)=&a_{11}x_1^2+a_{22}x_2^2+\cdots+a_{nn}x_n^2+\\&2a_{12}x_1x_2+2a_{13}x_1x_3+\cdots+2a_{n-1,n}x_{n-1}x_n\end{aligned}\tag{4.5.1}$$

称为 n 元二次型, 简称二次型, 其中 a_{ij} $(i,j=1,2,\cdots,n)$ 称为二次型的系数. 若 a_{ij} 是实数, 则称 $f(x_1,x_2,\cdots,x_n)$ 为实二次型; 若 a_{ij} 是复数, 则称 $f(x_1,x_2,\cdots,x_n)$ 为复二次型.

本节中讨论的二次型都是实二次型.

例如, $f(x_1,x_2,x_3)=x_1^2-2x_2^2-2x_3^2-4x_1x_2+4x_1x_3+8x_2x_3$ 是一个三元实二次型.

式 (4.5.1) 可以表示为

$$\begin{aligned}f(x_1,x_2,\cdots,x_n)=&a_{11}x_1^2+a_{12}x_1x_2+\cdots+a_{1n}x_1x_n+\\&a_{12}x_2x_1+a_{22}x_2^2+\cdots+a_{2n}x_2x_n+\\&\cdots+\\&a_{1n}x_nx_1+a_{2n}x_nx_2+\cdots+a_{nn}x_n^2,\end{aligned}$$

进而, 利用矩阵可表示为

$$\begin{aligned}f(x_1,x_2,\cdots,x_n)&=(x_1,x_2,\cdots,x_n)\begin{pmatrix}a_{11}x_1+a_{12}x_2+\cdots+a_{1n}x_n\\a_{12}x_1+a_{22}x_2+\cdots+a_{2n}x_n\\\vdots\\a_{1n}x_1+a_{2n}x_2+\cdots+a_{nn}x_n\end{pmatrix}\\&=(x_1,x_2,\cdots,x_n)\begin{pmatrix}a_{11}&a_{12}&\cdots&a_{1n}\\a_{12}&a_{22}&\cdots&a_{2n}\\\vdots&\vdots&&\vdots\\a_{1n}&a_{2n}&\cdots&a_{nn}\end{pmatrix}\begin{pmatrix}x_1\\x_2\\\vdots\\x_n\end{pmatrix}.\end{aligned}$$

记 $\boldsymbol{x}=\begin{pmatrix}x_1\\x_2\\\vdots\\x_n\end{pmatrix}$, $\boldsymbol{A}=\begin{pmatrix}a_{11}&a_{12}&\cdots&a_{1n}\\a_{12}&a_{22}&\cdots&a_{2n}\\\vdots&\vdots&&\vdots\\a_{1n}&a_{2n}&\cdots&a_{nn}\end{pmatrix}$, 则式 (4.5.1) 可表示为

$$f(x_1,x_2,\cdots,x_n)=f(\boldsymbol{x})=\boldsymbol{x}^{\mathrm{T}}\boldsymbol{A}\boldsymbol{x}. \tag{4.5.2}$$

式 (4.5.2) 为二次型 f 的矩阵表示, 其中对称矩阵 $\boldsymbol{A}$ 称为二次型 f 的矩阵, 矩阵 $\boldsymbol{A}$ 的秩称为二次型 f 的秩, f 称为对称矩阵 $\boldsymbol{A}$ 的二次型.

任给一个二次型, 可唯一确定一个对称矩阵, 即二次型的矩阵; 反之, 任给一个对称矩阵, 也可唯一确定一个二次型. 从而, 二次型与对称矩阵之间是一一对应的.

例如, 三元二次型

$$f(x_1,x_2,x_3)=x_1^2-2x_2^2-2x_3^2-4x_1x_2+4x_1x_3+8x_2x_3 \tag{4.5.3}$$

的矩阵表示为

$$f(x_1,x_2,x_3)=(x_1,x_2,x_3)\begin{pmatrix}1&-2&2\\-2&-2&4\\2&4&-2\end{pmatrix}\begin{pmatrix}x_1\\x_2\\x_3\end{pmatrix}.$$

该二次型的矩阵为 $\boldsymbol{A}=\begin{pmatrix}1&-2&2\\-2&-2&4\\2&4&-2\end{pmatrix}$. 由于 $|\boldsymbol{A}|=-28\neq 0$, 所以 $R(\boldsymbol{A})=3$, 二次型 $f(x_1,x_2,x_3)$ 的秩是 3. 反之, 对称矩阵 $\boldsymbol{A}$ 的二次型为式 (4.5.3).

一个 n 元二次型 $f(x_1,x_2,\cdots,x_n)$ 经可逆线性变换 $\boldsymbol{x}=\boldsymbol{C}\boldsymbol{y}$ 后化为

$$f=\boldsymbol{x}^{\mathrm{T}}\boldsymbol{A}\boldsymbol{x}=(\boldsymbol{C}\boldsymbol{y})^{\mathrm{T}}\boldsymbol{A}(\boldsymbol{C}\boldsymbol{y})=\boldsymbol{y}^{\mathrm{T}}(\boldsymbol{C}^{\mathrm{T}}\boldsymbol{A}\boldsymbol{C})\boldsymbol{y}.$$

由于 $\boldsymbol{A}$ 是对称矩阵, 可验证 $\boldsymbol{C}^{\mathrm{T}}\boldsymbol{A}\boldsymbol{C}$ 也是对称矩阵, 从而 $\boldsymbol{y}^{\mathrm{T}}(\boldsymbol{C}^{\mathrm{T}}\boldsymbol{A}\boldsymbol{C})\boldsymbol{y}$ 也是一个二次型.

定义 4.14 设 $\boldsymbol{A}$ 和 $\boldsymbol{B}$ 是 n 阶方阵, 若存在可逆矩阵 $\boldsymbol{C}$, 使得

$$\boldsymbol{C}^{\mathrm{T}}\boldsymbol{A}\boldsymbol{C}=\boldsymbol{B},$$

则称 $\boldsymbol{A}$ 与 $\boldsymbol{B}$合同, 或 $\boldsymbol{A}$ 合同于 $\boldsymbol{B}$.

对于 n 阶方阵 $\boldsymbol{A}$, 若存在正交矩阵 $\boldsymbol{P}$, 使

$$\boldsymbol{P}^{-1}\boldsymbol{A}\boldsymbol{P}=\boldsymbol{P}^{\mathrm{T}}\boldsymbol{A}\boldsymbol{P}=\boldsymbol{B},$$

则 $\boldsymbol{A}$ 与 $\boldsymbol{B}$ 相似, 同时 $\boldsymbol{A}$ 与 $\boldsymbol{B}$ 合同.

矩阵的合同关系是一种等价关系, 具有如下性质:

(1) 自反性 $\boldsymbol{A}$ 与 $\boldsymbol{A}$ 合同;

(2) 对称性 若 $\boldsymbol{A}$ 与 $\boldsymbol{B}$ 合同, 则 $\boldsymbol{B}$ 与 $\boldsymbol{A}$ 合同;

(3) 传递性 若 $\boldsymbol{A}$ 与 $\boldsymbol{B}$ 合同, $\boldsymbol{B}$ 与 $\boldsymbol{C}$ 合同, 则 $\boldsymbol{A}$ 与 $\boldsymbol{C}$ 合同.

易得如下性质成立:

设 n 阶方阵 $\boldsymbol{A}$ 与 $\boldsymbol{B}$ 合同,

(1) 若 $\boldsymbol{A}$ 是对称矩阵, 则 $\boldsymbol{B}$ 也是对称矩阵;

(2) $R(\boldsymbol{A}) = R(\boldsymbol{B})$.

根据合同矩阵的定义和性质, 可得如下结论:

定理 4.18 二次型 $f = \boldsymbol{x}^{\mathrm{T}}\boldsymbol{A}\boldsymbol{x}$ 经可逆线性变换 $\boldsymbol{x} = \boldsymbol{C}\boldsymbol{y}$ 后化为二次型 $f = \boldsymbol{y}^{\mathrm{T}}(\boldsymbol{C}^{\mathrm{T}}\boldsymbol{A}\boldsymbol{C})\boldsymbol{y}$, 其秩不变, 且两个二次型的矩阵是合同的.

4.5.2 二次型的标准形

关于二次型, 我们讨论的主要问题是: 寻求可逆线性变换 $\boldsymbol{x} = \boldsymbol{C}\boldsymbol{y}$, 将二次型化为只含平方项的形式, 即令 $\boldsymbol{x} = \boldsymbol{C}\boldsymbol{y}$, 使得

$$\begin{aligned} f = \boldsymbol{x}^{\mathrm{T}}\boldsymbol{A}\boldsymbol{x} = \boldsymbol{y}^{\mathrm{T}}(\boldsymbol{C}^{\mathrm{T}}\boldsymbol{A}\boldsymbol{C})\boldsymbol{y} &= k_1y_1^2 + k_2y_2^2 + \cdots + k_ny_n^2 \\ &= (y_1, y_2, \cdots, y_n)\begin{pmatrix} k_1 & & & \\ & k_2 & & \\ & & \ddots & \\ & & & k_n \end{pmatrix}\begin{pmatrix} y_1 \\ y_2 \\ \vdots \\ y_n \end{pmatrix}. \end{aligned}$$

这种只含平方项的二次型称为二次型的标准形. 若二次型经可逆线性变换化为的标准形中平方项系数只为 1, −1 或 0, 即

$$f = z_1^2 + \cdots + z_p^2 - z_{p+1}^2 - \cdots - z_r^2, \tag{4.5.4}$$

则称式 (4.5.4) 为二次型的规范形.

二次型化标准形的问题等价于求可逆矩阵 $\boldsymbol{C}$, 使得 $\boldsymbol{C}^{\mathrm{T}}\boldsymbol{A}\boldsymbol{C}$ 为对角矩阵. 根据定理 4.17, 对于实对称矩阵 $\boldsymbol{A}$, 存在正交矩阵 $\boldsymbol{Q}$, 使得

$$\boldsymbol{Q}^{-1}\boldsymbol{A}\boldsymbol{Q} = \boldsymbol{Q}^{\mathrm{T}}\boldsymbol{A}\boldsymbol{Q} = \boldsymbol{\Lambda}$$

为对角矩阵. 将此结论用二次型的语言表述, 可得如下定理:

定理 4.19 任意一个二次型 $f = \boldsymbol{x}^{\mathrm{T}}\boldsymbol{A}\boldsymbol{x}$, 总存在正交变换 $\boldsymbol{x} = \boldsymbol{Q}\boldsymbol{y}$, 可将 f 化为标准形

$$f = \lambda_1y_1^2 + \lambda_2y_2^2 + \cdots + \lambda_ny_n^2,$$

其中 $\lambda_1, \lambda_2, \cdots, \lambda_n$ 为矩阵 $\boldsymbol{A}$ 的特征值, $\boldsymbol{Q}$ 的列向量 $\boldsymbol{q}_1, \boldsymbol{q}_2, \cdots, \boldsymbol{q}_n$ 依次为对应于特征值 $\lambda_1, \lambda_2, \cdots, \lambda_n$ 的两两正交的单位特征向量.

根据定理 4.19, 利用正交变换将二次型化为标准形的过程如下:

(1) 写出二次型 f 的矩阵 $\boldsymbol{A}$;

(2) 利用实对称矩阵正交相似对角化的步骤, 求出正交矩阵 $\boldsymbol{Q}$, 使得

$$\boldsymbol{Q}^{\mathrm{T}}\boldsymbol{A}\boldsymbol{Q}=\boldsymbol{\Lambda}=\begin{pmatrix}\lambda_1 & & & \\ & \lambda_2 & & \\ & & \ddots & \\ & & & \lambda_n\end{pmatrix};$$

(3) 经正交变换 $\boldsymbol{x}=\boldsymbol{Q}\boldsymbol{y}$, 二次型 f 化为标准形

$$f=\lambda_1 y_1^2+\lambda_2 y_2^2+\cdots+\lambda_n y_n^2.$$

例 4.20 求一个正交变换 $\boldsymbol{x}=\boldsymbol{Q}\boldsymbol{y}$, 化二次型

$$f(x_1,x_2,x_3)=x_1^2-2x_2^2-2x_3^2-4x_1x_2+4x_1x_3+8x_2x_3$$

为标准形.

解 二次型 f 的矩阵为

$$\boldsymbol{A}=\begin{pmatrix}1 & -2 & 2\\ -2 & -2 & 4\\ 2 & 4 & -2\end{pmatrix},$$

其特征多项式为

$$|\boldsymbol{A}-\lambda\boldsymbol{E}|=\begin{vmatrix}1-\lambda & -2 & 2\\ -2 & -2-\lambda & 4\\ 2 & 4 & -2-\lambda\end{vmatrix}=-(\lambda-2)^2(\lambda+7),$$

所以 $\boldsymbol{A}$ 的特征值为 $\lambda_1=\lambda_2=2, \lambda_3=-7$.

当 $\lambda_1=\lambda_2=2$ 时, 解方程组 $(\boldsymbol{A}-2\boldsymbol{E})\boldsymbol{x}=\mathbf{0}$ 得基础解系 $\boldsymbol{\xi}_1=(-2,1,0)^{\mathrm{T}}, \boldsymbol{\xi}_2=(2,0,1)^{\mathrm{T}}$. 将 $\boldsymbol{\xi}_1,\boldsymbol{\xi}_2$ 正交化, 得

$$\boldsymbol{\beta}_1=\boldsymbol{\xi}_1=\begin{pmatrix}-2\\1\\0\end{pmatrix},$$

$$\boldsymbol{\beta}_2=\boldsymbol{\xi}_2-\frac{(\boldsymbol{\beta}_1,\boldsymbol{\xi}_2)}{(\boldsymbol{\beta}_1,\boldsymbol{\beta}_1)}\boldsymbol{\beta}_1=\begin{pmatrix}2\\0\\1\end{pmatrix}-\frac{-4}{5}\begin{pmatrix}-2\\1\\0\end{pmatrix}=\frac{1}{5}\begin{pmatrix}2\\4\\5\end{pmatrix}.$$

将 $\boldsymbol{\beta}_1, \boldsymbol{\beta}_2$ 单位化, 得

$$\boldsymbol{q}_1=\frac{1}{\|\boldsymbol{\beta}_1\|}\boldsymbol{\beta}_1=\frac{1}{\sqrt{5}}\begin{pmatrix}-2\\1\\0\end{pmatrix}, \boldsymbol{q}_2=\frac{1}{\|\boldsymbol{\beta}_2\|}\boldsymbol{\beta}_2=\frac{1}{3\sqrt{5}}\begin{pmatrix}2\\4\\5\end{pmatrix}.$$

当 $\lambda_3=-7$ 时, 解方程组 $(\boldsymbol{A}+7\boldsymbol{E})\boldsymbol{x}=\mathbf{0}$ 得基础解系 $\boldsymbol{\xi}_3=(-1,-2,2)^{\mathrm{T}}$. 将 $\boldsymbol{\xi}_3$ 单位化, 得

$$\boldsymbol{q}_3=\frac{1}{\|\boldsymbol{\xi}_3\|}\boldsymbol{\xi}_3=\frac{1}{3}\begin{pmatrix}-1\\-2\\2\end{pmatrix}.$$

令

$$\boldsymbol{Q}=(\boldsymbol{q}_1,\boldsymbol{q}_2,\boldsymbol{q}_3)=\begin{pmatrix}-\dfrac{2}{\sqrt{5}} & \dfrac{2}{3\sqrt{5}} & -\dfrac{1}{3}\\ \dfrac{1}{\sqrt{5}} & \dfrac{4}{3\sqrt{5}} & -\dfrac{2}{3}\\ 0 & \dfrac{\sqrt{5}}{3} & \dfrac{2}{3}\end{pmatrix},$$

经正交变换 $\boldsymbol{x}=\boldsymbol{Q}\boldsymbol{y}$, 二次型 f 化为标准形

$$f=2y_1^2+2y_2^2-7y_3^2.$$

进一步, 若令

$$\begin{cases}y_1=\dfrac{1}{\sqrt{2}}z_1,\\ y_2=\dfrac{1}{\sqrt{2}}z_2,\\ y_3=\dfrac{1}{\sqrt{7}}z_3,\end{cases}$$

则二次型 f 化为规范形

$$f=z_1^2+z_2^2-z_3^2.$$

例 4.21 设二次型

$$f(x_1,x_2,x_3)=5x_1^2+5x_2^2+cx_3^2-2x_1x_2+6x_1x_3-6x_2x_3$$

的秩为 2,

(1) 确定参数 c;

(2) 求一个正交变换将二次型化为标准形.

解 二次型 f 的矩阵

$$\boldsymbol{A}=\begin{pmatrix}5 & -1 & 3\\ -1 & 5 & -3\\ 3 & -3 & c\end{pmatrix}.$$

(1) 由二次型 f 的秩为 2 可知, $R(\boldsymbol{A})=2$,

$$|\boldsymbol{A}|=\begin{vmatrix}5 & -1 & 3\\ -1 & 5 & -3\\ 3 & -3 & c\end{vmatrix}=24(c-3),$$

则当 $c=3$ 时, $|\boldsymbol{A}|=0$, 而 $\boldsymbol{A}$ 存在二阶子式 $\begin{vmatrix} 5 & -1 \\ -1 & 5 \end{vmatrix}=24\neq 0$, 所以当 $c=3$ 时, $R(\boldsymbol{A})=2$, 二次型 f 的秩为 2.

(2) 二次型 f 的矩阵 $\boldsymbol{A}=\begin{pmatrix} 5 & -1 & 3 \\ -1 & 5 & -3 \\ 3 & -3 & 3 \end{pmatrix}$, 其特征多项式为

$$|\boldsymbol{A}-\lambda\boldsymbol{E}|=\begin{vmatrix} 5-\lambda & -1 & 3 \\ -1 & 5-\lambda & -3 \\ 3 & -3 & 3-\lambda \end{vmatrix}=-\lambda(\lambda-4)(\lambda-9),$$

所以 $\boldsymbol{A}$ 的特征值为 $\lambda_1=0,\ \lambda_2=4,\ \lambda_3=9$.

当 $\lambda_1=0$ 时, 解方程组 $\boldsymbol{Ax}=\boldsymbol{0}$得基础解系 $\boldsymbol{\xi}_1=(-1,1,2)^{\mathrm{T}}$. 将 $\boldsymbol{\xi}_1$ 单位化, 得 $\boldsymbol{q}_1=\dfrac{1}{\sqrt{6}}(-1,1,2)^{\mathrm{T}}$.

当 $\lambda_2=4$ 时, 解方程组 $(\boldsymbol{A}-4\boldsymbol{E})\boldsymbol{x}=\boldsymbol{0}$得基础解系 $\boldsymbol{\xi}_2=(1,1,0)^{\mathrm{T}}$. 将 $\boldsymbol{\xi}_2$ 单位化, 得 $\boldsymbol{q}_2=\dfrac{1}{\sqrt{2}}(1,1,0)^{\mathrm{T}}$.

当 $\lambda_3=9$ 时, 解方程组 $(\boldsymbol{A}-9\boldsymbol{E})\boldsymbol{x}=\boldsymbol{0}$得基础解系 $\boldsymbol{\xi}_3=(1,-1,1)^{\mathrm{T}}$. 将 $\boldsymbol{\xi}_3$ 单位化, 得 $\boldsymbol{q}_3=\dfrac{1}{\sqrt{3}}(1,-1,1)^{\mathrm{T}}$.

令 $\boldsymbol{Q}=(\boldsymbol{q}_1,\boldsymbol{q}_2,\boldsymbol{q}_3)=\begin{pmatrix} -\dfrac{1}{\sqrt{6}} & \dfrac{1}{\sqrt{2}} & \dfrac{1}{\sqrt{3}} \\ \dfrac{1}{\sqrt{6}} & \dfrac{1}{\sqrt{2}} & -\dfrac{1}{\sqrt{3}} \\ \dfrac{2}{\sqrt{6}} & 0 & \dfrac{1}{\sqrt{3}} \end{pmatrix}$, 经正交变换 $\boldsymbol{x}=\boldsymbol{Qy}$, 二次型 f 化为标准形

$$f=4y_2^2+9y_3^2.$$

二次型化标准形还有其他方法, 如配方法和初等变换法. 而在判断二次曲线和二次曲面类型时, 由于正交变换保持图形的几何形状不变, 可采用正交变换将二次型化为标准形来判断曲线和曲面的类型.

例如, 判断方程

$$5x_1^2+5x_2^2+3x_3^2-2x_1x_2+6x_1x_3-6x_2x_3=1$$

表示何种二次曲面. 令

$$f(x_1,x_2,x_3)=5x_1^2+5x_2^2+3x_3^2-2x_1x_2+6x_1x_3-6x_2x_3,$$

由例 4.21可知, 经正交变换 $\boldsymbol{x}=\boldsymbol{Qy}$, 该二次型化为标准形 $f=4y_2^2+9y_3^2$. 从而, 曲面方程 $f(x_1,x_2,x_3)=1$ 通过正交变换 $\boldsymbol{x}=\boldsymbol{Qy}$ 可化为标准方程 $4y_2^2+9y_3^2=1$, 所以原方程表示的图形是椭圆柱面.

例 4.20中, 二次型

$$f(x_1,x_2,x_3)=x_1^2-2x_2^2-2x_3^2-4x_1x_2+4x_1x_3+8x_2x_3$$

经正交变换化为标准形

$$f=2y_1^2+2y_2^2-7y_3^2.$$

二次型 f 也可经可逆线性变换 $\begin{cases}x_1=z_1+2z_2+\dfrac{2}{3}z_3,\\ x_2=z_2+\dfrac{4}{3}z_3,\\ x_3=z_3\end{cases}$ 化为标准形

$$f=z_1^2-6z_2^2+\frac{14}{3}z_3^2.$$

从上例可见, 二次型经不同的可逆线性变换化为的标准形不唯一, 而标准形中所含非零平方项的项数是确定的, 等于二次型的秩.

定理 4.20 (惯性定理) 设二次型 $f=\boldsymbol{x}^{\mathrm{T}}\boldsymbol{A}\boldsymbol{x}$ 的秩为 r, 经可逆线性变换 $\boldsymbol{x}=\boldsymbol{P}\boldsymbol{y}$, $\boldsymbol{x}=\boldsymbol{C}\boldsymbol{z}$, 分别化为标准形

$$f=k_1y_1^2+k_2y_2^2+\cdots+k_ry_r^2\quad(k_i\neq 0,\ i=1,2,\cdots,r)$$

和

$$f=\mu_1z_1^2+\mu_2z_2^2+\cdots+\mu_rz_r^2\quad(\mu_i\neq 0,\ i=1,2,\cdots,r),$$

则 $k_1,k_2,\cdots,k_r$ 和 $\mu_1,\mu_2,\cdots,\mu_r$ 中正数的个数相同.

此定理不予证明.

定义 4.15 二次型的标准形中正系数的个数称为二次型的正惯性指数, 负系数的个数称为二次型的负惯性指数.

例 4.20中, 二次型 f 的秩是 3, 正惯性指数为 2, 负惯性指数为 1.

由定理 4.19和定理 4.20可得如下推论:

推论 4.9 若二次型 f 的秩为 r, 正惯性指数为 p, 则存在可逆线性变换 $\boldsymbol{x}=\boldsymbol{C}\boldsymbol{z}$, 将二次型 f 化为规范形

$$f=z_1^2+z_2^2+\cdots+z_p^2-z_{p+1}^2-\cdots-z_r^2.$$

4.5.3 正定二次型

定义 4.16 设 $f(x_1,x_2,\cdots,x_n)=f(\boldsymbol{x})=\boldsymbol{x}^{\mathrm{T}}\boldsymbol{A}\boldsymbol{x}$ 为实二次型.

(1) 若对任意不全为零的实数 $a_1,a_2,\cdots,a_n$, 都有

$$f(a_1,a_2,\cdots,a_n)>0(\text{或}\geqslant 0),$$

则称二次型 $f(x_1,x_2,\cdots,x_n)$ 为正定二次型 (或半正定二次型), 称 $\boldsymbol{A}$ 为正定矩阵 (或半正定矩阵);

(2) 若对任意不全为零的实数 $a_1,a_2,\cdots,a_n$, 都有

$$f(a_1,a_2,\cdots,a_n)<0(\text{或}\leqslant 0),$$

则称二次型 $f(x_1,x_2,\cdots,x_n)$ 为负定二次型 (或半负定二次型), 称 $\boldsymbol{A}$ 为负定矩阵 (或半负定矩阵);

例如,

(1) $f(x_1,x_2,x_3)=x_1^2+3x_2^2+9x_3^2$ 为正定二次型;

(2) $f(x_1,x_2,x_3)=-x_1^2-2x_2^2-4x_3^2$ 为负定二次型;

(3) $f(x_1,x_2,x_3)=4x_2^2+9x_3^2$ 为半正定二次型;

(4) $f(x_1,x_2,x_3)=-x_1^2-x_2^2$ 为半负定二次型.

下面重点讨论二次型的正定性.

定理 4.21 n 元二次型 $f(\boldsymbol{x})=\boldsymbol{x}^{\mathrm{T}}\boldsymbol{A}\boldsymbol{x}$ 为正定的充要条件是其正惯性指数为 n.

证明 设可逆线性变换 $\boldsymbol{x}=\boldsymbol{C}\boldsymbol{y}$, 使

$$f(\boldsymbol{x})=f(\boldsymbol{C}\boldsymbol{y})=\lambda_1y_1^2+\lambda_2y_2^2+\cdots+\lambda_ny_n^2.$$

充分性: 设二次型 $f(\boldsymbol{x})$ 的正惯性指数为 n, 则 $\lambda_i>0\ (i=1,2,\cdots,n)$, 对任意 $\boldsymbol{x}\neq\boldsymbol{0}$, $\boldsymbol{y}=\boldsymbol{C}^{-1}\boldsymbol{x}\neq\boldsymbol{0}$, 从而

$$f(\boldsymbol{x})=f(\boldsymbol{C}\boldsymbol{y})=\lambda_1y_1^2+\lambda_2y_2^2+\cdots+\lambda_ny_n^2>0,$$

所以, $f(\boldsymbol{x})$ 为正定二次型.

必要性: 设 $f(\boldsymbol{x})$ 为正定二次型, 来证其正惯性指数为 n. 反证法, 假设正惯性指数小于 n, 则存在 $\lambda_s\leqslant 0$, 取 $\boldsymbol{y}=(0,\cdots,\underset{\substack{\uparrow\\ \text{第 } s \text{ 个分量}}}{1},\cdots,0)$, $\boldsymbol{x}=\boldsymbol{C}\boldsymbol{y}\neq\boldsymbol{0}$, 有

$$f(\boldsymbol{x})=f(\boldsymbol{C}\boldsymbol{y})=\lambda_s\leqslant 0,$$

这与 $f(\boldsymbol{x})$ 为正定二次型矛盾. 因此, 二次型 $f(\boldsymbol{x})$ 的正惯性指数为 n. □

推论 4.10 设 $\boldsymbol{A}$ 是 n 阶实对称矩阵, 则下列命题等价:

(1) $\boldsymbol{A}$ 为正定矩阵;

(2) $\boldsymbol{A}$ 的特征值全都大于零;

(3) $\boldsymbol{A}$ 与单位矩阵 $\boldsymbol{E}$ 合同, 即存在可逆矩阵 $\boldsymbol{C}$, 使得 $\boldsymbol{A}=\boldsymbol{C}^{\mathrm{T}}\boldsymbol{C}$.

定义 4.17 设 n 阶方阵 $\boldsymbol{A}=(a_{ij})$, 由 $\boldsymbol{A}$ 的前 k 行 k 列 $(1\leqslant k\leqslant n)$ 构成的 k 阶子式

$$\begin{vmatrix} a_{11} & a_{12} & \cdots & a_{1k} \\ a_{21} & a_{22} & \cdots & a_{2k} \\ \vdots & \vdots & & \vdots \\ a_{k1} & a_{k2} & \cdots & a_{kk} \end{vmatrix}$$

称为 $\boldsymbol{A}$ 的k 阶顺序主子式.

定理 4.22 n 阶对称矩阵 $\boldsymbol{A}=(a_{ij})$ 为正定矩阵的充要条件是 $\boldsymbol{A}$ 的各阶顺序主子式都大于零, 即

$$a_{11}>0,\begin{vmatrix}a_{11} & a_{12}\\ a_{21} & a_{22}\end{vmatrix}>0,\cdots,\begin{vmatrix}a_{11} & \cdots & a_{1n}\\ \vdots & & \vdots\\ a_{n1} & \cdots & a_{nn}\end{vmatrix}>0.$$

此定理不予证明.

例 4.22 判断二次型

$$f(x_1,x_2,x_3)=2x_1^2+5x_2^2+5x_3^2+4x_1x_2-4x_1x_3-8x_2x_3$$

的正定性.

解 二次型 f 的矩阵 $\boldsymbol{A}=\begin{pmatrix}2 & 2 & -2\\ 2 & 5 & -4\\ -2 & -4 & 5\end{pmatrix}$. $\boldsymbol{A}$ 的各阶顺序主子式为

$$2>0,\begin{vmatrix}2 & 2\\ 2 & 5\end{vmatrix}=6>0,\begin{vmatrix}2 & 2 & -2\\ 2 & 5 & -4\\ -2 & -4 & 5\end{vmatrix}=10>0.$$

因此, 根据定理 4.22得, $\boldsymbol{A}$ 为正定矩阵. 从而, f 为正定二次型.

例 4.23 证明: 若 n 阶方阵 $\boldsymbol{A}$ 为正定矩阵, 则 $\boldsymbol{A}^{-1}$ 为正定矩阵.

证明 由 $\boldsymbol{A}$ 为正定矩阵可得 $\boldsymbol{A}$ 的全部特征值都大于零, 且 $|\boldsymbol{A}|>0$, 故 $\boldsymbol{A}$ 可逆. 由 $\boldsymbol{A}$ 为对称矩阵, $(\boldsymbol{A}^{-1})^{\mathrm{T}}=(\boldsymbol{A}^{\mathrm{T}})^{-1}=\boldsymbol{A}^{-1}$, 所以 $\boldsymbol{A}^{-1}$ 为对称矩阵.

由于 $\boldsymbol{A}^{-1}$ 的特征值与 $\boldsymbol{A}$ 的特征值互为倒数, 所以 $\boldsymbol{A}^{-1}$ 的特征值均大于零. 根据推论 4.10, $\boldsymbol{A}^{-1}$ 为正定矩阵. □

同理可证, 若 $\boldsymbol{A}$ 为正定矩阵, 则 $\boldsymbol{A}^{\mathrm{T}}$, $\boldsymbol{A}^*$, $\boldsymbol{A}^m$(m为正整数) 均为正定矩阵.

例 4.24 证明: 若 n 阶方阵 $\boldsymbol{A}$ 和 $\boldsymbol{B}$ 为正定矩阵, 则 $\boldsymbol{A}+\boldsymbol{B}$ 为正定矩阵.

证明 已知 $\boldsymbol{A}$ 和 $\boldsymbol{B}$ 为正定矩阵, 则 $\boldsymbol{A}$ 和 $\boldsymbol{B}$ 为对称矩阵, 且对任意 $\boldsymbol{x}\neq\boldsymbol{0}$, 有 $\boldsymbol{x}^{\mathrm{T}}\boldsymbol{A}\boldsymbol{x}>0$, $\boldsymbol{x}^{\mathrm{T}}\boldsymbol{B}\boldsymbol{x}>0$. 因

$$(\boldsymbol{A}+\boldsymbol{B})^{\mathrm{T}}=\boldsymbol{A}^{\mathrm{T}}+\boldsymbol{B}^{\mathrm{T}}=\boldsymbol{A}+\boldsymbol{B},$$

所以 $\boldsymbol{A}+\boldsymbol{B}$ 为对称矩阵. 对任意 $\boldsymbol{x}\neq\boldsymbol{0}$,

$$\boldsymbol{x}^{\mathrm{T}}(\boldsymbol{A}+\boldsymbol{B})\boldsymbol{x}=\boldsymbol{x}^{\mathrm{T}}\boldsymbol{A}\boldsymbol{x}+\boldsymbol{x}^{\mathrm{T}}\boldsymbol{B}\boldsymbol{x}>0.$$

因此, $\boldsymbol{A}+\boldsymbol{B}$ 为正定矩阵. □

定理 4.23 设 n 元二次型 $f=\boldsymbol{x}^{\mathrm{T}}\boldsymbol{A}\boldsymbol{x}$, $\boldsymbol{A}$ 是二次型 f 的矩阵, 则下列命题等价:

(1) f 是负定的;

(2) f 的负惯性指数为 n;

(3) $\boldsymbol{A}$ 的特征值均都小于零;

(4) $\boldsymbol{A}$ 的奇数阶顺序主子式小于零, 偶数阶顺序主子式大于零, 即

$$(-1)^k\begin{vmatrix} a_{11} & \cdots & a_{1k} \\ \vdots & & \vdots \\ a_{k1} & \cdots & a_{kk} \end{vmatrix}>0 \quad (k=1,2,\cdots,n).$$

例 4.25 判断二次型

$$f(x_1,x_2,x_3)=-2x_1^2-6x_2^2-4x_3^2+2x_1x_2+2x_1x_3$$

的正定性.

解 二次型 f 的矩阵 $\boldsymbol{A}=\begin{pmatrix} -2 & 1 & 1 \\ 1 & -6 & 0 \\ 1 & 0 & -4 \end{pmatrix}$. $\boldsymbol{A}$ 的各阶顺序主子式为

$$-2<0,\ \begin{vmatrix} -2 & 1 \\ 1 & -6 \end{vmatrix}=11>0,\ \begin{vmatrix} -2 & 1 & 1 \\ 1 & -6 & 0 \\ 1 & 0 & -4 \end{vmatrix}=-38<0.$$

根据定理 4.23, $\boldsymbol{A}$ 为负定矩阵, f 为负定二次型.

4.6 应用实例与计算软件实践

4.6.1 信息传输问题

例 4.26 在信道上传输由 a, b, c 三个字母组成的长度为 n 的字符串, 信道内不能传输有两个 a 连续出现的字符串, 试确定该信道容许传输的长度为 n 的字符串的个数.

解 设信道可以传输的长度为 n 的字符串的个数为 $f(n)$. 如表 4.1 所示, 易计算得 $f(1)=3$, $f(2)=8$.

表 4.1 信道容许传输的长度为 1 和 2 的字符串列表

字符串长度	信道容许传输的字符串
1	a, b, c
2	ba, bb, bc, ca, cb, cc, ab, ac

当传输的字符串长度 $n>2$ 时, 可以分为以下四种情况: (1) 最左侧字符为 b; (2) 最左侧字符为 c; (3) 最左侧字符为 ab; (4) 最左侧字符为 ac. 前两种情况下长度为 n 的字符串的个数都为 $f(n-1)$, 后两种情况下长度为 n 的字符串的个数都为 $f(n-2)$. 因此, 当 $n>2$ 时,

$$f(n)=2f(n-1)+2f(n-2).$$

设 $\boldsymbol{x}_n=\begin{pmatrix}f(n)\\f(n-1)\end{pmatrix}$, $\boldsymbol{A}=\begin{pmatrix}2&2\\1&0\end{pmatrix}$, 则 $\boldsymbol{x}_n=\boldsymbol{A}\boldsymbol{x}_{n-1}$. 进而,

$$\boldsymbol{x}_n=\boldsymbol{A}\boldsymbol{x}_{n-1}=\boldsymbol{A}^2\boldsymbol{x}_{n-2}=\cdots=\boldsymbol{A}^{n-2}\boldsymbol{x}_2, \tag{4.6.1}$$

其中 $\boldsymbol{x}_2=(f(2),f(1))^{\mathrm{T}}=(8,3)^{\mathrm{T}}$.

$\boldsymbol{A}$ 的特征多项式为

$$|\boldsymbol{A}-\lambda\boldsymbol{E}|=\begin{vmatrix}2-\lambda&2\\1&-\lambda\end{vmatrix}=\lambda^2-2\lambda-2,$$

所以 $\boldsymbol{A}$ 的特征值为 $\lambda_1=1-\sqrt{3}$, $\lambda_2=1+\sqrt{3}$, 故 $\boldsymbol{A}$ 可对角化. 解方程组 $(\boldsymbol{A}-\lambda\boldsymbol{E})\boldsymbol{x}=\boldsymbol{0}$, 可得对应于特征值 $\lambda_1=1-\sqrt{3}$, $\lambda_2=1+\sqrt{3}$ 的特征向量分别为

$$\boldsymbol{p}_1=\begin{pmatrix}1-\sqrt{3}\\1\end{pmatrix},\ \boldsymbol{p}_2=\begin{pmatrix}1+\sqrt{3}\\1\end{pmatrix}.$$

令 $\boldsymbol{P}=(\boldsymbol{p}_1,\boldsymbol{p}_2)$, 则 $\boldsymbol{P}^{-1}\boldsymbol{A}\boldsymbol{P}=\boldsymbol{\Lambda}=\begin{pmatrix}\lambda_1&0\\0&\lambda_2\end{pmatrix}$. 从而, $\boldsymbol{A}^{n-2}=\boldsymbol{P}\boldsymbol{\Lambda}^{n-2}\boldsymbol{P}^{-1}$. 由式 (4.6.1) 可得

$$\begin{aligned}\boldsymbol{x}_n&=\boldsymbol{P}\boldsymbol{\Lambda}^{n-2}\boldsymbol{P}^{-1}\boldsymbol{x}_2\\&=\frac{1}{2\sqrt{3}}\begin{pmatrix}(1-\sqrt{3})^{n-1}(3\sqrt{3}-5)+(1+\sqrt{3})^{n-1}(3\sqrt{3}+5)\\(1-\sqrt{3})^{n-2}(3\sqrt{3}-5)+(1+\sqrt{3})^{n-2}(3\sqrt{3}+5)\end{pmatrix}.\end{aligned}$$

因此, 信道容许传输的长度为 n 的字符串的个数为

$$f(n)=\frac{1}{2\sqrt{3}}\left((1-\sqrt{3})^{n-1}(3\sqrt{3}-5)+(1+\sqrt{3})^{n-1}(3\sqrt{3}+5)\right).$$

4.6.2 人口迁移问题

例 4.27 设某地区每年约有 10% 的城市人口迁移到农村, 有 30% 的农村人口迁移到城市. 已知目前该地区城市人口为 500 万, 农村人口为 780 万, 且两地总人口保持不变, 预测经过很多年以后, 两地人口分布情况.

解 设第 n 年城市人口 (单位: 万) 为 x_n, 农村人口 (单位: 万) 为 y_n, 则

$$\begin{cases}x_n=0.9x_{n-1}+0.3y_{n-1},\\y_n=0.1x_{n-1}+0.7y_{n-1}.\end{cases}$$

令

$$\boldsymbol{A}=\begin{pmatrix}0.9 & 0.3\\0.1 & 0.7\end{pmatrix},\ \boldsymbol{u}_n=\begin{pmatrix}x_n\\y_n\end{pmatrix},$$

则 $\boldsymbol{u}_n=\boldsymbol{A}\boldsymbol{u}_{n-1}\ (n\geqslant 1)$. 进而,

$$\boldsymbol{u}_n=\boldsymbol{A}\boldsymbol{u}_{n-1}=\boldsymbol{A}^2\boldsymbol{u}_{n-2}=\cdots=\boldsymbol{A}^n\boldsymbol{u}_0,$$

其中 $\boldsymbol{u}_0=(500,780)^{\mathrm{T}}$.

计算方阵 $\boldsymbol{A}$ 的特征值, 其特征多项式为

$$|\boldsymbol{A}-\lambda\boldsymbol{E}|=\begin{vmatrix}0.9-\lambda & 0.3\\0.1 & 0.7-\lambda\end{vmatrix}=\lambda^2-1.6\lambda+0.6=(\lambda-1)(\lambda-0.6),$$

所以 $\boldsymbol{A}$ 的特征值为 $\lambda_1=1$, $\lambda_2=0.6$. 解方程组 $(\boldsymbol{A}-\boldsymbol{E})\boldsymbol{x}=\boldsymbol{0}$ 得 $\boldsymbol{A}$ 的对应于特征值 $\lambda_1=1$ 的特征向量 $\boldsymbol{p}_1=(3,1)^{\mathrm{T}}$. 解方程组 $(\boldsymbol{A}-0.6\boldsymbol{E})\boldsymbol{x}=\boldsymbol{0}$ 得 $\boldsymbol{A}$ 的对应于特征值 $\lambda_2=0.6$ 的特征向量 $\boldsymbol{p}_2=(-1,1)^{\mathrm{T}}$. $\boldsymbol{p}_1,\boldsymbol{p}_2$ 线性无关, 构成 $\mathbf{R}^2$ 的一组基, 向量 $\boldsymbol{u}_0$ 可表示为 $\boldsymbol{u}_0=320\boldsymbol{p}_1+460\boldsymbol{p}_2$. 于是,

$$\boldsymbol{u}_n=\boldsymbol{A}^n(320\boldsymbol{p}_1+460\boldsymbol{p}_2)=320\boldsymbol{p}_1+460\times(0.6)^n\,\boldsymbol{p}_2,$$

即

$$\boldsymbol{u}_n=320\begin{pmatrix}3\\1\end{pmatrix}+460\times(0.6)^n\begin{pmatrix}-1\\1\end{pmatrix}.$$

当 n 足够大时,

$$\boldsymbol{u}_n\approx 320\begin{pmatrix}3\\1\end{pmatrix}.$$

上述结果表明, 经过很多年以后两地人口分布趋于稳定, 且城市人口约为 960 万, 农村人口约为 320 万.

4.6.3 二次曲线类型的判断

平面上的二次曲线可由二次方程

$$a_{11}x_1^2+2a_{12}x_1x_2+a_{22}x_2^2+2a_{13}x_1+2a_{23}x_2+a_{33}=0$$

表示, 其中系数 a_{ij} 都是实数, 且 a_{11},a_{12},a_{22} 不全为零. 常见的二次曲线包括椭圆、双曲线、抛物线. 若二次曲线方程不是常见的二次曲线的标准方程, 如何判断二次曲线的类型? 下面举例说明如何利用二次型化标准形来判断二次曲线的类型.

例 4.28 判断二次曲线 $4xy+3y^2-36=0$ 的类型.

解 设 $f(x,y)=4xy+3y^2$, 显然 f 为二次型. 下面利用正交变换将此二次型化为标准形.

令 $\boldsymbol{A}=\begin{pmatrix}0 & 2\\ 2 & 3\end{pmatrix}$, $\boldsymbol{u}=\begin{pmatrix}x\\ y\end{pmatrix}$, 则 $f=\boldsymbol{u}^{\mathrm{T}}\boldsymbol{A}\boldsymbol{u}$, 矩阵 $\boldsymbol{A}$ 为二次型 f 的矩阵. $\boldsymbol{A}$ 的特征多项式为

$$|\boldsymbol{A}-\lambda\boldsymbol{E}|=\begin{vmatrix}-\lambda & 2\\ 2 & 3-\lambda\end{vmatrix}=\lambda^2-3\lambda-4=(\lambda+1)(\lambda-4),$$

所以 $\boldsymbol{A}$ 的特征值为 $\lambda_1=-1$, $\lambda_2=4$.

解方程组 $(\boldsymbol{A}+\boldsymbol{E})\boldsymbol{x}=\boldsymbol{0}$ 得 $\boldsymbol{A}$ 的对应于特征值 $\lambda_1=-1$ 的单位特征向量$\boldsymbol{q}_1=\dfrac{1}{\sqrt{5}}(-2,1)^{\mathrm{T}}$. 解方程组 $(\boldsymbol{A}-4\boldsymbol{E})\boldsymbol{x}=\boldsymbol{0}$ 得 $\boldsymbol{A}$ 的对应于特征值 $\lambda_2=4$ 的单位特征向量 $\boldsymbol{q}_2=\dfrac{1}{\sqrt{5}}(1,2)^{\mathrm{T}}$.

令 $\boldsymbol{Q}=(\boldsymbol{q}_1,\boldsymbol{q}_2)$, 经正交变换 $\boldsymbol{u}=\boldsymbol{Q}\boldsymbol{v}$, 其中 $\boldsymbol{v}=(x',y')^{\mathrm{T}}$, 二次型 f 化为标准形

$$f=-(x')^2+4(y')^2.$$

由于正交变换不改变图形的几何形状, 所以曲线 $4xy+3y^2-36=0$ 与曲线$-(x')^2+4(y')^2-36=0$ 即 $-\dfrac{(x')^2}{36}+\dfrac{(y')^2}{9}=1$形状相同. 因此, 曲线方程 $4xy+3y^2-36=0$ 表示平面上的双曲线.

4.6.4 特征值与特征向量的 MATLAB 实践

本节通过具体实例介绍如何利用 MATLAB 求矩阵的特征值与特征向量, 涉及命令见表 4.2.

表 4.2 矩阵的特征值与特征向量相关的命令

命令	功能说明
d=eig(A)	求方阵 $\boldsymbol{A}$ 的全部特征值构成的向量 $\boldsymbol{d}$
[V, D]=eig(A)	求方阵 $\boldsymbol{A}$ 的全部特征值构成的对角矩阵 $\boldsymbol{D}$, $\boldsymbol{A}$ 的对应于 $\boldsymbol{D}$ 中特征值的特征向量作为列向量构成的矩阵 $\boldsymbol{V}$
orth(A)	将方阵 $\boldsymbol{A}$ 的列向量组规范正交化

例 4.29 设 $\boldsymbol{A}=\begin{pmatrix}4 & -1 & -2\\ 2 & 1 & -2\\ 2 & -1 & 0\end{pmatrix}$, 求 $\boldsymbol{A}$, $\boldsymbol{A}^3$, $\boldsymbol{A}^{-1}$ 的特征值.

解 在 MATLAB 命令窗口输入的命令及运行结果如下:

```
>> A=[4,-1,-2;2,1,-2;2,-1,0];
>> d=eig(A) %求方阵A的特征值
d =
         2.0000
```

```
        1.0000
        2.0000
>> eig(A^3)
ans =
        8.0000
        1.0000
        8.0000
>> eig(A^(-1))
ans =
        1.0000
        0.5000
        0.5000
```

由 MATLAB 运行结果可知, 方阵 $\boldsymbol{A}$ 的特征值为 $1,2,2$; $\boldsymbol{A}^3$ 的特征值为 $1,8,8$; $\boldsymbol{A}^{-1}$ 的特征值为 $1,0.5,0.5$.

例 4.30 求方阵 $\boldsymbol{A}=\begin{pmatrix}1&2&1\\-1&2&1\\0&4&2\end{pmatrix}$ 的特征值与特征向量.

解 在 MATLAB 命令窗口输入的命令及运行结果如下:

```
>> A=[1,2,1;-1,2,1;0,4,2];
>> [V,D]=eig(A) %求方阵A的特征值与特征向量
V =
    -0.0000     0.7071     0.5883
    -0.4472     0.0000     0.1961
     0.8944     0.7071     0.7845
D =
          0          0          0
          0     2.0000          0
          0          0     3.0000
```

MATLAB 运行结果中对角矩阵 $\boldsymbol{D}$ 的对角线元素为 $\boldsymbol{A}$ 的特征值 $0,2,3$. 矩阵 $\boldsymbol{V}$ 的各列向量

$$\boldsymbol{e}_1=\begin{pmatrix}0.000\,0\\-0.447\,2\\0.894\,4\end{pmatrix},\quad \boldsymbol{e}_2=\begin{pmatrix}0.707\,1\\0.000\,0\\0.707\,1\end{pmatrix},\quad \boldsymbol{e}_3=\begin{pmatrix}0.588\,3\\0.196\,1\\0.784\,5\end{pmatrix}$$

依次为 $\boldsymbol{A}$ 的对应于特征值 $0,2,3$ 的单位特征向量. 上面利用的是数值运算, 求得的特征向量都是数值型结果, 也可利用符号运算来计算精确的特征值与特征向量.

```
>> [V,D]=eig(sym(A))
```

```
%符号化方阵A,再求A的特征值与特征向量
V =
[    0, 1, 3/4]
[ -1/2, 0, 1/4]
[    1, 1,   1]
D =
[ 0, 0, 0]
[ 0, 2, 0]
[ 0, 0, 3]
```

MATLAB 运行结果中矩阵 $\boldsymbol{V}$ 的各列向量

$$\boldsymbol{\xi}_1 = \begin{pmatrix} 0 \\ -\dfrac{1}{2} \\ 1 \end{pmatrix},\ \boldsymbol{\xi}_2 = \begin{pmatrix} 1 \\ 0 \\ 1 \end{pmatrix},\ \boldsymbol{\xi}_3 = \begin{pmatrix} \dfrac{3}{4} \\ \dfrac{1}{4} \\ 1 \end{pmatrix}$$

依次为 $\boldsymbol{A}$ 的对应于特征值 $0,2,3$ 的特征向量. 值得注意的是, 与数值运算结果不同, 方阵 $\boldsymbol{A}$ 符号化后利用 eig() 命令求得的特征向量不是单位向量.

例 4.31 设方阵 $\boldsymbol{A} = \begin{pmatrix} 2 & -1 & 2 \\ 5 & -3 & 3 \\ -1 & 0 & -2 \end{pmatrix}$, 判断 $\boldsymbol{A}$ 是否可对角化.

解 在 MATLAB 命令窗口输入的命令及运行结果如下:

```
>> A=[2,-1,2;5,-3,3;-1,0,-2];
>> [V,D]=eig(sym(A))
%符号化方阵A,再求A的特征值与特征向量
V =
 -1
 -1
  1
D =
[ -1,  0,  0]
[  0, -1,  0]
[  0,  0, -1]
```

MATLAB 运行结果显示方阵 $\boldsymbol{A}$ 有 3 重特征值 -1, $\boldsymbol{V}$ 中仅有一列向量 $\boldsymbol{\xi} = (-1,-1,1)^{\mathrm{T}}$ 为 $\boldsymbol{A}$ 的对应于特征值 -1 的线性无关的特征向量, 所以 $\boldsymbol{A}$ 不可对角化.

例 4.32 求一个正交变换 $\boldsymbol{x} = \boldsymbol{Q}\boldsymbol{y}$, 将二次型

$$f(x_1,x_2,x_3) = 6x_1^2 + 5x_2^2 + 7x_3^2 - 4x_1x_2 + 4x_1x_3$$

化为标准形, 并判断二次型的正定性.

解　二次型 f 的矩阵 $\boldsymbol{A}=\begin{pmatrix}6&-2&2\\-2&5&0\\2&0&7\end{pmatrix}$.

在 MATLAB 命令窗口输入的命令及运行结果如下:

```
>> A=[6,-2,2;-2,5,0;2,0,7];
>> [V,D]=eig(sym(A))
%符号化方阵A,再求A的特征值与特征向量
V =
[ -1/2, -2,    1]
[    1, -2, -1/2]
[    1,  1,    1]
D =
[ 6, 0, 0]
[ 0, 3, 0]
[ 0, 0, 9]
>> Q=orth(V) %将矩阵V的列向量组规范正交化
Q =
[ -1/3, -2/3,  2/3]
[  2/3, -2/3, -1/3]
[  2/3,  1/3,  2/3]
```

由 MATLAB 运行结果可知, 令 $\boldsymbol{Q}=\begin{pmatrix}-\frac{1}{3}&-\frac{2}{3}&\frac{2}{3}\\\frac{2}{3}&-\frac{2}{3}&-\frac{1}{3}\\\frac{2}{3}&\frac{1}{3}&\frac{2}{3}\end{pmatrix}$, 经正交变换 $\boldsymbol{x}=\boldsymbol{Q}\boldsymbol{y}$, 二次型 f 化为标准形

$$f=6y_1^2+3y_2^2+9y_3^2.$$

二次型 f 的标准形的系数都是正数, 所以二次型 f 是正定二次型.

数学史与数学家精神——高次代数方程的解

习题四

基础题

1. 求下列方阵的特征值与特征向量:

(1) $\begin{pmatrix}1&2&3\\2&1&3\\3&3&6\end{pmatrix}$; (2) $\begin{pmatrix}0&-2&-2\\2&2&-2\\-2&-2&2\end{pmatrix}$; (3) $\begin{pmatrix}1&1&1&1\\1&1&-1&-1\\1&-1&1&-1\\1&-1&-1&1\end{pmatrix}$.

2. 设 $\lambda=1$ 是方阵 $\boldsymbol{A}=\begin{pmatrix}1&2&1\\1&4&a\\1&a&1\end{pmatrix}$ 的特征值, 求参数 a.

3. 设 $\boldsymbol{A}$ 为幂等矩阵, 即 $\boldsymbol{A}^2=\boldsymbol{A}$, 证明 $\boldsymbol{A}$ 的特征值只能是 0 或 1.

4. 已知三阶方阵 $\boldsymbol{A}$ 满足 $|\boldsymbol{A}|=0$, 且 $\boldsymbol{A}+\boldsymbol{E}$ 与 $\boldsymbol{A}-2\boldsymbol{E}$ 均不可逆, 求 $\boldsymbol{A}$ 的全部特征值.

5. 设 n 阶方阵 $\boldsymbol{A}$ 满足 $\boldsymbol{A}^{\mathrm{T}}=\boldsymbol{A}^{-1}$, $|\boldsymbol{A}|<0$, 证明 $\lambda=-1$ 是 $\boldsymbol{A}$ 的特征值.

6. 已知三阶方阵 $\boldsymbol{A}$ 的特征值为 $-3,\ 1,\ 2$, 求:

(1) $\boldsymbol{A}^{-1}$ 的特征值; (2) $|\boldsymbol{A}^2+2\boldsymbol{A}-\boldsymbol{E}|$; (3) $|\boldsymbol{A}^*-3\boldsymbol{A}|$.

7. 设 λ_1 和 λ_2 是方阵 $\boldsymbol{A}$ 的两个不同特征值, 对应的特征向量分别为 $\boldsymbol{p}_1$ 和 $\boldsymbol{p}_2$, 证明:

(1) 不存在向量 $\boldsymbol{p}$, 使 $\boldsymbol{p}$ 既是对应于 λ_1 的特征向量, 又是对应于 λ_2 的特征向量;

(2) $\boldsymbol{p}_1+\boldsymbol{p}_2$ 不是 $\boldsymbol{A}$ 的特征向量.

8. 判断下列方阵是否可对角化? 若能, 求可逆矩阵 $\boldsymbol{P}$, 使 $\boldsymbol{P}^{-1}\boldsymbol{A}\boldsymbol{P}=\boldsymbol{\Lambda}$ 为对角矩阵:

(1) $\begin{pmatrix}2&3&2\\1&4&2\\1&-3&1\end{pmatrix}$; (2) $\begin{pmatrix}4&0&6\\-3&1&-6\\-3&0&-5\end{pmatrix}$.

9. 已知方阵 $\boldsymbol{A}=\begin{pmatrix}1&2&0\\2&1&0\\-2&a&3\end{pmatrix}$, 求当 a 为何值时, $\boldsymbol{A}$ 可对角化?

10. 设 $\boldsymbol{A}=\begin{pmatrix}0&1&-1\\-2&0&2\\-1&1&0\end{pmatrix}$, 求 $\boldsymbol{A}^{100}$.

11. 设方阵 $\boldsymbol{A}$ 与 $\boldsymbol{B}$ 相似, 其中 $\boldsymbol{A}=\begin{pmatrix}1&-1&1\\2&4&-2\\-3&-3&x\end{pmatrix}$, $\boldsymbol{B}=\begin{pmatrix}2&0&0\\0&2&0\\0&0&y\end{pmatrix}$,

(1) 求 x,y 的值; (2) 求可逆矩阵 $\boldsymbol{P}$, 使 $\boldsymbol{P}^{-1}\boldsymbol{A}\boldsymbol{P}=\boldsymbol{B}$.

12. 设三阶方阵 $\boldsymbol{A}$ 的特征值为 $\lambda_1=1$, $\lambda_2=-1$, $\lambda_3=3$, 对应的特征向量依次为

$$\boldsymbol{p}_1=\begin{pmatrix}0\\2\\-1\end{pmatrix},\boldsymbol{p}_2=\begin{pmatrix}1\\0\\-1\end{pmatrix},\boldsymbol{p}_3=\begin{pmatrix}0\\1\\1\end{pmatrix},$$

求方阵 $\boldsymbol{A}$.

13. 若向量 $\boldsymbol{\alpha}=(1,-2,a,1)^{\mathrm{T}}$ 与向量 $\boldsymbol{\beta}=(1,2,1,0)^{\mathrm{T}}$ 正交, 则

(1) 求实数 a; (2) 将向量 $\boldsymbol{\alpha}$ 单位化; (3) 求 $\|\boldsymbol{\alpha}+\boldsymbol{\beta}\|$.

14. 试用施密特正交化方法将下列向量组正交化:

(1) $\boldsymbol{\alpha}_1=(1,0,1)^{\mathrm{T}},\boldsymbol{\alpha}_2=(1,1,0)^{\mathrm{T}},\boldsymbol{\alpha}_3=(0,1,1)^{\mathrm{T}}$;

(2) $\boldsymbol{\alpha}_1=(1,1,1,1)^{\mathrm{T}},\boldsymbol{\alpha}_2=(3,3,-1,-1)^{\mathrm{T}},\boldsymbol{\alpha}_3=(-2,0,6,8)^{\mathrm{T}}$.

15. 判断下列方阵是否为正交矩阵:

(1) $\boldsymbol{A}=\begin{pmatrix}\frac{1}{2}&\frac{1}{2}&0\\\frac{1}{2}&-\frac{1}{2}&0\\0&0&1\end{pmatrix}$;　　(2) $\boldsymbol{B}=\frac{1}{9}\begin{pmatrix}1&-8&-4\\-8&1&-4\\-4&-4&7\end{pmatrix}$.

16. 设 n 阶方阵 $\boldsymbol{A}$ 满足 $\boldsymbol{A}=\boldsymbol{E}-2\boldsymbol{\eta}\boldsymbol{\eta}^{\mathrm{T}}$, 其中 $\boldsymbol{E}$ 为 n 阶单位矩阵, $\boldsymbol{\eta}$ 为 n 维单位列向量, 证明 $\boldsymbol{A}$ 是对称的正交矩阵.

17. 设 $\boldsymbol{\alpha}_1$, $\boldsymbol{\alpha}_2$, $\boldsymbol{\alpha}_3$ 是两两正交的单位向量组, 证明

$$\boldsymbol{\beta}_1=\frac{1}{3}(2\boldsymbol{\alpha}_1+2\boldsymbol{\alpha}_2-\boldsymbol{\alpha}_3),\ \boldsymbol{\beta}_2=\frac{1}{3}(2\boldsymbol{\alpha}_1-\boldsymbol{\alpha}_2+2\boldsymbol{\alpha}_3),\ \boldsymbol{\beta}_3=\frac{1}{3}(\boldsymbol{\alpha}_1-2\boldsymbol{\alpha}_2-2\boldsymbol{\alpha}_3)$$

是两两正交的单位向量组.

18. 求一个正交相似变换矩阵 $\boldsymbol{Q}$, 将下列对称矩阵化为对角矩阵:

(1) $\begin{pmatrix}-1&2&0\\2&0&2\\0&2&1\end{pmatrix}$;　　(2) $\begin{pmatrix}1&-2&-4\\-2&4&-2\\-4&-2&1\end{pmatrix}$.

19. 设 $\boldsymbol{A}=\begin{pmatrix}1&0&-1\\0&2&0\\-1&0&1\end{pmatrix}$, 求 $\phi(\boldsymbol{A})=\boldsymbol{A}^5-3\boldsymbol{A}^4-\boldsymbol{A}^2$.

20. 设三阶对称矩阵 $\boldsymbol{A}$ 的特征值分别是 $\lambda_1=1$, $\lambda_2=0$, $\lambda_3=-1$, $\boldsymbol{\xi}_1=(1,a,1)^{\mathrm{T}}$ 和 $\boldsymbol{\xi}_2=(a,a+1,1)^{\mathrm{T}}$ 分别为对应于特征值 λ_1 和 λ_2 的特征向量, 求矩阵 $\boldsymbol{A}$.

21. 设三阶对称矩阵 $\boldsymbol{A}$ 的特征值分别是 $\lambda_1=1$, $\lambda_2=\lambda_3=-2$, $\boldsymbol{\xi}_1=(1,0,-1)^{\mathrm{T}}$ 为对应于特征值 λ_1 的特征向量, 求矩阵 $\boldsymbol{A}$.

22. 写出下列二次型的矩阵:

(1) $f(x_1,x_2,x_3)=x_1^2+3x_3^2-2x_1x_2-4x_2x_3$;

(2) $f(x_1,x_2,x_3)=2x_1x_2+6x_1x_3-2x_2x_3$;

(3) $f(\boldsymbol{x})=\boldsymbol{x}^{\mathrm{T}}\begin{pmatrix}1&0\\-4&3\end{pmatrix}\boldsymbol{x}$;

(4) $f(\boldsymbol{x})=\boldsymbol{x}^{\mathrm{T}}\begin{pmatrix}1&-2&5\\-4&3&3\\1&5&-2\end{pmatrix}\boldsymbol{x}$.

23. 求一个正交变换将下列二次型化为标准形:

(1) $f(x_1,x_2,x_3)=x_1^2+x_2^2+x_3^2-4x_1x_2+4x_1x_3-4x_2x_3$;

(2) $f(x_1,x_2,x_3)=x_1^2+2x_2^2+3x_3^2-4x_1x_2-4x_2x_3$.

24. 若二次型

$$f(x_1,x_2,x_3)=x_1^2+ax_2^2+x_3^2+2x_1x_2+2ax_1x_3+2x_2x_3$$

的秩为 2,

(1) 求 a 的值; (2) 将二次型经可逆线性变换化为规范形.

25. 判断下列二次型的正定性:

(1) $f(x_1,x_2,x_3)=2x_1^2+4x_2^2+5x_3^2-4x_1x_3$;

(2) $f(x_1,x_2,x_3)=-x_1^2-3x_2^2-2x_3^2+2x_1x_2+2x_1x_3$.

26. 当 t 取何值时, 二次型

$$f(x_1,x_2,x_3)=x_1^2+2x_2^2+3x_3^2+2tx_1x_2-2x_1x_3+4x_2x_3$$

为正定二次型?

提高题

1. 设三阶方阵 $\boldsymbol{A}=(\boldsymbol{\alpha}_1,\boldsymbol{\alpha}_2,\boldsymbol{\alpha}_3)$ 有 3 个不同的特征值, 且 $\boldsymbol{\alpha}_3=\boldsymbol{\alpha}_1+2\boldsymbol{\alpha}_2$.

(1) 证明: $R(\boldsymbol{A})=2$;

(2) 若 $\boldsymbol{\beta}=\boldsymbol{\alpha}_1+\boldsymbol{\alpha}_2+\boldsymbol{\alpha}_3$, 求方程组 $\boldsymbol{Ax}=\boldsymbol{\beta}$ 的通解.

2. 设方阵 $\boldsymbol{A}=\begin{pmatrix}0&2&-3\\-1&3&-3\\1&-2&a\end{pmatrix}$ 相似于方阵 $\boldsymbol{B}=\begin{pmatrix}1&-2&0\\0&b&0\\0&3&1\end{pmatrix}$. 求:

(1) a,b 的值;

(2) 可逆矩阵 $\boldsymbol{P}$, 使 $\boldsymbol{P}^{-1}\boldsymbol{AP}$ 为对角矩阵.

3. 已知方阵 $\boldsymbol{A}=\begin{pmatrix}-2&-2&1\\2&x&-2\\0&0&-2\end{pmatrix}$ 与 $\boldsymbol{B}=\begin{pmatrix}2&1&0\\0&-1&0\\0&0&y\end{pmatrix}$ 相似. 求:

(1) x,y;

(2) 可逆矩阵 $\boldsymbol{P}$, 使 $\boldsymbol{P}^{-1}\boldsymbol{AP}=\boldsymbol{B}$.

4. 证明 n 阶方阵 $\boldsymbol{A}=\begin{pmatrix}1&1&\cdots&1\\1&1&\cdots&1\\\vdots&\vdots&&\vdots\\1&1&\cdots&1\end{pmatrix}$ 与 $\boldsymbol{B}=\begin{pmatrix}0&\cdots&0&1\\0&\cdots&0&2\\\vdots&&\vdots&\vdots\\0&\cdots&0&n\end{pmatrix}$ 相似.

5. $\boldsymbol{A}$ 为三阶实对称矩阵, $\boldsymbol{A}$ 的秩为 2, 且 $\boldsymbol{A}\begin{pmatrix}1&1\\0&0\\-1&1\end{pmatrix}=\begin{pmatrix}-1&1\\0&0\\1&1\end{pmatrix}$. 求:

(1) $\boldsymbol{A}$ 的特征值与特征向量; (2) 矩阵 $\boldsymbol{A}$.

6. 已知 $\boldsymbol{A}=\begin{pmatrix}1&0&1\\0&1&1\\-1&0&a\\0&a&-1\end{pmatrix}$, 二次型 $f(x_1,x_2,x_3)=\boldsymbol{x}^{\mathrm{T}}(\boldsymbol{A}^{\mathrm{T}}\boldsymbol{A})\boldsymbol{x}$ 的秩为 2. 求:

(1) 实数 a 的值;

(2) 一个正交变换 $\boldsymbol{x}=\boldsymbol{Q}\boldsymbol{y}$ 将 f 化为标准形.

7. 设二次型 $f(x_1,x_2,x_3)=2x_1^2-x_2^2+ax_3^2+2x_1x_2-8x_1x_3+2x_2x_3$, 在正交变换 $\boldsymbol{x}=\boldsymbol{Q}\boldsymbol{y}$ 下的标准形为 $\lambda_1y_1^2+\lambda_2y_2^2$, 求 a 的值及一个正交变换将二次型化为标准形.

8. 已知二次型$f(x_1,x_2,x_3)=\boldsymbol{x}^{\mathrm{T}}\boldsymbol{A}\boldsymbol{x}$ 在正交变换 $\boldsymbol{x}=\boldsymbol{Q}\boldsymbol{y}$ 下的标准形为 $y_1^2+y_2^2$, 且 $\boldsymbol{Q}$ 的第三列为 $\left(\dfrac{\sqrt{2}}{2},0,\dfrac{\sqrt{2}}{2}\right)^{\mathrm{T}}$.

(1) 求矩阵 $\boldsymbol{A}$;

(2) 证明 $\boldsymbol{A}+\boldsymbol{E}$ 为正定矩阵, 其中 $\boldsymbol{E}$ 为三阶单位矩阵.

自测题四

第五章 线性空间与线性变换

在第三章中, 我们把有序数组叫作向量, 并介绍了向量空间的概念. 在本章, 我们要把向量和向量空间加以抽象和推广, 引出一种新的代数结构——线性空间.

线性空间和线性变换是线性代数的核心内容, 其理论和方法已经渗透到自然科学、工程技术和经济管理等各个领域. 本章将介绍一般的线性空间的概念、简单性质、线性子空间的概念、线性空间的基、维数与坐标、基变换与坐标变换, 同时介绍线性变换的基本概念、基本性质及线性变换的矩阵表示.

5.0 引例: 斐波那契数列

意大利数学家斐波那契 (Fibonacci) 在 1202 年提出在一年内由一对兔子生出多少对兔子的问题, 问题如下:

在一年之初把性别相反的一对新生兔子放进围栏. 从第二个月开始, 母兔每月生出一对性别相反的小兔. 每对新生兔也从它们第二个月大开始每月生出一对新兔. 求一年后围栏内兔子的对数.

开始一对兔子在第一个月期间成熟, 在第二个月的开始围栏内还是只有一对兔子. 在第二个月期间, 原先的一对兔子生下一对小兔, 于是, 在第三个月的开始有两对兔子. 一般地, 令 f_n 表示在第 n 月开始时围栏内的兔子对数. 已经算出 $f_1=1,\ f_2=1,\ f_3=2$, 现在要求 f_{13}.

在第 n 月的开始, 围栏中的兔子可分成两部分: 在第 $n-1$ 月开始已有的兔子 (兔子对数为 f_{n-1}) 和第 $n-1$ 个月期间出生的那些兔子. 由于一个月的成熟期, 在第 $n-1$ 个月期间出生的小兔的对数为在第 $n-2$ 个月开始时存在的兔子对数 f_{n-2}. 于是得递推关系

$$f_n=f_{n-1}+f_{n-2} \qquad (n\geqslant 3).$$

利用上述递推关系及 $f_1=1,\ f_2=1$ 不难求出 f_{13}. 定义 $f_0=0$, 于是 $f_2=1=f_1+f_0$. 满足如下递推关系和初值条件:

$$\begin{cases} f_n=f_{n-1}+f_{n-2} \qquad (n\geqslant 2),\\ f_0=0,\ f_1=1 \end{cases}$$

的数列 $f_0,\ f_1,\ f_2,\cdots$ 称为斐波那契数列. 那么如何求该数列的通项呢?

令

$$W=\{\{a_n\}|a_n=a_{n-1}+a_{n-2}, n\geqslant 2, a_n, a_{n-1}, a_{n-2}\in \mathbf{R}\},$$

则 W 是 $\mathbf{R}$ 上的线性空间, 显然斐波那契数列是 W 中的一个数列. 那么如何确定 W 的维数、基以及 W 中的一个元素在所给基下的坐标? 特别地, 如何将斐波那契数列表示为 W 中一组基的线性组合? 这些正是本章所要讨论的内容.

5.1 线性空间的概念及性质

5.1.1 线性空间的定义

线性空间的性质与数的运算有着密切的关系, 为此首先引入数域的概念.

定义 5.1 设 P 是由一些复数组成的集合, 其中 $0,1 \in P$. 如果 P 中任意两个数的和、差、积、商 (除数不为零) 仍然是 P 中的数, 那么就称 P 为一个数域. 此时也称 P 对和、差、积、商 (除数不为零) 的运算是封闭的.

显然, 有理数集合 $\mathbf{Q}$, 实数集合 $\mathbf{R}$, 复数集合 $\mathbf{C}$ 都是数域.

注意: 所有的数域都包含有理数域 $\mathbf{Q}$.

定义 5.2 设 V 是一个非空集合, P 是数域. 在集合 V 中定义了加法运算, 即对任意两个元素 $\boldsymbol{\alpha}$, $\boldsymbol{\beta} \in V$, 有唯一的一个元素 $\boldsymbol{\gamma} \in V$ 与之对应, 称 $\boldsymbol{\gamma}$ 为 $\boldsymbol{\alpha}$ 与 $\boldsymbol{\beta}$ 的和, 记作 $\boldsymbol{\gamma} = \boldsymbol{\alpha}+\boldsymbol{\beta}$. 并且对任意 $\boldsymbol{\alpha}$, $\boldsymbol{\beta}$, $\boldsymbol{\delta} \in V$, 都有

(1) 加法交换律: $\boldsymbol{\alpha}+\boldsymbol{\beta} = \boldsymbol{\beta}+\boldsymbol{\alpha}$;

(2) 加法结合律: $(\boldsymbol{\alpha}+\boldsymbol{\beta})+\boldsymbol{\delta} = \boldsymbol{\alpha}+(\boldsymbol{\beta}+\boldsymbol{\delta})$;

(3) V 中存在零元 $\mathbf{0}$, 使得对任意的 $\boldsymbol{\alpha} \in V$, 都有 $\boldsymbol{\alpha}+\mathbf{0} = \boldsymbol{\alpha}$;

(4) V 中每个元素都有负元, 即对任意的 $\boldsymbol{\alpha} \in V$, 都存在 $\boldsymbol{\beta} \in V$, 使得 $\boldsymbol{\alpha}+\boldsymbol{\beta} = \mathbf{0}$, $\boldsymbol{\beta}$ 称为 $\boldsymbol{\alpha}$ 的负元, 记为 $-\boldsymbol{\alpha}$.

在数域 P 与集合 V 之间又定义了一个数与元素之间的数量乘法运算, 即对任意 $\lambda \in P$ 和 $\boldsymbol{\alpha} \in V$, 有唯一的一个元素 $\boldsymbol{\delta} \in V$ 与之对应, 称为 λ 与 $\boldsymbol{\alpha}$ 的数量乘积, 简称数乘, 记作 $\boldsymbol{\delta} = \lambda\boldsymbol{\alpha}$. 并且对任意 λ, $\mu \in P$, $\boldsymbol{\alpha}$, $\boldsymbol{\beta} \in V$, 都有

(5) $1\boldsymbol{\alpha} = \boldsymbol{\alpha}$;

(6) $\lambda(\mu\boldsymbol{\alpha}) = (\lambda\mu)\boldsymbol{\alpha}$;

(7) $(\lambda+\mu)\boldsymbol{\alpha} = \lambda\boldsymbol{\alpha}+\mu\boldsymbol{\alpha}$;

(8) $\lambda(\boldsymbol{\alpha}+\boldsymbol{\beta}) = \lambda\boldsymbol{\alpha}+\lambda\boldsymbol{\beta}$,

则称集合 V 为数域 P 上的线性空间, V 中的元素称为向量.

特别地, 当 P 为实数域 $\mathbf{R}$ 时, 称 V 为实线性空间; 当 P 为复数域 $\mathbf{C}$ 时, 称 V 为复线性空间.

例 5.1 第三章中的 n 维向量空间 $\mathbf{R}^n$ 就是实数域 $\mathbf{R}$ 上的线性空间.

例 5.2 数域 P 上零多项式及次数不超过 n 的多项式的全体记作 $P_n[x]$, 即

$$P_n[x]=\{p(x)=a_0+a_1x+\cdots+a_nx^n|a_0,a_1,\cdots,a_n\in P\},$$

在通常的多项式加法和数乘多项式的运算下构成 P 上的线性空间.

数域 P 上的一元多项式的全体在通常的多项式加法和数乘多项式的运算下构成 P 上的线性空间, 记作 $P[x]$.

例 5.3 数域 P 上的全体 $m\times n$ 矩阵记作

$$P^{m\times n}=\{(a_{ij})_{m\times n}|a_{ij}\in P\},$$

在通常的矩阵加法和数乘运算下构成 P 上的线性空间.

例 5.4 平面上全体向量, 对于通常的加法和如下定义的数量乘法:

$$k\circ\boldsymbol{\alpha}=\mathbf{0}$$

不构成实数域 $\mathbf{R}$ 上的线性空间. 因为当取 $\boldsymbol{\alpha}\neq\mathbf{0}$ 时, 不满足 $1\circ\boldsymbol{\alpha}=\boldsymbol{\alpha}$, 因此不构成线性空间.

例 5.5 全体正实数 $\mathbf{R}^+$, 加法和数乘运算定义为

$$a\oplus b=ab,\quad k\circ a=a^k,$$

验证 $\mathbf{R}^+$ 对上述加法和数乘运算构成 $\mathbf{R}$ 上的线性空间.

证明 首先验证运算的封闭性.

$\forall a,b\in\mathbf{R}^+$, 有 $a\oplus b=ab\in\mathbf{R}^+$; $\forall k\in\mathbf{R}$, $a\in\mathbf{R}^+$, 有 $k\circ a=a^k\in\mathbf{R}^+$.

显然对加法交换律、结合律都成立.

因为 $1\in\mathbf{R}^+$, $1\oplus a=1a=a$, 所以 1 是加法的零元; 对于 $a\in\mathbf{R}^+$, 有 $a^{-1}\in\mathbf{R}^+$, 且 $a\oplus a^{-1}=aa^{-1}=1$, 即 a^{-1} 为 a 的负元. 线性空间定义中的前四条满足.

下面验证所定义的运算也满足线性空间定义的后四条.

$1\circ a=a^1=a$;

$k\circ(l\circ a)=k\circ a^l=a^{kl}=(kl)\circ a$;

$(k+l)\circ a=a^{k+l}=a^ka^l=a^k\oplus a^l=(k\circ a)\oplus(l\circ a)$;

$k\circ(a\oplus b)=k\circ(ab)=(ab)^k=a^k\oplus b^k=(k\circ a)\oplus(k\circ b)$.

因此, $\mathbf{R}^+$ 对所定义的运算构成 $\mathbf{R}$ 上的线性空间. □

5.1.2 线性空间的简单性质

本小节讨论线性空间的性质.

设 V 是数域 P 上的线性空间, 则 V 具有如下性质:

1. 零元是唯一的.

证明 假设 $\mathbf{0}_1$, $\mathbf{0}_2$ 是 V 中的两个零元素, 则有 $\mathbf{0}_1=\mathbf{0}_1+\mathbf{0}_2=\mathbf{0}_2$, 即零元是唯一的. □

2. 负元是唯一的.

证明 假设 $\boldsymbol{\alpha}\in V$ 有两个负元 $\boldsymbol{\beta}$ 与 $\boldsymbol{\gamma}$, 即

$$\boldsymbol{\alpha}+\boldsymbol{\beta}=\mathbf{0},\ \boldsymbol{\alpha}+\boldsymbol{\gamma}=\mathbf{0},$$

则

$$\boldsymbol{\beta}=\boldsymbol{\beta}+\mathbf{0}=\boldsymbol{\beta}+(\boldsymbol{\alpha}+\boldsymbol{\gamma})=(\boldsymbol{\beta}+\boldsymbol{\alpha})+\boldsymbol{\gamma}=\mathbf{0}+\boldsymbol{\gamma}=\boldsymbol{\gamma}.$$

3. $0\boldsymbol{\alpha}=\mathbf{0},\ (-1)\boldsymbol{\alpha}=-\boldsymbol{\alpha},\ k\mathbf{0}=\mathbf{0}$.

证明 $\boldsymbol{\alpha}+0\boldsymbol{\alpha}=1\boldsymbol{\alpha}+0\boldsymbol{\alpha}=(1+0)\boldsymbol{\alpha}=1\boldsymbol{\alpha}=\boldsymbol{\alpha}$, 所以 $0\boldsymbol{\alpha}=\mathbf{0}$;

$$\boldsymbol{\alpha}+(-1)\boldsymbol{\alpha}=[1+(-1)]\boldsymbol{\alpha}=0\boldsymbol{\alpha}=\mathbf{0},$$

所以

$$(-1)\boldsymbol{\alpha}=-\boldsymbol{\alpha};$$

$$k\mathbf{0}=k[\boldsymbol{\alpha}+(-1)\boldsymbol{\alpha}]=k\boldsymbol{\alpha}+(-k)\boldsymbol{\alpha}=[k+(-k)]\boldsymbol{\alpha}=0\boldsymbol{\alpha}=\mathbf{0}.$$

4. 如果 $k\boldsymbol{\alpha}=\mathbf{0}$, 那么 $k=0$ 或者 $\boldsymbol{\alpha}=\mathbf{0}$.

证明 假设 $k\neq 0$, 于是一方面,

$$k^{-1}(k\boldsymbol{\alpha})=(k^{-1}k)\boldsymbol{\alpha}=1\boldsymbol{\alpha}=\boldsymbol{\alpha}.$$

而另一方面,

$$k^{-1}(k\boldsymbol{\alpha})=k^{-1}\mathbf{0}=\mathbf{0}.$$

综上两方面得 $\boldsymbol{\alpha}=\mathbf{0}$. □

5.1.3 线性子空间

在第三章中, 给出过 n 维向量空间的子空间的定义, 下面我们给出一般线性空间的子空间的定义.

定义 5.3 设 V 是数域 P 上的线性空间, 如果 V 的非空子集 W 对于 V 的两种运算也构成数域 P 上的线性空间, 则称 W 是 V 的一个线性子空间, 简称子空间.

设 W 是 V 的一个非空子集, V 中的运算对于 W 自然满足线性空间定义中的运算规律 (1), (2) 和 (5)—(8). 从而, 只要 W 对运算封闭且满足运算律 (3), (4) 即可. 我们有如下定理:

定理 5.1 线性空间 V 的非空子集 W 是 V 的子空间的充要条件是 W 对于 V 的加法运算和数乘运算是封闭的, 即

(1) 若 $\boldsymbol{\alpha},\ \boldsymbol{\beta}\in W$, 则 $\boldsymbol{\alpha}+\boldsymbol{\beta}\in W$;

(2) $\forall\lambda\in P,\ \boldsymbol{\alpha}\in W$, 有 $\lambda\boldsymbol{\alpha}\in W$.

证明 必要性显然.

充分性: 只需证明 W 满足线性空间定义中的运算律 (3), (4) 即可. 由 $\mathbf{0}\in V$, 任取 $\boldsymbol{\alpha}\in W$, $0\in P$, 有 $\mathbf{0}=0\boldsymbol{\alpha}\in W$; 任取 $\boldsymbol{\alpha}\in W$, $-1\in P$, 有 $-\boldsymbol{\alpha}=(-1)\boldsymbol{\alpha}\in W$. □

例 5.6 线性空间 V 的仅含零元的子集是 V 的一个子空间, 称为零子空间; V 本身也是 V 的一个子空间. 这两个子空间称为 V 的平凡子空间.

例 5.7 在 $\mathbf{R}^{\mathbf{n}}$ 中, 令

$$W=\{(x_1,x_2,\cdots,x_{n-1},0)^{\mathrm{T}}|x_i\in\mathbf{R},i=1,2,\cdots,n-1\},$$

则 W 是 $\mathbf{R}^n$ 的子空间.

例 5.8 $P_n[x]$ 是线性空间 $P[x]$ 的子空间.

例 5.9 设 V 是数域 P 上的线性空间, $\boldsymbol{\alpha}_1,\boldsymbol{\alpha}_2,\cdots,\boldsymbol{\alpha}_m\in V$, 集合

$$W=\{k_1\boldsymbol{\alpha}_1+k_2\boldsymbol{\alpha}_2+\cdots+k_m\boldsymbol{\alpha}_m|k_i\in P,i=1,2,\cdots,m\}$$

构成 V 的子空间, 称为由 $\boldsymbol{\alpha}_1,\boldsymbol{\alpha}_2,\cdots,\boldsymbol{\alpha}_m$ 生成的子空间, 记为

$$L(\boldsymbol{\alpha}_1,\boldsymbol{\alpha}_2,\cdots,\boldsymbol{\alpha}_m).$$

5.2 维数、基与向量的坐标

在第三章中, 我们介绍了向量组的线性组合、线性相关与线性无关、极大线性无关组和向量组的秩等概念与相关性质. 这些概念与性质对于一般线性空间中的向量仍然适用.

定义 5.4 设 V 是数域 P 上的线性空间, $\boldsymbol{\alpha}_1,\boldsymbol{\alpha}_2,\cdots,\boldsymbol{\alpha}_m\in V$, $k_1,k_2,\cdots,k_m\in P$, 那么向量

$$\boldsymbol{\alpha}=k_1\boldsymbol{\alpha}_1+k_2\boldsymbol{\alpha}_2+\cdots+k_m\boldsymbol{\alpha}_m$$

称为向量组 $\boldsymbol{\alpha}_1,\boldsymbol{\alpha}_2,\cdots,\boldsymbol{\alpha}_m$ 的一个线性组合, 也称向量 $\boldsymbol{\alpha}$ 可由向量组 $\boldsymbol{\alpha}_1,\boldsymbol{\alpha}_2,\cdots,\boldsymbol{\alpha}_m$线性表示.

定义 5.5 设 V 是数域 P 上的线性空间, $\boldsymbol{\alpha}_1,\boldsymbol{\alpha}_2,\cdots,\boldsymbol{\alpha}_m\in V(m\geqslant 1)$, 若存在 P 中不全为零的数 $k_1,k_2,\cdots,k_m$, 使得

$$k_1\boldsymbol{\alpha}_1+k_2\boldsymbol{\alpha}_2+\cdots+k_m\boldsymbol{\alpha}_m=\mathbf{0},$$

则称向量组 $\boldsymbol{\alpha}_1,\boldsymbol{\alpha}_2,\cdots,\boldsymbol{\alpha}_m$线性相关, 否则称向量组 $\boldsymbol{\alpha}_1,\boldsymbol{\alpha}_2,\cdots,\boldsymbol{\alpha}_m$线性无关.

定义 5.6 设 V 是数域 P 上的线性空间, 如果存在 $\boldsymbol{\alpha}_1,\boldsymbol{\alpha}_2,\cdots,\boldsymbol{\alpha}_n\in V$, 满足:

(1) $\boldsymbol{\alpha}_1,\boldsymbol{\alpha}_2,\cdots,\boldsymbol{\alpha}_n$ 线性无关,

(2) V 中的任意向量 $\boldsymbol{\alpha}$ 均可由 $\boldsymbol{\alpha}_1,\boldsymbol{\alpha}_2,\cdots,\boldsymbol{\alpha}_n$ 线性表示,

则称 $\boldsymbol{\alpha}_1,\boldsymbol{\alpha}_2,\cdots,\boldsymbol{\alpha}_n$ 为线性空间 V 的一组基, n 称为线性空间 V 的维数, 记为 $\dim V=n$. 此时也称 V 是数域 P 上的n 维线性空间.

只含零向量的线性空间没有基, 规定它的维数为 0. 如果 V 中含有任意多个线性无关的向量, 则称 V 是无限维的.

以上定义均重复了第三章中关于 n 元数组相应概念的定义, 从这些定义出发对于 n 元数组所作的那些论证也完全适用于数域 P 上的线性空间, 这里我们不再重复这些论证.

例 5.10 例 5.2 中的线性空间 $P_n[x]$ 是 $n+1$ 维线性空间, 向量组

$$1, x, x^2, \cdots, x^n$$

构成 $P_n[x]$ 的一组基. $P[x]$ 是无限维线性空间, 向量组

$$1, x, x^2, \cdots, x^n, \cdots$$

是 $P[x]$ 的一组基.

定义 5.7 设 V_n 是数域 P 上的 n 维线性空间, $\boldsymbol{\alpha}_1, \boldsymbol{\alpha}_2, \cdots, \boldsymbol{\alpha}_n$ 是 V_n 的一组基. 对于任一向量 $\boldsymbol{\alpha} \in V_n$, 总有一组有序数 $x_1,\ x_2,\ \cdots, x_n$, 使得

$$\boldsymbol{\alpha} = x_1\boldsymbol{\alpha}_1 + x_2\boldsymbol{\alpha}_2 + \cdots + x_n\boldsymbol{\alpha}_n = (\boldsymbol{\alpha}_1, \boldsymbol{\alpha}_2, \cdots, \boldsymbol{\alpha}_n)\begin{pmatrix} x_1 \\ x_2 \\ \vdots \\ x_n \end{pmatrix},$$

则这组有序数 $x_1,\ x_2, \cdots, x_n$ 称为向量 $\boldsymbol{\alpha}$ 在基 $\boldsymbol{\alpha}_1, \boldsymbol{\alpha}_2, \cdots, \boldsymbol{\alpha}_n$ 下的坐标, 记作 $(x_1,\ x_2,\ \cdots, x_n)^{\mathrm{T}}$.

建立了坐标后, 就把 V_n 中的抽象向量与 P^n 中的数组向量 $(x_1,\ x_2,\ \cdots, x_n)^{\mathrm{T}}$ 联系起来了, 并且还可以把 V_n 中抽象的线性运算与 P^n 中的数组向量的线性运算联系起来.

设 $\boldsymbol{\alpha}_1, \boldsymbol{\alpha}_2, \cdots, \boldsymbol{\alpha}_n$ 是 V_n 的一组基, $\boldsymbol{\alpha},\ \boldsymbol{\beta} \in V_n$, 有 $\boldsymbol{\alpha} = x_1\boldsymbol{\alpha}_1 + x_2\boldsymbol{\alpha}_2 + \cdots + x_n\boldsymbol{\alpha}_n$, $\boldsymbol{\beta} = y_1\boldsymbol{\alpha}_1 + y_2\boldsymbol{\alpha}_2 + \cdots + y_n\boldsymbol{\alpha}_n$, 于是

$$\boldsymbol{\alpha} + \boldsymbol{\beta} = (x_1 + y_1)\boldsymbol{\alpha}_1 + (x_2 + y_2)\boldsymbol{\alpha}_2 + \cdots + (x_n + y_n)\boldsymbol{\alpha}_n,$$

$$\lambda\boldsymbol{\alpha} = (\lambda x_1)\boldsymbol{\alpha}_1 + (\lambda x_2)\boldsymbol{\alpha}_2 + \cdots + (\lambda x_n)\boldsymbol{\alpha}_n,$$

即 $\boldsymbol{\alpha} + \boldsymbol{\beta}$ 的坐标是

$$(x_1 + y_1, x_2 + y_2,\ \cdots, x_n + y_n)^{\mathrm{T}} = (x_1,\ x_2,\ \cdots, x_n)^{\mathrm{T}} + (y_1,\ y_2,\ \cdots, y_n)^{\mathrm{T}},$$

$\lambda\boldsymbol{\alpha}$ 的坐标是

$$(\lambda x_1, \lambda x_2,\ \cdots, \lambda x_n)^{\mathrm{T}} = \lambda(x_1,\ x_2,\ \cdots, x_n)^{\mathrm{T}}.$$

总之, 在 n 维线性空间 V_n 中取定一组基 $\boldsymbol{\alpha}_1, \boldsymbol{\alpha}_2, \cdots, \boldsymbol{\alpha}_n$, 则 V_n 中的向量 $\boldsymbol{\alpha}$ 与 P^n 中的向量 $(x_1,\ x_2,\ \cdots, x_n)^{\mathrm{T}}$ 之间就有一个一一对应的关系, 记 $\boldsymbol{\alpha} \longleftrightarrow (x_1,\ x_2,\ \cdots, x_n)^{\mathrm{T}}$, 且这个对应关系保持线性运算, 即若 $\boldsymbol{\alpha} \longleftrightarrow (x_1,\ x_2,\ \cdots, x_n)^{\mathrm{T}}$, $\boldsymbol{\beta} \longleftrightarrow (y_1,\ y_2,\ \cdots, y_n)^{\mathrm{T}}$, 则

(1) $\boldsymbol{\alpha} + \boldsymbol{\beta} \longleftrightarrow (x_1,\ x_2,\ \cdots, x_n)^{\mathrm{T}} + (y_1,\ y_2,\ \cdots, y_n)^{\mathrm{T}}$;

(2) $\lambda\boldsymbol{\alpha} \longleftrightarrow \lambda(x_1,\ x_2,\ \cdots,x_n)^{\mathrm{T}}$.
因此, 我们可以说 V_n 与 P^n 有相同的结构, 称 V_n 与 P^n 同构.

一般地, 设 V 与 U 是两个线性空间, 如果在它们的向量之间有一一对应关系, 且这个对应保持线性运算, 那么称线性空间 V 与 U同构.

这样, P 上的任何 n 维线性空间均与 P^n 同构, 从而可知线性空间的结构完全被它的维数所决定, 要研究 n 维线性空间 V_n 的结构, 只要研究 P^n 即可.

例 5.11 在 n 维线性空间 P^n 中, 显然

$$\begin{cases} \boldsymbol{\varepsilon}_1 = (1,0,\cdots,0)^{\mathrm{T}}, \\ \boldsymbol{\varepsilon}_2 = (0,1,\cdots,0)^{\mathrm{T}}, \\ \cdots\cdots\cdots\cdots \\ \boldsymbol{\varepsilon}_n = (0,0,\cdots,1)^{\mathrm{T}} \end{cases}$$

是一组基. 对每个向量 $\boldsymbol{\alpha} = (a_1,a_2,\cdots,a_n)^{\mathrm{T}}$, 都有

$$\boldsymbol{\alpha} = a_1\boldsymbol{\varepsilon}_1 + a_2\boldsymbol{\varepsilon}_2 + \cdots + a_n\boldsymbol{\varepsilon}_n = (\boldsymbol{\varepsilon}_1,\boldsymbol{\varepsilon}_2,\cdots,\boldsymbol{\varepsilon}_n)\begin{pmatrix} a_1 \\ a_2 \\ \vdots \\ a_n \end{pmatrix},$$

即 $(a_1,a_2,\cdots,a_n)^{\mathrm{T}}$ 就是向量 $\boldsymbol{\alpha}$ 在这组基下的坐标.

取 P^n 中一组向量

$$\begin{cases} \boldsymbol{\varepsilon}_1' = (1,1,\cdots,1)^{\mathrm{T}}, \\ \boldsymbol{\varepsilon}_2' = (0,1,\cdots,1)^{\mathrm{T}}, \\ \cdots\cdots\cdots\cdots \\ \boldsymbol{\varepsilon}_n' = (0,0,\cdots,1)^{\mathrm{T}}, \end{cases}$$

易知 $\boldsymbol{\varepsilon}_1',\boldsymbol{\varepsilon}_2',\cdots,\boldsymbol{\varepsilon}_n'$ 是 P^n 中 n 个线性无关的向量, 因而是 P^n 的一组基. 在基 $\boldsymbol{\varepsilon}_1',\boldsymbol{\varepsilon}_2',\cdots,\boldsymbol{\varepsilon}_n'$ 下, 向量 $\boldsymbol{\alpha} = (a_1,a_2,\cdots,a_n)^{\mathrm{T}}$ 可线性表示为

$$\boldsymbol{\alpha} = a_1\boldsymbol{\varepsilon}_1' + (a_2-a_1)\boldsymbol{\varepsilon}_2' + \cdots + (a_n-a_{n-1})\boldsymbol{\varepsilon}_n'.$$

因此, $\boldsymbol{\alpha}$ 在基 $\boldsymbol{\varepsilon}_1',\boldsymbol{\varepsilon}_2',\cdots,\boldsymbol{\varepsilon}_n'$ 下的坐标为 $(a_1,a_2-a_1,\cdots,a_n-a_{n-1})^{\mathrm{T}}$.

5.3 基变换与坐标变换

在 n 维线性空间中, 任意 n 个线性无关的向量均可取作该空间的一组基. 对于不同的基, 同一个向量的坐标一般是不同的. 上一节例 5.11 已经说明了这一点. 本节来研究它们之间的关系.

设 $\boldsymbol{\alpha}_1,\boldsymbol{\alpha}_2,\cdots,\boldsymbol{\alpha}_n$ 和 $\boldsymbol{\beta}_1,\boldsymbol{\beta}_2,\cdots,\boldsymbol{\beta}_n$ 是 n 维线性空间 V_n 的两组基, 且

$$\begin{cases}\boldsymbol{\beta}_1=p_{11}\boldsymbol{\alpha}_1+p_{21}\boldsymbol{\alpha}_2+\cdots+p_{n1}\boldsymbol{\alpha}_n,\\ \boldsymbol{\beta}_2=p_{12}\boldsymbol{\alpha}_1+p_{22}\boldsymbol{\alpha}_2+\cdots+p_{n2}\boldsymbol{\alpha}_n,\\ \cdots\cdots\cdots\cdots\\ \boldsymbol{\beta}_n=p_{1n}\boldsymbol{\alpha}_1+p_{2n}\boldsymbol{\alpha}_2+\cdots+p_{nn}\boldsymbol{\alpha}_n.\end{cases}\tag{5.3.1}$$

把 n 个有序向量 $\boldsymbol{\alpha}_1,\boldsymbol{\alpha}_2,\cdots,\boldsymbol{\alpha}_n$ 记作 $(\boldsymbol{\alpha}_1,\boldsymbol{\alpha}_2,\cdots,\boldsymbol{\alpha}_n)$, n 个有序向量 $\boldsymbol{\beta}_1,\boldsymbol{\beta}_2,\cdots,\boldsymbol{\beta}_n$ 记作 $(\boldsymbol{\beta}_1,\boldsymbol{\beta}_2,\cdots,\boldsymbol{\beta}_n)$, 记 n 阶矩阵

$$\boldsymbol{P}=\begin{pmatrix}p_{11}&p_{12}&\cdots&p_{1n}\\p_{21}&p_{22}&\cdots&p_{2n}\\\vdots&\vdots&&\vdots\\p_{n1}&p_{n2}&\cdots&p_{nn}\end{pmatrix}.$$

则式 (5.3.1) 可表示为

$$(\boldsymbol{\beta}_1,\boldsymbol{\beta}_2,\cdots,\boldsymbol{\beta}_n)=(\boldsymbol{\alpha}_1,\boldsymbol{\alpha}_2,\cdots,\boldsymbol{\alpha}_n)\boldsymbol{P},\tag{5.3.2}$$

称矩阵 $\boldsymbol{P}$ 为由基 $\boldsymbol{\alpha}_1,\boldsymbol{\alpha}_2,\cdots,\boldsymbol{\alpha}_n$ 到基 $\boldsymbol{\beta}_1,\boldsymbol{\beta}_2,\cdots,\boldsymbol{\beta}_n$ 的过渡矩阵, 称式 (5.3.1) 或式 (5.3.2) 为基变换公式.

注 5.1 过渡矩阵 $\boldsymbol{P}$ 是可逆的. 事实上, 设

$$(\boldsymbol{\beta}_1,\boldsymbol{\beta}_2,\cdots,\boldsymbol{\beta}_n)=(\boldsymbol{\alpha}_1,\boldsymbol{\alpha}_2,\cdots,\boldsymbol{\alpha}_n)\boldsymbol{P},$$

和

$$(\boldsymbol{\alpha}_1,\boldsymbol{\alpha}_2,\cdots,\boldsymbol{\alpha}_n)=(\boldsymbol{\beta}_1,\boldsymbol{\beta}_2,\cdots,\boldsymbol{\beta}_n)\boldsymbol{Q},$$

则

$$(\boldsymbol{\alpha}_1,\boldsymbol{\alpha}_2,\cdots,\boldsymbol{\alpha}_n)=(\boldsymbol{\alpha}_1,\boldsymbol{\alpha}_2,\cdots,\boldsymbol{\alpha}_n)\boldsymbol{PQ},$$

即 $\boldsymbol{PQ}=\boldsymbol{E}$, 因此过渡矩阵 $\boldsymbol{P}$ 是可逆的.

注 5.2 若基 $\boldsymbol{\alpha}_1,\boldsymbol{\alpha}_2,\cdots,\boldsymbol{\alpha}_n$ 到基 $\boldsymbol{\beta}_1,\boldsymbol{\beta}_2,\cdots,\boldsymbol{\beta}_n$ 的过渡矩阵为 $\boldsymbol{P}$, 则基 $\boldsymbol{\beta}_1,\boldsymbol{\beta}_2,\cdots,\boldsymbol{\beta}_n$ 到基 $\boldsymbol{\alpha}_1,\boldsymbol{\alpha}_2,\cdots,\boldsymbol{\alpha}_n$ 的过渡矩阵为 $\boldsymbol{P}^{-1}$.

下面我们来讨论一个向量在不同基下的坐标的关系.

定理 5.2 设 V_n 中向量 $\boldsymbol{\alpha}$ 在基 $\boldsymbol{\alpha}_1,\boldsymbol{\alpha}_2,\cdots,\boldsymbol{\alpha}_n$ 下的坐标为 $(x_1,x_2,\cdots,x_n)^{\mathrm{T}}$, 在基 $\boldsymbol{\beta}_1,\boldsymbol{\beta}_2,\cdots,\boldsymbol{\beta}_n$ 下的坐标为 $(y_1,y_2,\cdots,y_n)^{\mathrm{T}}$. 由基 $\boldsymbol{\alpha}_1,\boldsymbol{\alpha}_2,\cdots,\boldsymbol{\alpha}_n$ 到基 $\boldsymbol{\beta}_1,\boldsymbol{\beta}_2,\cdots,\boldsymbol{\beta}_n$ 的过渡矩阵为 $\boldsymbol{P}$, 则有如下的坐标变换公式:

$$\begin{pmatrix}x_1\\x_2\\\vdots\\x_n\end{pmatrix}=\boldsymbol{P}\begin{pmatrix}y_1\\y_2\\\vdots\\y_n\end{pmatrix}\text{或}\begin{pmatrix}y_1\\y_2\\\vdots\\y_n\end{pmatrix}=\boldsymbol{P}^{-1}\begin{pmatrix}x_1\\x_2\\\vdots\\x_n\end{pmatrix}.\tag{5.3.3}$$

证明 因为

$$(\boldsymbol{\alpha}_1,\boldsymbol{\alpha}_2,\cdots,\boldsymbol{\alpha}_n)\begin{pmatrix}x_1\\x_2\\\vdots\\x_n\end{pmatrix}=\boldsymbol{\alpha}=(\boldsymbol{\beta}_1,\boldsymbol{\beta}_2,\cdots,\boldsymbol{\beta}_n)\begin{pmatrix}y_1\\y_2\\\vdots\\y_n\end{pmatrix}=(\boldsymbol{\alpha}_1,\boldsymbol{\alpha}_2,\cdots,\boldsymbol{\alpha}_n)\boldsymbol{P}\begin{pmatrix}y_1\\y_2\\\vdots\\y_n\end{pmatrix},$$

且 $\boldsymbol{\alpha}_1,\boldsymbol{\alpha}_2,\cdots,\boldsymbol{\alpha}_n$ 线性无关, 因此有式 (5.3.3) 成立. □

在例 5.11 中, 我们有

$$(\boldsymbol{\varepsilon}_1',\boldsymbol{\varepsilon}_2',\cdots,\boldsymbol{\varepsilon}_n')=(\boldsymbol{\varepsilon}_1,\boldsymbol{\varepsilon}_2,\cdots,\boldsymbol{\varepsilon}_n)\begin{pmatrix}1&0&\cdots&0\\1&1&\cdots&0\\\vdots&\vdots&&\vdots\\1&1&\cdots&1\end{pmatrix},$$

这里

$$\boldsymbol{P}=\begin{pmatrix}1&0&\cdots&0\\1&1&\cdots&0\\\vdots&\vdots&&\vdots\\1&1&\cdots&1\end{pmatrix}$$

就是基 $\boldsymbol{\varepsilon}_1,\boldsymbol{\varepsilon}_2,\cdots,\boldsymbol{\varepsilon}_n$ 到基 $\boldsymbol{\varepsilon}_1',\boldsymbol{\varepsilon}_2',\cdots,\boldsymbol{\varepsilon}_n'$ 的过渡矩阵. 易知

$$\boldsymbol{P}^{-1}=\begin{pmatrix}1&0&0&\cdots&0\\-1&1&0&\cdots&0\\0&-1&1&\cdots&0\\\vdots&\vdots&\vdots&&\vdots\\0&0&0&\cdots&1\end{pmatrix},$$

因此

$$\begin{pmatrix}y_1\\y_2\\\vdots\\y_n\end{pmatrix}=\boldsymbol{P}^{-1}\begin{pmatrix}x_1\\x_2\\\vdots\\x_n\end{pmatrix},$$

即 $y_1=x_1,y_2=x_2-x_1,\cdots,y_n=x_n-x_{n-1}$, 结果与例 5.11 的结果一致.

例 5.12 已知 $P_3[x]$ 的两组基:

(I) $1,x,x^2,x^3$; (II) $1,1+x,(1+x)^2,(1+x)^3$.

(1) 求由基 (I) 到基 (II) 的过渡矩阵 $\boldsymbol{P}$;

(2) 求 $f(x)=a_0+a_1x+a_2x^2+a_3x^3$ 在基 (II) 下的坐标.

解 (1) 易知

$$(1,1+x,(1+x)^2,(1+x)^3)=(1,x,x^2,x^3)\begin{pmatrix}1&1&1&1\\0&1&2&3\\0&0&1&3\\0&0&0&1\end{pmatrix},$$

即由基 (I) 到基 (II) 的过渡矩阵为

$$\boldsymbol{P}=\begin{pmatrix}1&1&1&1\\0&1&2&3\\0&0&1&3\\0&0&0&1\end{pmatrix}.$$

(2) $f(x)=(1,x,x^2,x^3)\begin{pmatrix}a_0\\a_1\\a_2\\a_3\end{pmatrix}=(1,1+x,(1+x)^2,(1+x)^3)\boldsymbol{P}^{-1}\begin{pmatrix}a_0\\a_1\\a_2\\a_3\end{pmatrix}$, 而

$$\boldsymbol{P}^{-1}=\begin{pmatrix}1&-1&1&-1\\0&1&-2&3\\0&0&1&-3\\0&0&0&1\end{pmatrix},$$

因此, $f(x)$ 在基 (II) 下的坐标为

$$\boldsymbol{P}^{-1}\begin{pmatrix}a_0\\a_1\\a_2\\a_3\end{pmatrix}=\begin{pmatrix}a_0-a_1+a_2-a_3\\a_1-2a_2+3a_3\\a_2-3a_3\\a_3\end{pmatrix}.$$

5.4 线性变换

5.4.1 线性变换的概念

定义 5.8 设 M 与 M' 是两个非空集合, 如果对于 M 中任一元素 $\boldsymbol{\alpha}$, 按照一定的法则, 总有 M' 中唯一一个确定的元素 $\boldsymbol{\beta}$ 与之对应, 那么就称这个对应法则是从集合 M 到集合 M' 的一个映射, 记作 T, 并记 $\boldsymbol{\beta}=T(\boldsymbol{\alpha})$. $\boldsymbol{\beta}$ 称为 $\boldsymbol{\alpha}$ 在映射 T 下的像, 而 $\boldsymbol{\alpha}$ 称为 $\boldsymbol{\beta}$ 在映射 T 下的一个原像. M 到 M 自身的映射, 也称为 M 到自身的变换.

例 5.13 任意一个定义在全体实数集上的函数

$$y = f(x)$$

都是实数集到自身的映射. 因此, 函数可以认为是映射的一个特殊情形.

例 5.14 设 M 是一个集合, 定义

$$T(\boldsymbol{\alpha}) = \boldsymbol{\alpha},\ \boldsymbol{\alpha} \in M,$$

称 T 为集合 M 的恒等映射或单位映射.

例 5.15 $P^{n\times n}$ 是数域 P 上全体 n 阶矩阵的集合, 定义

$$T(\boldsymbol{A}) = |\boldsymbol{A}|,\quad \boldsymbol{A} \in P^{n\times n}.$$

这是 $P^{n\times n}$ 到 P 的一个映射.

定义 5.9 设 V 是数域 P 上的线性空间, T 是线性空间 V 的一个变换, 如果对于任意 $\boldsymbol{\alpha}$, $\boldsymbol{\beta} \in V$ 和任意 $\lambda \in P$ 都有

(1) $T(\boldsymbol{\alpha}+\boldsymbol{\beta}) = T(\boldsymbol{\alpha}) + T(\boldsymbol{\beta})$;

(2) $T(\lambda\boldsymbol{\alpha}) = \lambda T(\boldsymbol{\alpha})$,

则称 T 为线性空间 V 上的一个线性变换.

例 5.16 设 V 是数域 P 上的线性空间, $\lambda \in P$, 对任意 $\boldsymbol{\alpha} \in V$, 令

$$T(\boldsymbol{\alpha}) = \lambda\boldsymbol{\alpha}.$$

易验证 T 是线性变换, 称为数乘变换. 当 $\lambda = 1$ 时, 称为恒等变换, 记为 I, 即对任意 $\boldsymbol{\alpha} \in V$, 有 $I(\boldsymbol{\alpha}) = \boldsymbol{\alpha}$; 当 $\lambda = 0$ 时, 称为零变换, 记为 0, 即对任意 $\boldsymbol{\alpha} \in \boldsymbol{V}$, 有 $0(\boldsymbol{\alpha}) = \boldsymbol{0}$.

例 5.17 设 $\boldsymbol{A} \in P^{n\times n}$, 对任意一个向量 $\boldsymbol{x} = (x_1, x_2, \cdots, x_n)^{\mathrm{T}} \in P^n$, 规定 $T(\boldsymbol{x}) = \boldsymbol{A}\boldsymbol{x}$, 则 T 是 P^n 的一个线性变换.

证明 因为对任意 $\boldsymbol{x} \in P^n$ 有 $T(\boldsymbol{x}) = \boldsymbol{A}\boldsymbol{x} \in P^n$, 所以 T 是 P^n 的一个变换. 对任意 $\boldsymbol{x} = (x_1, x_2, \cdots, x_n)^{\mathrm{T}} \in P^n$, $\boldsymbol{y} = (y_1, y_2, \cdots, y_n)^{\mathrm{T}} \in P^n$ 及 $\lambda \in P$, 有

$$T(\boldsymbol{x}+\boldsymbol{y}) = \boldsymbol{A}(\boldsymbol{x}+\boldsymbol{y}) = \boldsymbol{A}\boldsymbol{x} + \boldsymbol{A}\boldsymbol{y} = T(\boldsymbol{x}) + T(\boldsymbol{y});$$

$$T(\lambda\boldsymbol{x}) = \boldsymbol{A}(\lambda\boldsymbol{x}) = \lambda\boldsymbol{A}\boldsymbol{x} = \lambda T(\boldsymbol{x}),$$

所以 T 是 P^n 的一个线性变换. □

上例中, 若取 $\boldsymbol{A} = \boldsymbol{E}$, 则 T 为 P^n 的一个恒等变换; 若取 $\boldsymbol{A} = \boldsymbol{O}$, 则 T 为 P^n 上的零变换.

5.4.2 线性变换的性质

定理 5.3 设 T 是数域 P 上的线性空间 V 的一个线性变换, 则

(1) $T(\mathbf{0})=\mathbf{0}$, $T(-\boldsymbol{\alpha})=-T(\boldsymbol{\alpha})$;

(2) 线性变换保持线性组合与线性关系式不变, 即若 $\boldsymbol{\beta}=k_1\boldsymbol{\alpha}_1+k_2\boldsymbol{\alpha}_2+\cdots+k_m\boldsymbol{\alpha}_m$, 则

$$T(\boldsymbol{\beta})=k_1T(\boldsymbol{\alpha}_1)+k_2T(\boldsymbol{\alpha}_2)+\cdots+k_mT(\boldsymbol{\alpha}_m);$$

(3) 线性变换把线性相关的向量组变成线性相关的向量组, 即若向量组 $\boldsymbol{\alpha}_1,\boldsymbol{\alpha}_2,\cdots,\boldsymbol{\alpha}_m$ 线性相关, 则向量组 $T(\boldsymbol{\alpha}_1),T(\boldsymbol{\alpha}_2),\cdots,T(\boldsymbol{\alpha}_m)$ 也线性相关.

证明 (1) $T(\mathbf{0})=T(0\boldsymbol{\alpha})=0T(\boldsymbol{\alpha})=\mathbf{0}$, $T(-\boldsymbol{\alpha})=T((-1)\boldsymbol{\alpha})=(-1)T(\boldsymbol{\alpha})=-T(\boldsymbol{\alpha})$;

(2)

$$\begin{aligned}T(\boldsymbol{\beta})&=T(k_1\boldsymbol{\alpha}_1+k_2\boldsymbol{\alpha}_2+\cdots+k_m\boldsymbol{\alpha}_m)\\&=T(k_1\boldsymbol{\alpha}_1)+T(k_2\boldsymbol{\alpha}_2)+\cdots+T(k_m\boldsymbol{\alpha}_m)\\&=k_1T(\boldsymbol{\alpha}_1)+k_2T(\boldsymbol{\alpha}_2)+\cdots+k_mT(\boldsymbol{\alpha}_m);\end{aligned}$$

(3) 若 $\boldsymbol{\alpha}_1,\boldsymbol{\alpha}_2,\cdots,\boldsymbol{\alpha}_m$ 线性相关, 则存在不全为零的数 $k_1,k_2,\cdots,k_m$, 使得 $k_1\boldsymbol{\alpha}_1+k_2\boldsymbol{\alpha}_2+\cdots+k_m\boldsymbol{\alpha}_m=\mathbf{0}$, 那么

$$\mathbf{0}=T(\mathbf{0})=T(k_1\boldsymbol{\alpha}_1+k_2\boldsymbol{\alpha}_2+\cdots+k_m\boldsymbol{\alpha}_m)=k_1T(\boldsymbol{\alpha}_1)+k_2T(\boldsymbol{\alpha}_2)+\cdots+k_mT(\boldsymbol{\alpha}_m),$$

此即说明 $T(\boldsymbol{\alpha}_1),T(\boldsymbol{\alpha}_2),\cdots,T(\boldsymbol{\alpha}_m)$ 也线性相关. □

定理 5.4 设 V_n 是数域 P 上的线性空间, T 是 V_n 的一个线性变换, 则 T 的所有像组成的集合 $T(V_n)$ 是一个线性空间, 称为线性变换 T 的像空间.

证明 设 $\lambda\in P$, $\boldsymbol{\beta}_1,\ \boldsymbol{\beta}_2\in T(V_n)$, 则存在 $\boldsymbol{\alpha}_1,\ \boldsymbol{\alpha}_2\in V_n$, 使得 $T(\boldsymbol{\alpha}_1)=\boldsymbol{\beta}_1,\ T(\boldsymbol{\alpha}_2)=\boldsymbol{\beta}_2$, 从而

$$\boldsymbol{\beta}_1+\boldsymbol{\beta}_2=T(\boldsymbol{\alpha}_1)+T(\boldsymbol{\alpha}_2)=T(\boldsymbol{\alpha}_1+\boldsymbol{\alpha}_2),$$

因为 $\boldsymbol{\alpha}_1+\boldsymbol{\alpha}_2\in V_n$, 所以 $\boldsymbol{\beta}_1+\boldsymbol{\beta}_2=T(\boldsymbol{\alpha}_1+\boldsymbol{\alpha}_2)\in T(V_n)$.

$$\lambda\boldsymbol{\beta}_1=\lambda T(\boldsymbol{\alpha}_1)=T(\lambda\boldsymbol{\alpha}_1),$$

因为 $\lambda\boldsymbol{\alpha}_1\in V_n$, 所以 $\lambda\boldsymbol{\beta}_1=T(\lambda\boldsymbol{\alpha}_1)\in T(V_n)$. 综上所述, 可知 $T(V_n)$ 对 V_n 中的线性运算封闭, 因此 $T(V_n)$ 是一个线性空间. □

定理 5.5 设 V_n 是数域 P 上的线性空间, T 是 V_n 的一个线性变换, 记零向量的所有原像组成的集合为

$$N_T=\{\boldsymbol{\alpha}|T(\boldsymbol{\alpha})=\mathbf{0},\ \boldsymbol{\alpha}\in V_n\},$$

则 N_T 是 V_n 的一个子空间, 称为线性变换 T 的核.

证明 由 $\mathbf{0}\in N_T$ 知, N_T 是 V_n 的非空子集, 且对任意 $\boldsymbol{\alpha}_1$, $\boldsymbol{\alpha}_2\in N_T$, $\lambda\in P$, 有

$$T(\boldsymbol{\alpha}_1+\boldsymbol{\alpha}_2)=T(\boldsymbol{\alpha}_1)+T(\boldsymbol{\alpha}_2)=\mathbf{0},\quad T(\lambda\boldsymbol{\alpha}_1)=\lambda T(\boldsymbol{\alpha}_1)=\mathbf{0},$$

因此 $\boldsymbol{\alpha}_1+\boldsymbol{\alpha}_2\in N_T$, $\lambda\boldsymbol{\alpha}_1\in N_T$, 即 N_T 对 V_n 中的线性运算封闭, 因此 N_T 是一个线性空间. □

例 5.17 上的线性变换 $T(\boldsymbol{x})=\boldsymbol{A}\boldsymbol{x}$, $\boldsymbol{x}=(x_1,x_2,\cdots,x_n)^{\mathrm{T}}\in P^n$, 记 $\boldsymbol{A}=(\boldsymbol{\alpha}_1,\boldsymbol{\alpha}_2,\cdots,\boldsymbol{\alpha}_n)$, 其中 $\boldsymbol{\alpha}_1,\boldsymbol{\alpha}_2,\cdots,\boldsymbol{\alpha}_n$ 为矩阵 $\boldsymbol{A}$ 的 n 个列向量, 则 T 的像空间是由 $\boldsymbol{\alpha}_1,\boldsymbol{\alpha}_2,\cdots,\boldsymbol{\alpha}_n$ 生成的向量空间

$$T(P^n)=\{\boldsymbol{A}\boldsymbol{x}=x_1\boldsymbol{\alpha}_1+x_2\boldsymbol{\alpha}_2+\cdots+x_n\boldsymbol{\alpha}_n|x_1,x_2,\cdots,x_n\in P\}.$$

T 的核 N_T 就是齐次线性方程组 $\boldsymbol{A}\boldsymbol{x}=\mathbf{0}$ 的解空间, 即

$$N_T=\{\boldsymbol{x}\in P^n|\boldsymbol{A}\boldsymbol{x}=\mathbf{0}\}.$$

并且, 若 $R(\boldsymbol{A})=r$, 则 $\dim T(P^n)=r$, $\dim N_T=n-r$.

5.5 线性变换的矩阵表示

设 V_n 是数域 P 上的 n 维线性空间, $\boldsymbol{\varepsilon}_1,\boldsymbol{\varepsilon}_2,\cdots,\boldsymbol{\varepsilon}_n$ 是 V_n 的一组基, 现在我们来建立线性变换与矩阵的关系.

定义 5.10 设 T 是线性空间 V_n 上的线性变换, 在 V_n 中取定一组基 $\boldsymbol{\varepsilon}_1,\boldsymbol{\varepsilon}_2,\cdots,\boldsymbol{\varepsilon}_n$, 如果这组基在 T 下的像为

$$\begin{cases}T(\boldsymbol{\varepsilon}_1)=a_{11}\boldsymbol{\varepsilon}_1+a_{21}\boldsymbol{\varepsilon}_2+\cdots+a_{n1}\boldsymbol{\varepsilon}_n,\\ T(\boldsymbol{\varepsilon}_2)=a_{12}\boldsymbol{\varepsilon}_1+a_{22}\boldsymbol{\varepsilon}_2+\cdots+a_{n2}\boldsymbol{\varepsilon}_n,\\ \cdots\cdots\cdots\cdots\\ T(\boldsymbol{\varepsilon}_n)=a_{1n}\boldsymbol{\varepsilon}_1+a_{2n}\boldsymbol{\varepsilon}_2+\cdots+a_{nn}\boldsymbol{\varepsilon}_n.\end{cases}\tag{5.5.1}$$

记 $T(\boldsymbol{\varepsilon}_1,\boldsymbol{\varepsilon}_2,\cdots,\boldsymbol{\varepsilon}_n)=(T(\boldsymbol{\varepsilon}_1),T(\boldsymbol{\varepsilon}_2),\cdots,T(\boldsymbol{\varepsilon}_n))$, 则式 (5.5.1) 可表示为

$$T(\boldsymbol{\varepsilon}_1,\boldsymbol{\varepsilon}_2,\cdots,\boldsymbol{\varepsilon}_n)=(\boldsymbol{\varepsilon}_1,\boldsymbol{\varepsilon}_2,\cdots,\boldsymbol{\varepsilon}_n)\boldsymbol{A},\tag{5.5.2}$$

其中

$$\boldsymbol{A}=\begin{pmatrix}a_{11}&a_{12}&\cdots&a_{1n}\\ a_{21}&a_{22}&\cdots&a_{2n}\\ \vdots&\vdots&&\vdots\\ a_{n1}&a_{n2}&\cdots&a_{nn}\end{pmatrix}.$$

那么, 称 $\boldsymbol{A}$ 为线性变换 T 在基 $\boldsymbol{\varepsilon}_1,\boldsymbol{\varepsilon}_2,\cdots,\boldsymbol{\varepsilon}_n$ 下的矩阵.

显然, 矩阵 $\boldsymbol{A}$ 由基的像 $T(\varepsilon_1),T(\varepsilon_2),\cdots,T(\varepsilon_n)$ 唯一确定.

现在我们来研究线性变换的像与原像在取定基 $\varepsilon_1,\varepsilon_2,\cdots,\varepsilon_n$ 下坐标之间的关系.

设 $\boldsymbol{\alpha}$ 和 $T(\boldsymbol{\alpha})$ 在基 $\varepsilon_1,\varepsilon_2,\cdots,\varepsilon_n$ 下的坐标分别为 $\boldsymbol{x}=(x_1,x_2,\cdots,x_n)^{\mathrm{T}}$ 和 $\boldsymbol{y}=(y_1,y_2,\cdots,y_n)^{\mathrm{T}}$, 即

$$\boldsymbol{\alpha}=x_1\varepsilon_1+x_2\varepsilon_2+\cdots+x_n\varepsilon_n=(\varepsilon_1,\varepsilon_2,\cdots,\varepsilon_n)\boldsymbol{x},$$

$$T(\boldsymbol{\alpha})=y_1\varepsilon_1+y_2\varepsilon_2+\cdots+y_n\varepsilon_n=(\varepsilon_1,\varepsilon_2,\cdots,\varepsilon_n)\boldsymbol{y}.$$

因为

$$\begin{aligned}T(\boldsymbol{\alpha})&=T(x_1\varepsilon_1+x_2\varepsilon_2+\cdots+x_n\varepsilon_n)\\&=T(x_1\varepsilon_1)+T(x_2\varepsilon_2)+\cdots+T(x_n\varepsilon_n)\\&=x_1T(\varepsilon_1)+x_2T(\varepsilon_2)+\cdots+x_nT(\varepsilon_n)\\&=(T(\varepsilon_1),T(\varepsilon_2),\cdots,T(\varepsilon_n))\boldsymbol{x}\\&=(\varepsilon_1,\varepsilon_2,\cdots,\varepsilon_n)\boldsymbol{A}\boldsymbol{x},\end{aligned}$$

$T(\boldsymbol{\alpha})$ 在一组基下的坐标是唯一确定的, 因此

$$\boldsymbol{y}=\boldsymbol{A}\boldsymbol{x}.$$

定理 5.6 设 V_n 是数域 P 上的 n 维线性空间, $\varepsilon_1,\varepsilon_2,\cdots,\varepsilon_n$ 是 V_n 的一组基, $\boldsymbol{A}$ 是一个 n 阶矩阵, 那么一定存在唯一的线性变换 T, 它在基 $\varepsilon_1,\varepsilon_2,\cdots,\varepsilon_n$ 下的矩阵为 $\boldsymbol{A}$.

证明 对 V_n 中的任意向量 $\boldsymbol{\alpha}$, 设 $\boldsymbol{\alpha}$ 在基 $\varepsilon_1,\varepsilon_2,\cdots,\varepsilon_n$ 下的坐标为 $\boldsymbol{x}=(x_1,x_2,\cdots,x_n)^{\mathrm{T}}$, 即

$$\boldsymbol{\alpha}=x_1\varepsilon_1+x_2\varepsilon_2+\cdots+x_n\varepsilon_n=(\varepsilon_1,\varepsilon_2,\cdots,\varepsilon_n)\boldsymbol{x},$$

则令

$$T(\boldsymbol{\alpha})=(\varepsilon_1,\varepsilon_2,\cdots,\varepsilon_n)\boldsymbol{A}\boldsymbol{x}.$$

下面证明 T 是 V_n 的线性变换. 设

$$\boldsymbol{\alpha}=(\varepsilon_1,\varepsilon_2,\cdots,\varepsilon_n)\boldsymbol{x},$$

$$\boldsymbol{\beta}=(\varepsilon_1,\varepsilon_2,\cdots,\varepsilon_n)\boldsymbol{y},$$

则

$$\begin{aligned}T(\boldsymbol{\alpha}+\boldsymbol{\beta})&=(\varepsilon_1,\varepsilon_2,\cdots,\varepsilon_n)\boldsymbol{A}(\boldsymbol{x}+\boldsymbol{y})\\&=(\varepsilon_1,\varepsilon_2,\cdots,\varepsilon_n)\boldsymbol{A}\boldsymbol{x}+(\varepsilon_1,\varepsilon_2,\cdots,\varepsilon_n)\boldsymbol{A}\boldsymbol{y}\\&=T(\boldsymbol{\alpha})+T(\boldsymbol{\beta}).\end{aligned}$$

对任意 $\lambda\in P$, 向量 $\lambda\boldsymbol{\alpha}$ 在基 $\varepsilon_1,\varepsilon_2,\cdots,\varepsilon_n$ 下的坐标为 $\lambda\boldsymbol{x}$, 从而

$$\begin{aligned}T(\lambda\boldsymbol{\alpha})&=(\varepsilon_1,\varepsilon_2,\cdots,\varepsilon_n)\boldsymbol{A}(\lambda\boldsymbol{x})\\&=\lambda(\varepsilon_1,\varepsilon_2,\cdots,\varepsilon_n)\boldsymbol{A}\boldsymbol{x}\\&=\lambda T(\boldsymbol{\alpha}).\end{aligned}$$

对于 $1 \leqslant i \leqslant n$,

$$\boldsymbol{\varepsilon}_i = (\boldsymbol{\varepsilon}_1, \cdots, \boldsymbol{\varepsilon}_i, \cdots, \boldsymbol{\varepsilon}_n)\begin{pmatrix}0\\ \vdots \\ 1 \\ \vdots \\ 0\end{pmatrix} \longrightarrow \text{第}i\text{个分量},$$

由 T 的定义可知

$$T(\boldsymbol{\varepsilon}_i) = (\boldsymbol{\varepsilon}_1, \cdots, \boldsymbol{\varepsilon}_i, \cdots, \boldsymbol{\varepsilon}_n)\boldsymbol{A}\begin{pmatrix}0\\ \vdots \\ 1 \\ \vdots \\ 0\end{pmatrix},$$

$$(T(\boldsymbol{\varepsilon}_1), T(\boldsymbol{\varepsilon}_2), \cdots, T(\boldsymbol{\varepsilon}_n)) = (\boldsymbol{\varepsilon}_1, \boldsymbol{\varepsilon}_2, \cdots, \boldsymbol{\varepsilon}_n)\boldsymbol{AE} = (\boldsymbol{\varepsilon}_1, \boldsymbol{\varepsilon}_2, \cdots, \boldsymbol{\varepsilon}_n)\boldsymbol{A},$$

所以线性变换 T 在基 $\boldsymbol{\varepsilon}_1, \boldsymbol{\varepsilon}_2, \cdots, \boldsymbol{\varepsilon}_n$ 下的矩阵为 $\boldsymbol{A}$. □

由定义 5.10 和定理 5.6 可知, 若给定线性空间 V_n 的一组基, 则 V_n 的线性变换 T 与 n 阶矩阵 $\boldsymbol{A}$ 是一一对应的.

线性变换的矩阵是与空间的一组基有关系的. 一般地, 同一线性变换在不同基下的矩阵是不相同的.

定理 5.7 设线性空间 V_n 的线性变换 T 在两组基 $\boldsymbol{\alpha}_1, \boldsymbol{\alpha}_2, \cdots, \boldsymbol{\alpha}_n$ 和 $\boldsymbol{\beta}_1, \boldsymbol{\beta}_2, \cdots, \boldsymbol{\beta}_n$ 下的矩阵分别为 $\boldsymbol{A}$ 和 $\boldsymbol{B}$, 而 $\boldsymbol{P}$ 是基 $\boldsymbol{\alpha}_1, \boldsymbol{\alpha}_2, \cdots, \boldsymbol{\alpha}_n$ 到 $\boldsymbol{\beta}_1, \boldsymbol{\beta}_2, \cdots, \boldsymbol{\beta}_n$ 的过渡矩阵, 则有

$$\boldsymbol{B} = \boldsymbol{P}^{-1}\boldsymbol{AP}.$$

证明

$$T(\boldsymbol{\alpha}_1, \boldsymbol{\alpha}_2, \cdots, \boldsymbol{\alpha}_n) = (\boldsymbol{\alpha}_1, \boldsymbol{\alpha}_2, \cdots, \boldsymbol{\alpha}_n)\boldsymbol{A},$$
$$T(\boldsymbol{\beta}_1, \boldsymbol{\beta}_2, \cdots, \boldsymbol{\beta}_n) = (\boldsymbol{\beta}_1, \boldsymbol{\beta}_2, \cdots, \boldsymbol{\beta}_n)\boldsymbol{B},$$
$$(\boldsymbol{\beta}_1, \boldsymbol{\beta}_2, \cdots, \boldsymbol{\beta}_n) = (\boldsymbol{\alpha}_1, \boldsymbol{\alpha}_2, \cdots, \boldsymbol{\alpha}_n)\boldsymbol{P}.$$

于是

$$T(\boldsymbol{\beta}_1, \boldsymbol{\beta}_2, \cdots, \boldsymbol{\beta}_n) = T(\boldsymbol{\alpha}_1, \boldsymbol{\alpha}_2, \cdots, \boldsymbol{\alpha}_n)\boldsymbol{P} = (\boldsymbol{\alpha}_1, \boldsymbol{\alpha}_2, \cdots, \boldsymbol{\alpha}_n)\boldsymbol{AP}, \tag{5.5.3}$$

又

$$T(\boldsymbol{\beta}_1, \boldsymbol{\beta}_2, \cdots, \boldsymbol{\beta}_n) = (\boldsymbol{\beta}_1, \boldsymbol{\beta}_2, \cdots, \boldsymbol{\beta}_n)\boldsymbol{B} = (\boldsymbol{\alpha}_1, \boldsymbol{\alpha}_2, \cdots, \boldsymbol{\alpha}_n)\boldsymbol{PB}. \tag{5.5.4}$$

比较式 (5.5.3) 和式 (5.5.4) 得 $\boldsymbol{PB} = \boldsymbol{AP}$, 所以有 $\boldsymbol{B} = \boldsymbol{P}^{-1}\boldsymbol{AP}$. □

例 5.18 在 $\mathbf{R}^3$ 中, T 表示将向量投影到 xOy 平面的线性变换, 即

$$T(x\boldsymbol{i} + y\boldsymbol{j} + z\boldsymbol{k}) = x\boldsymbol{i} + y\boldsymbol{j}.$$

求 T 在基 $\boldsymbol{i}, \boldsymbol{j}, \boldsymbol{k}$ 及 $\boldsymbol{i}, \boldsymbol{j}, \boldsymbol{i} + \boldsymbol{j} + \boldsymbol{k}$ 下的矩阵.

解

$$\begin{cases} T(\boldsymbol{i}) = \boldsymbol{i}, \\ T(\boldsymbol{j}) = \boldsymbol{j}, \\ T(\boldsymbol{k}) = \boldsymbol{0}, \end{cases}$$

即

$$T(\boldsymbol{i}, \boldsymbol{j}, \boldsymbol{k}) = (\boldsymbol{i}, \boldsymbol{j}, \boldsymbol{k}) \begin{pmatrix} 1 & 0 & 0 \\ 0 & 1 & 0 \\ 0 & 0 & 0 \end{pmatrix}.$$

$$\begin{cases} T(\boldsymbol{i}) = \boldsymbol{i}, \\ T(\boldsymbol{j}) = \boldsymbol{j}, \\ T(\boldsymbol{i}+\boldsymbol{j}+\boldsymbol{k}) = \boldsymbol{i}+\boldsymbol{j}, \end{cases}$$

即

$$T(\boldsymbol{i}, \boldsymbol{j}, \boldsymbol{i}+\boldsymbol{j}+\boldsymbol{k}) = (\boldsymbol{i}, \boldsymbol{j}, \boldsymbol{i}+\boldsymbol{j}+\boldsymbol{k}) \begin{pmatrix} 1 & 0 & 1 \\ 0 & 1 & 1 \\ 0 & 0 & 0 \end{pmatrix}.$$

例 5.19 设数域 P 上的 3 维线性空间 V_3 上的线性变换 T 在基 $\varepsilon_1, \varepsilon_2, \varepsilon_3$ 下的矩阵为

$$\boldsymbol{A} = \begin{pmatrix} a_{11} & a_{12} & a_{13} \\ a_{21} & a_{22} & a_{23} \\ a_{31} & a_{32} & a_{33} \end{pmatrix}.$$

(1) 求 T 在基 $\varepsilon_3, \varepsilon_2, \varepsilon_1$ 下的矩阵;

(2) 求 T 在基 $\varepsilon_1+\varepsilon_2, \varepsilon_2, \varepsilon_3$ 下的矩阵.

解 由题设知 $T(\varepsilon_1, \varepsilon_2, \varepsilon_3) = (\varepsilon_1, \varepsilon_2, \varepsilon_3)\boldsymbol{A}$.

(1) 因为

$$(\varepsilon_3, \varepsilon_2, \varepsilon_1) = (\varepsilon_1, \varepsilon_2, \varepsilon_3) \begin{pmatrix} 0 & 0 & 1 \\ 0 & 1 & 0 \\ 1 & 0 & 0 \end{pmatrix},$$

所以由基 $\varepsilon_1, \varepsilon_2, \varepsilon_3$ 到基 $\varepsilon_3, \varepsilon_2, \varepsilon_1$ 的过渡矩阵 $\boldsymbol{P} = \begin{pmatrix} 0 & 0 & 1 \\ 0 & 1 & 0 \\ 1 & 0 & 0 \end{pmatrix}$.

$$\begin{aligned} T(\varepsilon_3, \varepsilon_2, \varepsilon_1) &= T(\varepsilon_1, \varepsilon_2, \varepsilon_3)\boldsymbol{P} \\ &= (\varepsilon_1, \varepsilon_2, \varepsilon_3)\boldsymbol{AP} \\ &= (\varepsilon_3, \varepsilon_2, \varepsilon_1)\boldsymbol{P}^{-1}\boldsymbol{AP}. \end{aligned}$$

T 在基 $\varepsilon_3, \varepsilon_2, \varepsilon_1$ 下的矩阵为

$$\boldsymbol{P}^{-1}\boldsymbol{AP} = \begin{pmatrix} 0 & 0 & 1 \\ 0 & 1 & 0 \\ 1 & 0 & 0 \end{pmatrix}^{-1} \begin{pmatrix} a_{11} & a_{12} & a_{13} \\ a_{21} & a_{22} & a_{23} \\ a_{31} & a_{32} & a_{33} \end{pmatrix} \begin{pmatrix} 0 & 0 & 1 \\ 0 & 1 & 0 \\ 1 & 0 & 0 \end{pmatrix} = \begin{pmatrix} a_{33} & a_{32} & a_{31} \\ a_{23} & a_{22} & a_{21} \\ a_{13} & a_{12} & a_{11} \end{pmatrix}.$$

(2) 因为

$$(\varepsilon_1+\varepsilon_2,\varepsilon_2,\varepsilon_3)=(\varepsilon_1,\varepsilon_2,\varepsilon_3)\begin{pmatrix}1&0&0\\1&1&0\\0&0&1\end{pmatrix},$$

所以由基 $\varepsilon_1,\varepsilon_2,\varepsilon_3$ 到基 $\varepsilon_1+\varepsilon_2,\varepsilon_2,\varepsilon_3$ 的过渡矩阵 $\boldsymbol{P}_1=\begin{pmatrix}1&0&0\\1&1&0\\0&0&1\end{pmatrix}$.

$$\begin{aligned}T(\varepsilon_1+\varepsilon_2,\varepsilon_2,\varepsilon_3)&=T(\varepsilon_1,\varepsilon_2,\varepsilon_3)\boldsymbol{P}_1\\&=(\varepsilon_1,\varepsilon_2,\varepsilon_3)\boldsymbol{A}\boldsymbol{P}_1\\&=(\varepsilon_1+\varepsilon_2,\varepsilon_2,\varepsilon_3)\boldsymbol{P}_1^{-1}\boldsymbol{A}\boldsymbol{P}_1.\end{aligned}$$

T 在基 $\varepsilon_1+\varepsilon_2,\varepsilon_2,\varepsilon_3$ 下的矩阵为

$$\begin{aligned}\boldsymbol{P}_1^{-1}\boldsymbol{A}\boldsymbol{P}_1&=\begin{pmatrix}1&0&0\\1&1&0\\0&0&1\end{pmatrix}^{-1}\begin{pmatrix}a_{11}&a_{12}&a_{13}\\a_{21}&a_{22}&a_{23}\\a_{31}&a_{32}&a_{33}\end{pmatrix}\begin{pmatrix}1&0&0\\1&1&0\\0&0&1\end{pmatrix}\\&=\begin{pmatrix}1&0&0\\-1&1&0\\0&0&1\end{pmatrix}\begin{pmatrix}a_{11}&a_{12}&a_{13}\\a_{21}&a_{22}&a_{23}\\a_{31}&a_{32}&a_{33}\end{pmatrix}\begin{pmatrix}1&0&0\\1&1&0\\0&0&1\end{pmatrix}\\&=\begin{pmatrix}a_{11}+a_{12}&a_{12}&a_{13}\\a_{21}+a_{22}-a_{11}-a_{12}&a_{22}-a_{12}&a_{23}-a_{13}\\a_{31}+a_{32}&a_{32}&a_{33}\end{pmatrix}.\end{aligned}$$

同一线性变换在不同基下的矩阵是相似的, 我们自然希望能找到一组基, 使得线性变换在这组基下的矩阵尽可能得简单些, 而对角矩阵是较简单的. 我们总希望能用对角矩阵来刻画某些线性变换, 所以我们要考虑一个矩阵能否相似于对角矩阵的问题. 这就是第四章中研究“相似对角化”的背景.

5.6 应用实例与计算软件实践

5.6.1 R^2 中的特殊线性变换

例 5.20 在本例中我们将介绍平面 $\mathbf{R}^2$ 中几类特殊的线性变换. 通过具体的几何图形, 来进一步加深读者对线性变换的理解.

(1) $T:\mathbf{R}^2\longrightarrow\mathbf{R}^2$, $\boldsymbol{A}=\begin{pmatrix}1&0\\0&-1\end{pmatrix}$,

$$T:\ \begin{pmatrix}x\\y\end{pmatrix}\longmapsto\boldsymbol{A}\begin{pmatrix}x\\y\end{pmatrix},$$

即 $T\begin{pmatrix}x\\y\end{pmatrix}=\begin{pmatrix}x\\-y\end{pmatrix}$, 则 T 是 $\mathbf{R^2}\longrightarrow\mathbf{R^2}$ 的一个线性变换.

几何意义: T 是关于 x 轴的对称变换(见图 5.1).

(2) $T:\mathbf{R^2}\longrightarrow\mathbf{R^2}$, $\boldsymbol{A}=\begin{pmatrix}\cos\theta & -\sin\theta\\ \sin\theta & \cos\theta\end{pmatrix}$,

$$T:\ \begin{pmatrix}x\\y\end{pmatrix}\longmapsto\boldsymbol{A}\begin{pmatrix}x\\y\end{pmatrix},$$

即 $T\begin{pmatrix}x\\y\end{pmatrix}=\begin{pmatrix}\cos\theta & -\sin\theta\\ \sin\theta & \cos\theta\end{pmatrix}\begin{pmatrix}x\\y\end{pmatrix}$, 则 T 是 $\mathbf{R^2}\longrightarrow\mathbf{R^2}$ 的一个线性变换.

几何意义: T 是绕坐标原点逆时针旋转 θ 角度的旋转变换(见图 5.2).

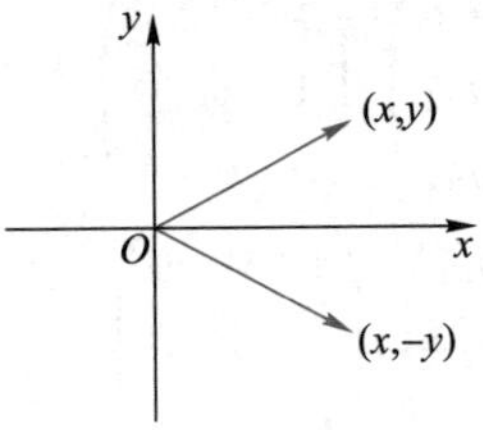

图 5.1

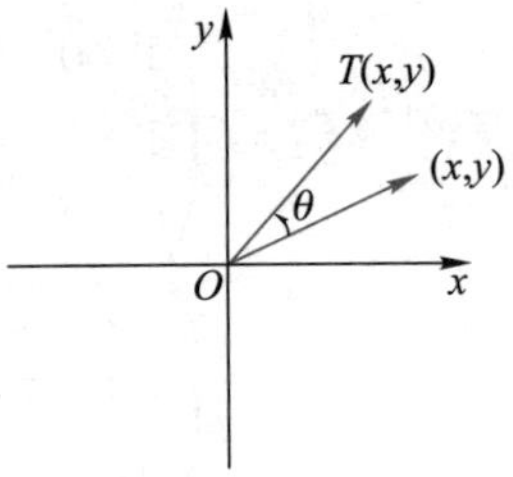

图 5.2

(3) $T:\mathbf{R^2}\longrightarrow\mathbf{R^2}$, $\boldsymbol{A}=\begin{pmatrix}1 & 0\\ 0 & 0\end{pmatrix}$,

$$T:\ \begin{pmatrix}x\\y\end{pmatrix}\longmapsto\boldsymbol{A}\begin{pmatrix}x\\y\end{pmatrix},$$

即 $T\begin{pmatrix}x\\y\end{pmatrix}=\begin{pmatrix}x\\0\end{pmatrix}$, 则 T 是 $\mathbf{R^2}\longrightarrow\mathbf{R^2}$ 的一个线性变换.

几何意义: T 是向量 $\begin{pmatrix}x\\y\end{pmatrix}$ 在 x 轴上的投影变换(见图 5.3).

(4) $T:\mathbf{R^2}\longrightarrow\mathbf{R^2}$, $\boldsymbol{A}=\begin{pmatrix}k & 0\\ 0 & 1\end{pmatrix}$,

$$T:\ \begin{pmatrix}x\\y\end{pmatrix}\longmapsto\boldsymbol{A}\begin{pmatrix}x\\y\end{pmatrix},$$

即 $T\begin{pmatrix}x\\y\end{pmatrix}=\begin{pmatrix}kx\\y\end{pmatrix}$, 则 T 是 $\mathbf{R^2}\longrightarrow\mathbf{R^2}$ 的一个线性变换.

几何意义: T 是 x 轴方向的伸缩变换, 图像在水平方向上被压缩或拉伸 (见图 5.4).

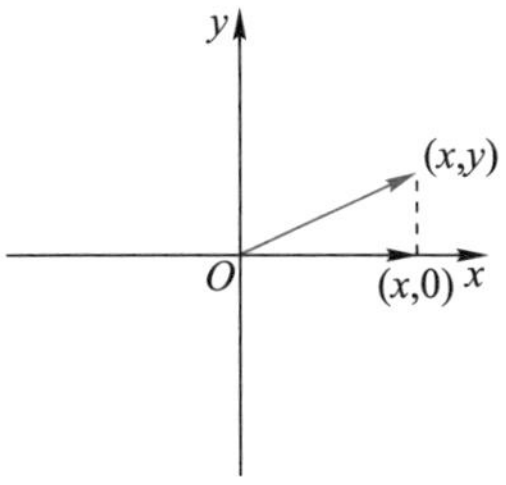

图 5.3

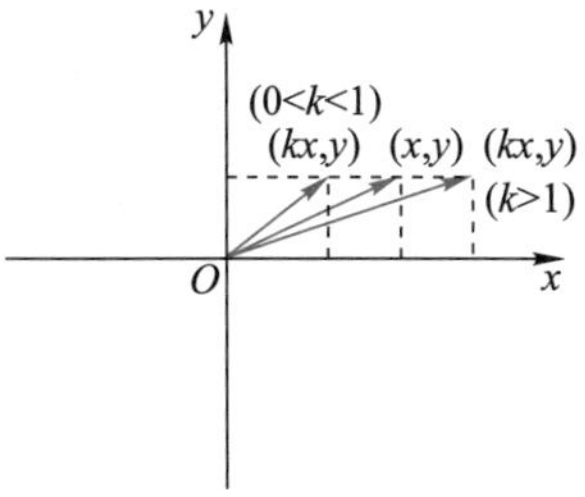

图 5.4

5.6.2 斐波那契数列的通项

例 5.21 全体实数列的集合记为

$$V=\{\{a_n\}|a_n\in\mathbf{R}\}.$$

定义数列加法和数乘运算如下:

$$\{a_n\}+\{b_n\}=\{a_n+b_n\},$$

$$k\{a_n\}=\{ka_n\}.$$

易知 V 构成 $\mathbf{R}$ 上的线性空间, 这是一个无限维线性空间.

令

$$W=\{\{a_n\}\in V|a_n=a_{n-1}+a_{n-2},n\geqslant 2\},$$

则 W 是 V 的线性子空间. 由于 W 中的任一数列 $\{a_n\}$ 均可由它的前两项 a_0, a_1 唯一确定, $W\longrightarrow\mathbf{R}^2$, $\{a_n\}\longmapsto\begin{pmatrix}a_0\\a_1\end{pmatrix}$是一个同构, 因此 W 是 2 维线性空间. 下面求 W 的一组基.

求解递推关系

$$a_n=a_{n-1}+a_{n-2}\quad(n\geqslant 2)\tag{5.6.1}$$

的一种方法是寻找形式为

$$a_n=q^n$$

的一个解, 其中 q 是一个非零常数. $a_n=q^n$ 满足式 (5.6.1) 当且仅当

$$q^n-q^{n-1}-q^{n-2}=0\quad(n\geqslant 2).\tag{5.6.2}$$

由于 $q\neq 0$, 因此式 (5.6.2) 等价于

$$q^2-q-1=0,\tag{5.6.3}$$

方程 (5.6.3) 的根为

$$q_1=\frac{1+\sqrt{5}}{2},\qquad q_2=\frac{1-\sqrt{5}}{2}.$$

因此

$$a_n=\left(\frac{1+\sqrt{5}}{2}\right)^n \quad 和 \quad b_n=\left(\frac{1-\sqrt{5}}{2}\right)^n \qquad (n\geqslant 0)$$

均是递推关系 (5.6.1) 的解, 即数列 $\left\{\left(\frac{1+\sqrt{5}}{2}\right)^n\right\}$ 和数列 $\left\{\left(\frac{1-\sqrt{5}}{2}\right)^n\right\}$ 是线性空间 W 中的两个向量. 设

$$k_1\left(\frac{1+\sqrt{5}}{2}\right)^n+k_2\left(\frac{1-\sqrt{5}}{2}\right)^n=0 \qquad (n\geqslant 0),$$

那么当 $n=0,1$ 时, 有

$$\begin{cases} k_1+k_2=0,\\ k_1\left(\dfrac{1+\sqrt{5}}{2}\right)+k_2\left(\dfrac{1-\sqrt{5}}{2}\right)=0. \end{cases}$$

因为

$$\begin{vmatrix} 1 & 1\\ \dfrac{1+\sqrt{5}}{2} & \dfrac{1-\sqrt{5}}{2} \end{vmatrix}=-\sqrt{5}\neq 0,$$

可得 $k_1=0,\ k_2=0$, 所以向量 $\left\{\left(\frac{1+\sqrt{5}}{2}\right)^n\right\}$ 和 $\left\{\left(\frac{1-\sqrt{5}}{2}\right)^n\right\}$ 是线性空间 W 的一组基.

斐波那契数列 $\{f_n\}$ 是 W 中的一个数列, 下面求它在基 $\left\{\left(\frac{1+\sqrt{5}}{2}\right)^n\right\},\left\{\left(\frac{1-\sqrt{5}}{2}\right)^n\right\}$ 下的坐标. 设

$$f_n=x_1\left(\frac{1+\sqrt{5}}{2}\right)^n+x_2\left(\frac{1-\sqrt{5}}{2}\right)^n,$$

因为 $f_0=0,\ f_1=1$, 所以有

$$\begin{cases} x_1+x_2=0,\\ x_1\left(\dfrac{1+\sqrt{5}}{2}\right)+x_2\left(\dfrac{1-\sqrt{5}}{2}\right)=1. \end{cases} \tag{5.6.4}$$

方程组 (5.6.4) 的解为

$$x_1=\frac{1}{\sqrt{5}},\quad x_2=\frac{-1}{\sqrt{5}}.$$

即数列 $\{f_n\}$ 在基 $\left\{\left(\frac{1+\sqrt{5}}{2}\right)^n\right\},\left\{\left(\frac{1-\sqrt{5}}{2}\right)^n\right\}$ 下的坐标为 $\begin{pmatrix}\dfrac{1}{\sqrt{5}}\\ \dfrac{-1}{\sqrt{5}}\end{pmatrix}$. 因此, 斐波那契数

列 $\{f_n\}$ 的通项公式为

$$f_n=\frac{1}{\sqrt{5}}\left(\frac{1+\sqrt{5}}{2}\right)^n-\frac{1}{\sqrt{5}}\left(\frac{1-\sqrt{5}}{2}\right)^n\qquad(n\geqslant 0).$$

5.6.3 向量坐标、基变换与坐标变换的 MATLAB 实践

本节通过具体实例介绍如何利用 MATLAB 确定线性空间中向量在一组基下的坐标、两组基的基变换与坐标变换, 涉及命令见表 5.1.

表 5.1 向量坐标、基变换与坐标变换相关的命令

命令	功能说明
inv(A)	求矩阵 $\boldsymbol{A}$ 的逆矩阵
A\B	求方程 $\boldsymbol{AX}=\boldsymbol{B}$ 的解

例 5.22 已知 P^4 中的两组基

$$(\mathrm{I})\ \boldsymbol{\alpha}_1=\begin{pmatrix}2\\-1\\1\\0\end{pmatrix},\ \boldsymbol{\alpha}_2=\begin{pmatrix}-1\\1\\1\\1\end{pmatrix},\ \boldsymbol{\alpha}_3=\begin{pmatrix}1\\0\\1\\-1\end{pmatrix},\ \boldsymbol{\alpha}_4=\begin{pmatrix}2\\1\\-1\\1\end{pmatrix};$$

$$(\mathrm{II})\ \boldsymbol{\beta}_1=\begin{pmatrix}1\\0\\2\\1\end{pmatrix},\ \boldsymbol{\beta}_2=\begin{pmatrix}1\\2\\0\\2\end{pmatrix},\ \boldsymbol{\beta}_3=\begin{pmatrix}3\\1\\1\\2\end{pmatrix},\ \boldsymbol{\beta}_4=\begin{pmatrix}1\\1\\-2\\2\end{pmatrix}.$$

(1) 求向量 $\boldsymbol{a}=(-1,1,2,3)^{\mathrm{T}}$ 在基 (I) 下的坐标;

(2) 求由基 (I) 到基 (II) 的过渡矩阵;

(3) 求向量 $\boldsymbol{b}=-3\boldsymbol{\alpha}_3+2\boldsymbol{\alpha}_4$ 在基 (II) 下的坐标.

解 令 $\boldsymbol{A}=(\boldsymbol{\alpha}_1,\boldsymbol{\alpha}_2,\boldsymbol{\alpha}_3,\boldsymbol{\alpha}_4)$, $\boldsymbol{B}=(\boldsymbol{\beta}_1,\boldsymbol{\beta}_2,\boldsymbol{\beta}_3,\boldsymbol{\beta}_4)$.

(1) 设向量 $\boldsymbol{a}$ 在基 (I) 下的坐标 $\boldsymbol{x}=(a_1,a_2,a_3,a_4)^{\mathrm{T}}$, 其满足方程组 $\boldsymbol{Ax}=\boldsymbol{a}$. 因此, $\boldsymbol{x}=\boldsymbol{A}^{-1}\boldsymbol{a}$. 在 MATLAB 命令窗口输入的命令及运行结果如下:

```
>> A=[2,-1,1,2;-1,1,0,1;1,1,1,-1;0,1,-1,1];
>> a=[-1;1;2;3]; %输入向量a
>> inv(A)*a %求向量a在基(I)下的坐标
ans =
    1.0000
    2.0000
   -1.0000
         0
```

由 MATLAB 运行结果可知, 向量 $\boldsymbol{a}$ 在基 (I) 下的坐标为 $(1,2,-1,0)^{\mathrm{T}}$.

(2) 设由基 (I) 到基 (II) 的过渡矩阵为 $\boldsymbol{P}$, 由基 (I) 到基 (II) 的基变换公式为

$$(\boldsymbol{\beta}_1,\boldsymbol{\beta}_2,\boldsymbol{\beta}_3,\boldsymbol{\beta}_4)=(\boldsymbol{\alpha}_1,\boldsymbol{\alpha}_2,\boldsymbol{\alpha}_3,\boldsymbol{\alpha}_4)\boldsymbol{P},$$

即 $\boldsymbol{B}=\boldsymbol{AP}$, 因此, $\boldsymbol{P}=\boldsymbol{A}^{-1}\boldsymbol{B}$. 在 MATLAB 命令窗口输入的命令及运行结果如下:

```
>> A=[2,-1,1,2;-1,1,0,1;1,1,1,-1;0,1,-1,1];
>> B=[1,1,3,1;0,2,1,1;2,0,1,-2;1,2,2,2];
>> P=inv(A)*B %求基(I)到基(II)的过渡矩阵P
P =
    1.0000   -0.0000    1.0000   -0.0000
    1.0000    1.0000    1.0000    0.0000
         0   -0.0000   -0.0000   -1.0000
         0    1.0000    1.0000    1.0000
```

由此可知, 由基 (I) 到基 (II) 的过渡矩阵为 $\boldsymbol{P}=\begin{pmatrix}1&0&1&0\\1&1&1&0\\0&0&0&-1\\0&1&1&1\end{pmatrix}$.

(3) 向量 $\boldsymbol{b}$ 在基 (I) 下的坐标为 $\boldsymbol{x}=(0,0,-3,2)^{\mathrm{T}}$. 由坐标变换公式可知, 向量 $\boldsymbol{b}$ 在基 (II) 下的坐标为 $\boldsymbol{y}=\boldsymbol{P}^{-1}\boldsymbol{x}$. 故在 (2) 中已经求得过渡矩阵 $\boldsymbol{P}$ 基础上, 在命令窗口继续输入命令:

```
>> x=[0;0;-3;2];
>> y=inv(P)*x; %计算向量b在基(II)下的坐标
y =
    1.0000
   -0.0000
   -1.0000
    3.0000
```

由此可知, 向量 $\boldsymbol{b}$ 在基 (II) 下的坐标为 $(1,0,-1,3)^{\mathrm{T}}$.

例 5.23 已知线性空间 $V\subset P^4$ 的两组基

$$\text{(I) }\boldsymbol{\alpha}_1=(1,0,-1,1)^{\mathrm{T}},\boldsymbol{\alpha}_2=(2,1,3,1)^{\mathrm{T}},\boldsymbol{\alpha}_3=(1,2,0,1)^{\mathrm{T}};$$
$$\text{(II) }\boldsymbol{\beta}_1=(2,5,-4,3)^{\mathrm{T}},\boldsymbol{\beta}_2=(2,-1,2,1)^{\mathrm{T}},\boldsymbol{\beta}_3=(5,3,1,4)^{\mathrm{T}},$$

求由基 (I) 到基 (II) 的过渡矩阵.

解 令 $\boldsymbol{A}=(\boldsymbol{\alpha}_1,\boldsymbol{\alpha}_2,\boldsymbol{\alpha}_3)$, $\boldsymbol{B}=(\boldsymbol{\beta}_1,\boldsymbol{\beta}_2,\boldsymbol{\beta}_3)$. 设由基 (I) 到基 (II) 的过渡矩阵为 $\boldsymbol{P}$, 由基 (I) 到基 (II) 的基变换公式为

$$(\boldsymbol{\beta}_1,\boldsymbol{\beta}_2,\boldsymbol{\beta}_3)=(\boldsymbol{\alpha}_1,\boldsymbol{\alpha}_2,\boldsymbol{\alpha}_3)\boldsymbol{P},$$

即 $\boldsymbol{B}=\boldsymbol{AP}$. 由此可见, $\boldsymbol{X}=\boldsymbol{P}$ 为矩阵方程 $\boldsymbol{AX}=\boldsymbol{B}$ 的解.

在 MATLAB 命令窗口输入的命令及运行结果如下:

```
>> A=[1,2,1;0,1,2;-1,3,0;1,1,1];
>> B=[2,2,5;5,-1,3;-4,2,1;3,1,4];
>> P=A\B %求解矩阵方程AX=B
P =
     1.0000     1.0000     2.0000
    -1.0000     1.0000     1.0000
     3.0000    -1.0000     1.0000
```

由 MATLAB 运行结果可知, 由基 (I) 到基 (II) 的过渡矩阵为 $\boldsymbol{P}=\begin{pmatrix}1&1&2\\-1&1&1\\3&-1&1\end{pmatrix}$.

数学史与数学家精神——向量发展简史

习题五

基础题

1. 下列集合对所给定的加法和数乘运算是否构成实数域 $\mathbf{R}$ 上的线性空间?

(1) 全体 n 阶实对称矩阵的集合, 对于矩阵的加法和数乘运算;

(2) 全体次数等于 $n(n\geqslant 1)$ 的实系数多项式的集合, 对于多项式的加法和数乘运算;

(3) 全体主对角线上元素之和等于零的 n 阶实矩阵的集合, 对于矩阵的加法和数乘运算;

(4) 在 $\mathbf{R}^2$ 上定义如下的加法 $\oplus$ 和数乘运算 $\circ$:

$$(x_1,y_1)^{\mathrm{T}}\oplus(x_2,y_2)^{\mathrm{T}}=(x_1+x_2,y_1+y_2+x_1x_2)^{\mathrm{T}},$$

$$k\circ(x_1,y_1)^{\mathrm{T}}=\left(kx_1,ky_1+\frac{k(k-1)}{2}x_1^2\right)^{\mathrm{T}}.$$

2. 设 $P^{n\times n}=\{(a_{ij})_{n\times n}|a_{ij}\in P\}$, 对于矩阵的加法和数乘运算下列子集是否构成 $P^{n\times n}$ 的子空间?

(1) 全体 n 阶上三角形矩阵的集合 W_1;

(2) 取定 $\boldsymbol{A}\in P^{n\times n}$, 所有与 $\boldsymbol{A}$ 乘积可交换的 n 阶矩阵的集合 W_2;

(3) 全体 n 阶可逆矩阵的集合 W_3.

3. $P^{n\times n}$ 中全体对称矩阵的集合对于矩阵的加法和数乘运算构成数域 P 上的线性空间, 求该线性空间的一组基和维数.

4. 在 $P^{2\times 2}$ 中, 证明:

$$\begin{pmatrix}1 & 1\\ -1 & -1\end{pmatrix},\ \begin{pmatrix}1 & 1\\ 1 & 1\end{pmatrix},\ \begin{pmatrix}1 & -1\\ 1 & -1\end{pmatrix},\ \begin{pmatrix}-1 & 1\\ 1 & -1\end{pmatrix}$$

是 $P^{2\times 2}$ 的一组基, 并求矩阵 $\boldsymbol{A}=\begin{pmatrix}1 & 2\\ 2 & 1\end{pmatrix}$ 在这组基下的坐标.

5. 在 P^4 中取两组基

$$\begin{cases}\boldsymbol{\varepsilon}_1=(1,1,1,1)^{\mathrm{T}},\\ \boldsymbol{\varepsilon}_2=(1,1,-1,-1)^{\mathrm{T}},\\ \boldsymbol{\varepsilon}_3=(1,-1,1,-1)^{\mathrm{T}},\\ \boldsymbol{\varepsilon}_4=(1,-1,-1,1)^{\mathrm{T}},\end{cases}\qquad \begin{cases}\boldsymbol{\eta}_1=(1,1,0,1)^{\mathrm{T}},\\ \boldsymbol{\eta}_2=(2,1,3,1)^{\mathrm{T}},\\ \boldsymbol{\eta}_3=(1,1,0,0)^{\mathrm{T}},\\ \boldsymbol{\eta}_4=(0,1,-1,-1)^{\mathrm{T}}.\end{cases}$$

(1) 求由基 $\boldsymbol{\varepsilon}_1,\boldsymbol{\varepsilon}_2,\boldsymbol{\varepsilon}_3,\boldsymbol{\varepsilon}_4$ 到基 $\boldsymbol{\eta}_1,\boldsymbol{\eta}_2,\boldsymbol{\eta}_3,\boldsymbol{\eta}_4$ 的过渡矩阵;

(2) 求向量 $\boldsymbol{\alpha}=(1,0,0,-1)^{\mathrm{T}}$ 在基 $\boldsymbol{\eta}_1,\boldsymbol{\eta}_2,\boldsymbol{\eta}_3,\boldsymbol{\eta}_4$ 下的坐标.

6. 下列变换中, 哪些是线性变换?

(1) 在线性空间 V 中, $T(\boldsymbol{\xi})=\boldsymbol{\xi}+\boldsymbol{\alpha}$, 其中 $\boldsymbol{\alpha}\in V$ 是一固定的非零向量;

(2) 在 P^3 上, $T\left((x_1,x_2,x_3)^{\mathrm{T}}\right)=(x_1^2,x_2+x_3,x_3^2)^{\mathrm{T}}$;

(3) 在 P^2 上, $T\left((x_1,x_2)^{\mathrm{T}}\right)=(x_2,-x_1)^{\mathrm{T}}$;

(4) 在 $P[x]$ 上, $T(f(x))=f(x+1)$.

7. 在 P^3 上定义变换

$$T\left((x_1,x_2,x_3)^{\mathrm{T}}\right)=(2x_1-x_2,x_2+x_3,x_1)^{\mathrm{T}}.$$

(1) 证明 T 是 P^3 上的线性变换;

(2) 求 T 在基 $\boldsymbol{\varepsilon}_1=(1,0,0)^{\mathrm{T}},\boldsymbol{\varepsilon}_2=(0,1,0)^{\mathrm{T}},\boldsymbol{\varepsilon}_3=(0,0,1)^{\mathrm{T}}$ 下的矩阵;

(3) 求 T 在基 $\boldsymbol{\eta}_1=(1,0,0)^{\mathrm{T}},\boldsymbol{\eta}_2=(1,1,0)^{\mathrm{T}},\boldsymbol{\eta}_3=(1,1,1)^{\mathrm{T}}$ 下的矩阵.

8. 在线性空间 $P_3[x]$ 上, 定义微分变换$T(f(x))=\dfrac{\mathrm{d}f(x)}{\mathrm{d}x}$. 证明 T 是 $P_3[x]$ 上的线性变换, 并求 T 在基 $1,x,x^2,x^3$ 下的矩阵. 若 $f(x)=a_0+a_1x+a_2x^2+a_3x^3$, 求 $T(f(x))$ 在基 $1,x,x^2,x^3$ 下的坐标.

9. 取定 $\boldsymbol{A}=\begin{pmatrix}2 & 1\\ 0 & 3\end{pmatrix}$, 在 $P^{2\times 2}$ 上定义变换

$$T(\boldsymbol{X})=\boldsymbol{A}\boldsymbol{X}-\boldsymbol{X}\boldsymbol{A}.$$

(1) 证明 T 是 $P^{2\times 2}$ 上的线性变换;

(2) 求 T 在基 $\boldsymbol{E}_{11}=\begin{pmatrix}1 & 0\\ 0 & 0\end{pmatrix}$, $\boldsymbol{E}_{12}=\begin{pmatrix}0 & 1\\ 0 & 0\end{pmatrix}$, $\boldsymbol{E}_{21}=\begin{pmatrix}0 & 0\\ 1 & 0\end{pmatrix}$, $\boldsymbol{E}_{22}=\begin{pmatrix}0 & 0\\ 0 & 1\end{pmatrix}$ 下的矩阵.

10. 令

$$S_2=\{\boldsymbol{A}\in P^{2\times 2}|\boldsymbol{A}^{\mathrm{T}}=\boldsymbol{A}\},$$

则 S_2 构成数域 P 上的 3 维线性空间. 取 S_2 的一组基

$$\boldsymbol{A}_1=\begin{pmatrix}1&0\\0&0\end{pmatrix},\ \boldsymbol{A}_2=\begin{pmatrix}0&1\\1&0\end{pmatrix},\ \boldsymbol{A}_3=\begin{pmatrix}0&0\\0&1\end{pmatrix},$$

对任一 $\boldsymbol{A}\in S_2$, 定义变换

$$T(\boldsymbol{A})=\begin{pmatrix}1&0\\1&1\end{pmatrix}\boldsymbol{A}\begin{pmatrix}1&0\\1&1\end{pmatrix}^{\mathrm{T}}.$$

证明 T 是 S_2 上的线性变换, 并求 T 在基 $\boldsymbol{A}_1,\boldsymbol{A}_2,\boldsymbol{A}_3$ 下的矩阵.

提高题

1. 令

$$S_n=\{\boldsymbol{A}\in P^{n\times n}|\boldsymbol{A}^{\mathrm{T}}=-\boldsymbol{A}\},$$

则 S_n 对于矩阵加法和数乘运算构成数域 P 上的 n 维线性空间. 给出 S_n 的一组基和维数. 设 $\boldsymbol{Q}$ 为给定的 n 阶可逆矩阵, 试证合同变换

$$T(\boldsymbol{A})=\boldsymbol{Q}^{\mathrm{T}}\boldsymbol{A}\boldsymbol{Q},\quad \boldsymbol{A}\in S_n$$

是 S_n 上的线性变换.

2. 设 T 是 $P_n[x]$ 上的微分变换, 即对任一 $f(x)\in P_n[x]$,$T(f(x))=\dfrac{\mathrm{d}f(x)}{\mathrm{d}x}$. 求 T 的像空间与核的维数和基.

3. 设 T 是 P^3 上的线性变换, 对任一 $(x_1,x_2,x_3)^{\mathrm{T}}\in P^3$, 有

$$T\left((x_1,x_2,x_3)^{\mathrm{T}}\right)=(x_1-x_3,x_1+x_2,x_2+x_3)^{\mathrm{T}}.$$

求 T 的像空间与核的维数和基.

4. 令

$$\boldsymbol{A}=\begin{pmatrix}1&0&2&1\\-1&2&1&3\\1&2&5&5\\2&-2&1&-2\end{pmatrix},$$

对任一 $\boldsymbol{\xi}=(x_1,x_2,x_3,x_4)^{\mathrm{T}}\in P^4$, 定义

$$T(\boldsymbol{\xi})=\boldsymbol{A}\boldsymbol{\xi},$$

即 T 是 P^4 上的线性变换. 求 T 的像空间与核的维数和基.

5. 在 P^n 中定义变换

$$T\left((x_1,x_2,\cdots,x_n)^{\mathrm{T}}\right)=(0,x_1,\cdots,x_{n-1})^{\mathrm{T}}.$$

(1) 证明 T 是 P^n 上的线性变换;

(2) 求 T 的像空间与核的维数.

6. 集合

$$V_3=\{\boldsymbol{\alpha}=(a_0+a_1x+a_2x^2)\mathrm{e}^x|a_0,a_1,a_2\in\mathbf{R}\}$$

对于函数的线性运算构成 $\mathbf{R}$ 上的 3 维线性空间, 取 V_3 的一组基

$$\boldsymbol{\alpha}_1=\mathrm{e}^x,\ \boldsymbol{\alpha}_2=x\mathrm{e}^x,\ \boldsymbol{\alpha}_3=x^2\mathrm{e}^x.$$

求微分运算 $D(\boldsymbol{\alpha})=\dfrac{\mathrm{d}\boldsymbol{\alpha}}{\mathrm{d}x}$ 在这组基下的矩阵.

7. 设 V 是数域 P 上的线性空间, T 为 V 上的线性变换, 证明下列两个条件等价:

(1) T 把 V 中某一组线性无关向量变成一组线性无关的向量;

(2) T 把 V 中某个非零向量变成非零向量.

8. 在斐波那契数列的问题中, 假设在年初将两对兔子放进围栏中, 求一年后围栏中兔子的对数. 更一般地, 求出 n 个月后围栏中兔子的对数.

自 测 题 五

部分习题参考答案

习题一

基础题

1\. (1) $\begin{pmatrix} -2 & 1 & 0 & -1 \\ 6 & 0 & 6 & 1 \\ 2 & 5 & 8 & 7 \end{pmatrix}$; (2) $\begin{pmatrix} 11 & 12 & 7 & 2 \\ 2 & 7 & 2 & 5 \\ 3 & 4 & 12 & 7 \end{pmatrix}$; (3) $\begin{pmatrix} \frac{3}{2} & \frac{1}{2} & \frac{1}{2} & \frac{1}{2} \\ -2 & \frac{1}{2} & -2 & 0 \\ -\frac{1}{2} & -\frac{3}{2} & -2 & -2 \end{pmatrix}$.

2\. (1) $\begin{pmatrix} 3 & -5 \\ -5 & -8 \\ 9 & 15 \end{pmatrix}$; (2) $\begin{pmatrix} 5 & 6 & 4 & 5 \\ 6 & 10 & 7 & 6 \end{pmatrix}$; (3) 5; (4) $\begin{pmatrix} 1 & 3 & 2 \\ 2 & 6 & 4 \\ -1 & -3 & -2 \end{pmatrix}$;

(5) $a_{11}x_1^2 + a_{22}x_2^2 + a_{33}x_3^2 + 2a_{12}x_1x_2 + 2a_{13}x_1x_3 + 2a_{23}x_2x_3$; (6) $\begin{pmatrix} 3 & 0 & 4 \\ 1 & -5 & -2 \\ 2 & 5 & 6 \end{pmatrix}$.

3\. (1) $\begin{pmatrix} 0 & -8 \\ 8 & 0 \end{pmatrix}$; (2) $\begin{pmatrix} 8 & 8 \\ 8 & 8 \end{pmatrix}$.

4\. $3\boldsymbol{AB} - 2\boldsymbol{A} = \begin{pmatrix} -2 & -3 & 7 \\ 6 & 8 & 24 \\ 4 & 5 & 31 \end{pmatrix}$, $\boldsymbol{A}^{\mathrm{T}}\boldsymbol{B} = \begin{pmatrix} 0 & -1 & 3 \\ 0 & 4 & 12 \\ 0 & -1 & 3 \end{pmatrix}$,

$(\boldsymbol{AB})^{\mathrm{T}} = \begin{pmatrix} 0 & 2 & 2 \\ -1 & 4 & 3 \\ 3 & 8 & 11 \end{pmatrix}$.

5\. $2^{99}\begin{pmatrix} 1 & -1 & 1 \\ 2 & -2 & 2 \\ 3 & -3 & 3 \end{pmatrix}$.

7\. $\begin{cases} z_1 = 5x_2 + 8x_3, \\ z_2 = -5x_2 + 6x_3, \\ z_3 = 2x_1 + 9x_2. \end{cases}$

8\. (1) $\begin{pmatrix} 1 & 0 & 1 \\ 0 & 1 & 2 \\ 0 & 0 & 0 \end{pmatrix}$; (2) $\begin{pmatrix} 0 & 1 & 2 & 0 & \frac{17}{5} \\ 0 & 0 & 0 & 1 & -\frac{3}{5} \\ 0 & 0 & 0 & 0 & 0 \end{pmatrix}$; (3) $\begin{pmatrix} 1 & 0 & 5 & 0 \\ 0 & 1 & -3 & 0 \\ 0 & 0 & 0 & 1 \\ 0 & 0 & 0 & 0 \end{pmatrix}$.

9. (1) $\boldsymbol{x}=\begin{pmatrix}x_1\\x_2\\x_3\end{pmatrix}=\begin{pmatrix}1\\1\\1\end{pmatrix}$;

(2) $\boldsymbol{x}=\begin{pmatrix}x_1\\x_2\\x_3\\x_4\end{pmatrix}=c\begin{pmatrix}2\\1\\0\\0\end{pmatrix}+\begin{pmatrix}5\\0\\-1\\2\end{pmatrix}$ (c 为任意常数).

10. (1) $\boldsymbol{x}=\begin{pmatrix}x_1\\x_2\\x_3\\x_4\end{pmatrix}=c_1\begin{pmatrix}6\\-1\\1\\0\end{pmatrix}+c_2\begin{pmatrix}11\\-2\\0\\1\end{pmatrix}$ (c_1, c_2 为任意常数);

(2) $\boldsymbol{x}=\begin{pmatrix}x_1\\x_2\\x_3\\x_4\end{pmatrix}=c_1\begin{pmatrix}-1\\0\\1\\0\end{pmatrix}+c_2\begin{pmatrix}-3\\2\\0\\1\end{pmatrix}$ (c_1, c_2 为任意常数).

11. (1) $\begin{pmatrix}7&-2\\-3&1\end{pmatrix}$; (2) $\begin{pmatrix}-\frac{1}{2}&-\frac{3}{2}&-\frac{5}{2}\\\frac{1}{2}&\frac{1}{2}&\frac{1}{2}\\0&1&1\end{pmatrix}$; (3) $\begin{pmatrix}1&-4&-3\\1&-5&-3\\-1&6&4\end{pmatrix}$.

12. $\boldsymbol{P}=\begin{pmatrix}-\frac{1}{2}&\frac{1}{2}&0\\2&-1&0\\1&-1&1\end{pmatrix}$, $\boldsymbol{PA}=\begin{pmatrix}1&0&\frac{1}{2}&1\\0&1&1&1\\0&0&0&0\end{pmatrix}$.

13. (1) $\boldsymbol{X}=\begin{pmatrix}5&4\\-1&0\\-1&-1\end{pmatrix}$; (2) $\boldsymbol{X}=\begin{pmatrix}-5&4&-2\\-4&5&-2\\-9&7&-4\end{pmatrix}$; (3) $\boldsymbol{X}=\begin{pmatrix}6&-1\\9&-1\\2&1\end{pmatrix}$.

14. $\begin{cases}y_1=-7x_1-4x_2+9x_3,\\y_2=6x_1+3x_2-7x_3,\\y_3=3x_1+2x_2-4x_3.\end{cases}$

15. $\left(\frac{1}{2}\boldsymbol{A}\right)^{-1}=\begin{pmatrix}2&2&-2\\0&4&4\\2&-2&0\end{pmatrix}$, $(\boldsymbol{AB})^{-1}=\begin{pmatrix}0&4&1\\2&4&0\\1&-1&-3\end{pmatrix}$, $(\boldsymbol{A}^{\mathrm{T}}\boldsymbol{B})^{-1}=\begin{pmatrix}3&0&0\\3&2&1\\0&-2&2\end{pmatrix}$.

16. $\begin{pmatrix}5&3\\0&2\\3&0\end{pmatrix}$.

17. $\boldsymbol{X}=\begin{pmatrix}3&0&0\\0&3&0\\0&0&4\end{pmatrix}$.

18. $\boldsymbol{X}=\begin{pmatrix}-2&0&0\\1&-2&0\\1&1&-2\end{pmatrix}$.

19. (1) $\begin{pmatrix}-2&3\\1&2\\7&6\\17&14\end{pmatrix}$; (2) $\begin{pmatrix}1&0&0\\-2&0&0\\0&15&11\end{pmatrix}$.

20. (1) $\begin{pmatrix}-2&1&0&0\\\frac{3}{2}&-\frac{1}{2}&0&0\\0&0&-1&1\\0&0&-2&1\end{pmatrix}$; (2) $\begin{pmatrix}\frac{1}{3}&0&0\\0&\frac{1}{3}&-\frac{1}{9}\\0&0&\frac{1}{3}\end{pmatrix}$.

提高题

3. $\boldsymbol{A}^{-1}=-\frac{1}{a_0}(\boldsymbol{A}^{m-1}+a_{m-1}\boldsymbol{A}^{m-2}+\cdots+a_1\boldsymbol{E})$.

6. $\boldsymbol{A}^{-1}=\frac{1}{2}(\boldsymbol{A}-\boldsymbol{E})$, $(\boldsymbol{A}+2\boldsymbol{E})^{-1}=-\frac{1}{4}(\boldsymbol{A}-3\boldsymbol{E})$.

习题二

基础题

1. (1) 10; (2) 15; (3) $\frac{(n-1)n}{2}$; (4) n^2.

2. (1) 2 000; (2) $(a+b+c)(c-a)(c-b)(b-a)$; (3) 4; (4) -8.

3. 1.

5. $x_1=-1,\quad x_2=1,\quad x_3=0,\quad x_4=0$.

7. (1) $\left(a_1-\sum_{i=2}^{n}\frac{1}{a_i}\right)a_2\cdots a_n$; (2) $n!(n-1)!\cdots 3!2!1!$;

(3) $[x+(n-1)a](x-a)^{n-1}$; (4) $\left(1+\sum_{i=1}^{n}\frac{1}{a_i}\right)a_1a_2\cdots a_n$.

8. $(\boldsymbol{A}-3\boldsymbol{E})^{-1}=-\frac{1}{8}(\boldsymbol{A}+\boldsymbol{E})$.

9. 当 $a\neq-2$ 且 $a\neq1$ 时, $R(\boldsymbol{A})=3$; 当 $a=1$ 时, $R(\boldsymbol{A})=1$; 当 $a=-2$ 时, $R(\boldsymbol{A})=2$.

提高题

1. $\left(1+\sum\limits_{i=1}^{n}\dfrac{a_i}{x_i-a_i}\right)\prod\limits_{i=1}^{n}(x_i-a_i)$.

2. $\prod\limits_{i=1}^{n}(a_id_i-b_ic_i)$.

6. $\dfrac{1}{1-n}$.

8. 0.

习题三

基础题

1. $\begin{pmatrix}-\frac{9}{5}\\ \frac{9}{5}\\ 2\\ \frac{11}{5}\end{pmatrix}$.

2. $\boldsymbol{\beta}=\boldsymbol{\alpha}_1+\boldsymbol{\alpha}_3$.

3. (1) 线性相关; (2) 线性相关; (3) 线性相关; (4) 线性无关.

4. $t=-1$ 或 $t=-2$.

6. $\boldsymbol{\alpha}_1,\boldsymbol{\alpha}_2,\boldsymbol{\alpha}_4$; $\boldsymbol{\alpha}_3=3\boldsymbol{\alpha}_1+\boldsymbol{\alpha}_2$, $\boldsymbol{\alpha}_5=\boldsymbol{\alpha}_1+\boldsymbol{\alpha}_2+\boldsymbol{\alpha}_4$.

9. (1) 3; (2) 设 $\boldsymbol{A}=(\boldsymbol{\alpha}_1,\boldsymbol{\alpha}_2,\boldsymbol{\alpha}_3,\boldsymbol{\alpha}_4,\boldsymbol{\alpha}_5)$, $\boldsymbol{\alpha}_1,\boldsymbol{\alpha}_2,\boldsymbol{\alpha}_4$ 为 $\boldsymbol{A}$ 的列向量组的极大无关组; $\boldsymbol{\alpha}_3=-\boldsymbol{\alpha}_1-\boldsymbol{\alpha}_2$, $\boldsymbol{\alpha}_5=4\boldsymbol{\alpha}_1+3\boldsymbol{\alpha}_2-3\boldsymbol{\alpha}_4$.

10. $a=2,b=5$.

12. (1) $\begin{pmatrix}1 & 0 & \frac{1}{2}\\ 0 & 2 & \frac{5}{2}\\ 1 & 1 & \frac{3}{2}\end{pmatrix}$; (2) $\begin{pmatrix}\frac{5}{2}\\ \frac{23}{2}\\ \frac{15}{2}\end{pmatrix}$.

13. $a=1,b=-1$; $\boldsymbol{x}=c_1\begin{pmatrix}0\\1\\1\\0\end{pmatrix}+c_2\begin{pmatrix}-4\\1\\0\\1\end{pmatrix}+\begin{pmatrix}0\\1\\0\\0\end{pmatrix}$ (c_1, c_2 为任意常数).

14. (1) $\boldsymbol{\xi}=\begin{pmatrix}\frac{4}{3}\\-3\\\frac{4}{3}\\1\end{pmatrix}$; (2) $\boldsymbol{\xi}=\begin{pmatrix}-19\\7\\1\end{pmatrix}$; (3) $\boldsymbol{\xi_1}=\begin{pmatrix}1\\1\\0\\0\end{pmatrix}$, $\boldsymbol{\xi_2}=\begin{pmatrix}1\\0\\2\\1\end{pmatrix}$.

15. $\boldsymbol{x}=c_1\begin{pmatrix}-2\\1\\0\\0\\0\end{pmatrix}+c_2\begin{pmatrix}-2\\0\\0\\1\\0\end{pmatrix}+c_3\begin{pmatrix}-9\\0\\-2\\0\\1\end{pmatrix}+\begin{pmatrix}3\\0\\8\\0\\0\end{pmatrix}$ (c_1,c_2,c_3 为任意常数).

17. $\boldsymbol{x}=c_1\begin{pmatrix}1\\-1\\1\\0\end{pmatrix}+c_2\begin{pmatrix}0\\-1\\0\\1\end{pmatrix}$ (c_1,c_2 为任意常数).

18. $\boldsymbol{x}=c\begin{pmatrix}1\\1\\\vdots\\1\end{pmatrix}$ (c 为任意常数).

20. $\boldsymbol{x}=c\begin{pmatrix}-5\\0\\4\\-4\end{pmatrix}+\begin{pmatrix}3\\0\\-1\\2\end{pmatrix}$ (c 为任意常数).

22. $\begin{cases}2x_1-3x_2+x_4=0,\\x_1-3x_3+2x_4=0.\end{cases}$

提高题

1. (1) $\lambda=-1$, $a=-2$; (2) $\boldsymbol{x}=c\begin{pmatrix}1\\0\\1\end{pmatrix}+\begin{pmatrix}\frac{3}{2}\\-\frac{1}{2}\\0\end{pmatrix}$ (c 为任意常数).

2. (1) $a=5$; (2) $\boldsymbol{\beta}_1=2\boldsymbol{\alpha}_1+4\boldsymbol{\alpha}_2-\boldsymbol{\alpha}_3,\boldsymbol{\beta}_2=\boldsymbol{\alpha}_1+2\boldsymbol{\alpha}_2,\boldsymbol{\beta}_3=5\boldsymbol{\alpha}_1+10\boldsymbol{\alpha}_2-2\boldsymbol{\alpha}_3$.

3. (1) $1-a^4$; (2) $a=-1$, $\boldsymbol{x}=c\begin{pmatrix}1\\1\\1\\1\end{pmatrix}+\begin{pmatrix}0\\-1\\0\\0\end{pmatrix}$ (c 为任意常数).

4. $a=-1, b=0$; $\boldsymbol{C}=\begin{pmatrix} c_1+c_2+1 & -c_1 \\ c_1 & c_2 \end{pmatrix}$ (c_1, c_2 为任意常数).

5. (1) $\boldsymbol{\xi}=\begin{pmatrix} -1 \\ 2 \\ 3 \\ 1 \end{pmatrix}$; (2) $\boldsymbol{B}=\begin{pmatrix} -c_1+2 & -c_2+6 & -c_3-1 \\ 2c_1-1 & 2c_2-3 & 2c_3+1 \\ 3c_1-1 & 3c_2-4 & 3c_3+1 \\ c_1 & c_2 & c_3 \end{pmatrix}$ (c_1, c_2, c_3 为任意常数).

6. (2) $k=0$; $\boldsymbol{\xi}=-c\boldsymbol{\alpha}_1+c\boldsymbol{\alpha}_3$ (c 为任意非零常数).

7. 当 $a\neq 1$ 且 $a\neq -2$ 时, 方程有唯一解 $\boldsymbol{X}=\begin{pmatrix} 1-\dfrac{1}{a+2} & 2+\dfrac{a-4}{a+2} \\ -\dfrac{1}{a+2} & \dfrac{a-4}{a+2} \\ -1 & 0 \end{pmatrix}$;

当 $a=1$ 时, 方程有无穷多解 $\boldsymbol{X}=\begin{pmatrix} \dfrac{2}{3} & 1 \\ -c_1-\dfrac{4}{3} & -c_2-1 \\ c_1 & c_2 \end{pmatrix}$ (c_1, c_2 为任意常数);

当 $a=-2$ 时, 方程无解.

8. (1) $a=3, b=2, c=-2$; (2) $\begin{pmatrix} 1 & 1 & 0 \\ -\dfrac{1}{2} & 0 & 1 \\ \dfrac{1}{2} & 0 & 0 \end{pmatrix}$.

习题四

基础题

1. (1) $\lambda_1=0,\ \lambda_2=-1,\ \lambda_3=9$; $\boldsymbol{\xi}_1=\begin{pmatrix} -1 \\ -1 \\ 1 \end{pmatrix}, \boldsymbol{\xi}_2=\begin{pmatrix} -1 \\ 1 \\ 0 \end{pmatrix}, \boldsymbol{\xi}_3=\begin{pmatrix} 1 \\ 1 \\ 2 \end{pmatrix}$;

(2) $\lambda_1=\lambda_2=0,\ \lambda_3=4$; $\boldsymbol{\xi}_1=\begin{pmatrix} 2 \\ -1 \\ 1 \end{pmatrix}, \boldsymbol{\xi}_2=\begin{pmatrix} 0 \\ -1 \\ 1 \end{pmatrix}$;

(3) $\lambda_1=\lambda_2=\lambda_3=2,\ \lambda_4=-2$;

$$\boldsymbol{\xi}_1=\begin{pmatrix}1\\1\\0\\0\end{pmatrix},\ \boldsymbol{\xi}_2=\begin{pmatrix}1\\0\\1\\0\end{pmatrix},\ \boldsymbol{\xi}_3=\begin{pmatrix}1\\0\\0\\1\end{pmatrix},\ \boldsymbol{\xi}_4=\begin{pmatrix}-1\\1\\1\\1\end{pmatrix}.$$

2. $a=1$.

4. $\lambda_1=0$, $\lambda_2=-1$, $\lambda_3=2$.

6. (1) $\lambda_1=-\dfrac{1}{3}$, $\lambda_2=1$, $\lambda_3=\dfrac{1}{2}$; (2) 28; (3) 891.

8. (1) 不能; (2) 能, $\boldsymbol{P}=\begin{pmatrix}-2&0&-1\\0&1&1\\1&0&1\end{pmatrix}$, $\boldsymbol{P}^{-1}\boldsymbol{AP}=\begin{pmatrix}1&&\\&1&\\&&-2\end{pmatrix}$.

9. $a=2$.

10. $\boldsymbol{A}^{100}=\begin{pmatrix}-1&-1&2\\-2&0&2\\-2&-1&3\end{pmatrix}$.

11. (1) $x=5$, $y=6$; (2) $\boldsymbol{P}=\begin{pmatrix}-1&1&1\\1&0&-2\\0&1&3\end{pmatrix}$.

12. $\boldsymbol{A}=\dfrac{1}{3}\begin{pmatrix}-3&0&0\\4&5&4\\10&2&7\end{pmatrix}$.

13. (1) $a=3$; (2) $\dfrac{1}{\|\boldsymbol{\alpha}\|}\boldsymbol{\alpha}=\dfrac{1}{\sqrt{15}}(1,-2,3,1)^{\mathrm{T}}$; (3) $\sqrt{21}$.

14. (1) $\boldsymbol{\beta}_1=\begin{pmatrix}1\\0\\1\end{pmatrix}$, $\boldsymbol{\beta}_2=\dfrac{1}{2}\begin{pmatrix}1\\2\\-1\end{pmatrix}$, $\boldsymbol{\beta}_3=\dfrac{2}{3}\begin{pmatrix}-1\\1\\1\end{pmatrix}$;

(2) $\boldsymbol{\beta}_1=\begin{pmatrix}1\\1\\1\\1\end{pmatrix}$, $\boldsymbol{\beta}_2=2\begin{pmatrix}1\\1\\-1\\-1\end{pmatrix}$, $\boldsymbol{\beta}_3=\begin{pmatrix}-1\\1\\-1\\1\end{pmatrix}$.

15. (1) 不是; (2) 是.

18. (1) $\boldsymbol{Q}=\dfrac{1}{3}\begin{pmatrix}-2&1&2\\-1&2&-2\\2&2&1\end{pmatrix}$, $\boldsymbol{Q}^{-1}\boldsymbol{AQ}=\begin{pmatrix}0&&\\&3&\\&&-3\end{pmatrix}$;

(2) $\boldsymbol{Q}=\begin{pmatrix}-\dfrac{\sqrt{2}}{2} & -\dfrac{\sqrt{2}}{6} & \dfrac{2}{3}\\ 0 & \dfrac{2\sqrt{2}}{3} & \dfrac{1}{3}\\ \dfrac{\sqrt{2}}{2} & -\dfrac{\sqrt{2}}{6} & \dfrac{2}{3}\end{pmatrix}$, $\boldsymbol{Q}^{-1}\boldsymbol{A}\boldsymbol{Q}=\begin{pmatrix}5 & & \\ & 5 & \\ & & -4\end{pmatrix}$.

19. $\begin{pmatrix}-10 & 0 & 10\\ 0 & -20 & 0\\ 10 & 0 & -10\end{pmatrix}$.

20. $\dfrac{1}{6}\begin{pmatrix}1 & -4 & 1\\ -4 & -2 & -4\\ 1 & -4 & 1\end{pmatrix}$.

21. $\dfrac{1}{2}\begin{pmatrix}-1 & 0 & -3\\ 0 & -4 & 0\\ -3 & 0 & -1\end{pmatrix}$.

22. (1) $\begin{pmatrix}1 & -1 & 0\\ -1 & 0 & -2\\ 0 & -2 & 3\end{pmatrix}$; (2) $\begin{pmatrix}0 & 1 & 3\\ 1 & 0 & -1\\ 3 & -1 & 0\end{pmatrix}$;

(3) $\begin{pmatrix}1 & -2\\ -2 & 3\end{pmatrix}$; (4) $\begin{pmatrix}1 & -3 & 3\\ -3 & 3 & 4\\ 3 & 4 & -2\end{pmatrix}$.

23. (1) $\begin{pmatrix}x_1\\ x_2\\ x_3\end{pmatrix}=\begin{pmatrix}\dfrac{1}{\sqrt{2}} & -\dfrac{1}{\sqrt{6}} & \dfrac{1}{\sqrt{3}}\\ \dfrac{1}{\sqrt{2}} & \dfrac{1}{\sqrt{6}} & -\dfrac{1}{\sqrt{3}}\\ 0 & \dfrac{2}{\sqrt{6}} & \dfrac{1}{\sqrt{3}}\end{pmatrix}\begin{pmatrix}y_1\\ y_2\\ y_3\end{pmatrix}$, $f=-y_1^2-y_2^2+5y_3^2$;

(2) $\begin{pmatrix}x_1\\ x_2\\ x_3\end{pmatrix}=\dfrac{1}{3}\begin{pmatrix}2 & -2 & 1\\ 2 & 1 & -2\\ 1 & 2 & 2\end{pmatrix}\begin{pmatrix}y_1\\ y_2\\ y_3\end{pmatrix}$, $f=-y_1^2+2y_2^2+5y_3^2$.

24. (1) $a=-2$;

(2) $\begin{pmatrix}x_1\\ x_2\\ x_3\end{pmatrix}=\begin{pmatrix}\dfrac{1}{\sqrt{3}} & -\dfrac{1}{\sqrt{2}} & \dfrac{1}{\sqrt{6}}\\ \dfrac{1}{\sqrt{3}} & 0 & -\dfrac{2}{\sqrt{6}}\\ \dfrac{1}{\sqrt{3}} & \dfrac{1}{\sqrt{2}} & \dfrac{1}{\sqrt{6}}\end{pmatrix}\begin{pmatrix}1 & & \\ & \dfrac{1}{\sqrt{3}} & \\ & & \dfrac{1}{\sqrt{3}}\end{pmatrix}\begin{pmatrix}z_1\\ z_2\\ z_3\end{pmatrix}$, $f=z_2^2-z_3^2$.

25. (1) 正定; (2) 负定.

26. $-\dfrac{4}{3}<t<0$.

提高题

1. (2) $\boldsymbol{x}=c\begin{pmatrix}1\\2\\-1\end{pmatrix}+\begin{pmatrix}1\\1\\1\end{pmatrix}$ (c为任意常数).

2. (1) $a=4, b=5$; (2) $\boldsymbol{P}=\begin{pmatrix}2&-3&-1\\1&0&-1\\0&1&1\end{pmatrix}$, $\boldsymbol{P}^{-1}\boldsymbol{AP}=\begin{pmatrix}1&&\\&1&\\&&5\end{pmatrix}$.

3. (1) $x=3,\ y=-2$; (2) $\boldsymbol{P}=\begin{pmatrix}-1&-1&-1\\2&1&2\\0&0&4\end{pmatrix}$.

5. (1) $\lambda_1=-1, \lambda_2=1, \lambda_3=0$, 对应的特征向量分别为 $c_1\begin{pmatrix}1\\0\\-1\end{pmatrix}$ $(c_1\neq 0)$, $c_2\begin{pmatrix}1\\0\\1\end{pmatrix}$ $(c_2\neq 0)$, $c_3\begin{pmatrix}0\\1\\0\end{pmatrix}$ $(c_3\neq 0)$; (2) $\boldsymbol{A}=\begin{pmatrix}0&0&1\\0&0&0\\1&0&0\end{pmatrix}$.

6. (1) $a=-1$; (2) $\begin{pmatrix}x_1\\x_2\\x_3\end{pmatrix}=\begin{pmatrix}\frac{1}{\sqrt{3}}&\frac{1}{\sqrt{2}}&\frac{1}{\sqrt{6}}\\\frac{1}{\sqrt{3}}&-\frac{1}{\sqrt{2}}&\frac{1}{\sqrt{6}}\\-\frac{1}{\sqrt{3}}&0&\frac{2}{\sqrt{6}}\end{pmatrix}\begin{pmatrix}y_1\\y_2\\y_3\end{pmatrix}$, $f=2y_2^2+6y_3^2$.

7. $a=2$, $\begin{pmatrix}x_1\\x_2\\x_3\end{pmatrix}=\begin{pmatrix}\frac{1}{\sqrt{3}}&-\frac{1}{\sqrt{2}}&\frac{1}{\sqrt{6}}\\-\frac{1}{\sqrt{3}}&0&\frac{2}{\sqrt{6}}\\\frac{1}{\sqrt{3}}&\frac{1}{\sqrt{2}}&\frac{1}{\sqrt{6}}\end{pmatrix}\begin{pmatrix}y_1\\y_2\\y_3\end{pmatrix}$, $f=-3y_1^2+6y_2^2$.

8. (1) $\boldsymbol{A}=\begin{pmatrix}\frac{1}{2}&0&-\frac{1}{2}\\0&1&0\\-\frac{1}{2}&0&\frac{1}{2}\end{pmatrix}$.

习题五

基础题

1. (1) 构成 $\mathbf{R}$ 上的线性空间; (2) 不构成 $\mathbf{R}$ 上的线性空间;
(3) 构成 $\mathbf{R}$ 上的线性空间; (4) $\mathbf{R}^2$ 对于所定义的加法运算 $\oplus$ 和数乘运算 $\circ$ 构成 $\mathbf{R}$ 上的

线性空间.

2. (1) W_1 构成 $P^{n\times n}$ 的子空间; (2) W_2 构成 $P^{n\times n}$ 的子空间;
(3) W_3 不构成 $P^{n\times n}$ 的子空间.

3. 一组基为 $\boldsymbol{E}_{11}, \boldsymbol{E}_{22}, \cdots, \boldsymbol{E}_{nn}, \boldsymbol{E}_{ij}+\boldsymbol{E}_{ji}(1\leqslant i<j\leqslant n)$, 维数为 $\dfrac{n(n+1)}{2}$.

4. $\left(0,\dfrac{3}{2},0,\dfrac{1}{2}\right)^{\mathrm{T}}$.

5. (1) $\dfrac{1}{4}\begin{pmatrix}3&7&2&-1\\1&-1&2&3\\-1&3&0&-1\\1&-1&0&-1\end{pmatrix}$; (2) $\left(-2,-\dfrac{1}{2},4,-\dfrac{3}{2}\right)^{\mathrm{T}}$.

6. (1) T 不是 V 的线性变换; (2) T 不是 P^3 的线性变换;
(3) T 是 P^2 的线性变换; (4) T 是 $P[x]$ 的线性变换.

7. (2) $\begin{pmatrix}2&-1&0\\0&1&-1\\1&0&0\end{pmatrix}$; (3) $\begin{pmatrix}2&0&-1\\-1&0&1\\1&1&1\end{pmatrix}$.

8. T 在基 $1,x,x^2,x^3$ 下的矩阵为 $\begin{pmatrix}0&1&0&0\\0&0&2&0\\0&0&0&3\\0&0&0&0\end{pmatrix}$;

$T(f(x))$ 在基 $1,x,x^2,x^3$ 下的坐标为 $(a_1,2a_2,3a_3,0)^{\mathrm{T}}$.

9. (2) $\begin{pmatrix}0&0&1&0\\-1&-1&0&1\\0&0&1&0\\0&0&-1&0\end{pmatrix}$.

10. T 在基下 $\boldsymbol{A}_1,\boldsymbol{A}_2,\boldsymbol{A}_3$ 下的矩阵为 $\begin{pmatrix}1&0&0\\1&1&0\\1&2&1\end{pmatrix}$.

提高题

1. S_n 的一组基: $\boldsymbol{E}_{ij}-\boldsymbol{E}_{ji}(1\leqslant i<j\leqslant n)$, 维数为 $\dfrac{n(n-1)}{2}$.

2. $1,x,x^2,\cdots,x^{n-1}$ 是像空间的一组基, 像空间的维数为 n;
核为 $N_T=\{a\in P\}$, N_T 是 P 上的一维线性空间.

3. 像空间 $T(P^3)$ 的维数为 2, $\varepsilon_1+\varepsilon_2, \varepsilon_2+\varepsilon_3$ 为它的一组基;
$(1,-1,1)^{\mathrm{T}}$ 为核 N_T 的一组基, N_T 的维数为 1.

4. $(1,-1,1,2)^{\mathrm{T}},(0,2,2,-2)^{\mathrm{T}}$ 是 $T(P^4)$ 的一组基, $T(P^4)$ 的维数为 2;
$(-2,-\dfrac{3}{2},1,0)^{\mathrm{T}},(-1,-2,0,1)^{\mathrm{T}}$ 为核 N_T 的一组基, N_T 的维数为 2.

5. $T(P^n)$ 的维数为 $n-1$, $\boldsymbol{\varepsilon}_2,\boldsymbol{\varepsilon}_3,\cdots,\boldsymbol{\varepsilon}_n$ 为它的一组基;
$\boldsymbol{\varepsilon}_n=(0,0,\cdots,1)^{\mathrm{T}}$ 是核 N_T 的一组基, N_T 的维数为 1.

6. $\begin{pmatrix}1&1&0\\0&1&2\\0&0&1\end{pmatrix}$.

8. 466.

读者意见反馈

为收集对教材的意见建议，进一步完善教材编写并做好服务工作，读者可将对本教材的意见建议通过如下渠道反馈至我社。

咨询电话 400-810-0598

反馈邮箱 hepsci@pub.hep.cn

通信地址 北京市朝阳区惠新东街4号富盛大厦1座

高等教育出版社理科事业部

邮政编码 100029